PT・OT ゼロからの物理学

[編著]
望月 久, 棚橋信雄
[編集協力]
谷 浩明, 古田常人

羊土社
YODOSHA

はじめに

本書の目的と特長

　本書は理学療法士・作業療法士養成校用の物理学のテキストを念頭に，3つの目的をもって執筆しました．1つ目は物理学全体の基礎的な理解を得ること，2つ目は理学療法士や作業療法士に必要な物理学に関連する知識を得ること，そして3つ目は，物理学の学習を通して，科学的または論理的な考え方を養うことです．

　物理学と聞くだけで逃げだしたくなる学生も多いと思います．しかし学んでみれば，理学療法士や作業療法士の仕事と大きなつながりがあること，そして世界のしくみを解き明かしうる美しい学問であるということに気がつくはずです．

　本書では，高校時代に物理をほとんど学習していなくても理解できるように，数学的な準備からはじめて，物理学の基本的な事項についてていねいに解説しています．また，「COLUMN」や「発展」では，理学療法士や作業療法士として理解してほしい内容，また科学的な考え方を養うために理解してほしい内容を取り上げました．これらを通して，興味をもって，より深く物理学の学習ができるようになっています．

本書の構成

① 養成校の半期（90分15コマ）で学習できるよう全体を15章の構成とし，その章で学習する課題を明確化しました．

② 章のはじめに「重要な公式」と「重要な用語」をまとめて示し，公式や用語の意味を確認しやすくしました．

③ 例題を解くことによって，理解度を確認しながら学習が進められるようにしました．また，章末問題では章全体の理解度を確認するとともに，章の内容に関連する国家試験問題にふれることで，国家試験対策としても活用できるようにしました．

④ 章ごとに設けた「COLUMN」では，主に物理学と理学療法や作業療法との関連性をもたせるようにし，将来の仕事に直結する内容を盛り込みました．

本書の使い方

① 90分の授業15回で全体を終了する章立てになっていますが，章のすべての内容を90分で理解しようとすると時間が不足すると思います．まず，章のはじめに記載されている「学習目標」，「重要な公式」，「重要な用語」に対応する部分を重点的に学習し，例題を解いて理解度を確認するとよいでしょう．

② 公式や用語の意味の理解が不十分なときは，章のはじめの「重要な公式」と「重要な用語」を参照すると，効率的な学習ができます．

③「COLUMN」，「発展」，「章末問題」は，難しく感じるところもあるかもしれませんが，「重要な公式」や「重要な用語」の理解をもとに，ぜひチャレンジしてください．

最後に，本書の編集にあたられた羊土社編集部の中川由香様，山下志乃舞様のお陰で，本書の体裁や文章がとてもスッキリし，内容が理解しやすくなりました．本書の出版に際してのご尽力に，心より感謝申し上げます．

2015年9月

著者代表　望月　久

PT・OT ゼロからの物理学

※目次※

はじめに　2

1 物理学で学習すること（序章）　12
1 物理学とは？　13
2 理学療法・作業療法と物理学　14
COLUMN 1　原子論から見た世界（ミクロの世界）　16

2 物理量とその表し方　17
1 物理量　18
2 基本単位と組立単位　19
3 ベクトル量とスカラー量　19
4 大きい数，小さい数の表し方　20
5 指数の計算　21
6 有効数字とその計算　21
▶ 章末問題　25

COLUMN 1　指数の四則演算規則　21
COLUMN 2　有効数字の計算の規則　23
発展 1　測定された物理量の表し方　23
発展 2　標準偏差とは　24

3 物理学で使うグラフと関数　　26

1 数式とグラフ　27
2 三角関数　29
▶三平方の定理　▶三角関数 sin, cos, tan
3 ベクトルの計算　31
▶ベクトルの合成　▶ベクトルの分解　▶ベクトルの成分を用いた計算
▶ 章末問題　35

COLUMN 1　$\theta = 30°,\ 45°,\ 60°$ のときの $\sin\theta,\ \cos\theta,\ \tan\theta$ の値　31
COLUMN 2　ベクトルの合成の求め方　32
COLUMN 3　ベクトルの分解の求め方　33

4 いろいろな運動　　36

1 位置と変位　37
2 速度　39
3 加速度　40
4 等速直線運動　41
5 等加速度直線運動　43
6 自由落下　46
7 鉛直投げ上げ　47
8 水平投射　48
▶ 章末問題　50

発展 1　身体の位置や運動を平面で表す　38
発展 2　微分・積分を用いた，変位，速度，加速度の計算　46

5 さまざまな力　　51

1 力とは　52
2 力の単位　52
3 重力　53
4 張力　55
5 垂直抗力　55
6 摩擦力　56

7 弾性力 ……………………………………………… 58

8 圧力 ……………………………………………… 60
　▶圧力　▶大気圧　▶水圧　▶浮力

▶ 章末問題 ……………………………………………… 66

　COLUMN❶ 身体運動にはたらく力　57
　COLUMN❷ 医療現場で使われる圧力　63
　COLUMN❸ 浮力による関節への荷重量の軽減　64
　発展❶ リンゴを落とす力と万有引力　54
　発展❷ 近接作用と遠隔作用　65

6 力のつり合いと運動の法則　　67

1 力の合成と力のつり合い ……………………………………… 68

2 慣性の法則（ニュートンの第1法則）……………………… 69

3 遠心力 ……………………………………………… 71

4 運動方程式（ニュートンの第2法則）……………………… 72

5 作用反作用の法則（ニュートンの第3法則）……………… 74

▶ 章末問題 ……………………………………………… 76

　COLUMN❶ ヒトの運動と慣性　71
　発展❶ 運動方程式から運動のようすがわかる　74

7 物体の重心と回転運動　　77

1 剛体の回転運動 ……………………………………… 78

2 力のモーメントのつり合い ………………………………… 80

3 重心と重心の求め方 ………………………………………… 81

4 剛体の運動と剛体にはたらく力 …………………………… 85

5 力のモーメントと3つのてこ ……………………………… 86
　▶第1のてこ　▶第2のてこ　▶第3のてこ

▶ 章末問題 ……………………………………………… 89

　COLUMN❶ 力のモーメントと関節運動　81
　COLUMN❷ 重心と物体の安定性　84

contents

8 運動量，仕事とエネルギー　　92

- *1* 運動量と力積 …………………………………………… 94
- *2* 仕事と仕事率 …………………………………………… 95
  - ▶仕事　▶仕事率
- *3* 運動エネルギー ………………………………………… 98
  - ▶運動エネルギー　▶運動エネルギーと仕事
- *4* 位置エネルギー ………………………………………… 100
  - ▶重力による位置エネルギー　▶弾性力による位置エネルギー
- *5* 力学的エネルギー保存の法則 ………………………… 103
- ▶ 章末問題 …………………………………………………… 106
  - 発展 1 運動量保存の法則　97
  - 発展 2 すべてのエネルギーは保存される：エネルギー保存の法則　105

9 温度と熱　　108

- *1* 温度と運動 ……………………………………………… 110
- *2* 温度を表す単位 ………………………………………… 111
- *3* 物体の熱膨張 …………………………………………… 112
  - ▶固体の線膨張　▶液体と固体の体膨張　▶気体の体膨張
- *4* 温度・熱・内部エネルギー …………………………… 115
  - ▶熱と熱量の単位　▶内部エネルギー
- *5* 比熱と熱容量 …………………………………………… 117
  - ▶熱の移動と熱平衡　▶比熱　▶熱容量
- *6* 物質の変化と温度 ……………………………………… 120
  - ▶物質の三態　▶潜熱
- *7* 熱の伝わり方 …………………………………………… 122
  - ▶伝導　▶対流　▶放射
- ▶ 章末問題 …………………………………………………… 125
  - COLUMN 1 ブラウン運動　110
  - COLUMN 2 温熱療法　124
  - COLUMN 3 物理療法でも使われるエネルギー熱変換　124
  - 発展 1 理想気体の状態方程式　115
  - 発展 2 物はひとりでに温まらない：熱力学第二法則　117

10 波の運動　126

- 1 波の動きと特徴 … 127
- 2 波の要素 … 129
- 3 波の y-x グラフと y-t グラフ … 131
- 4 横波と縦波 … 134
- 5 波の特性 … 136
  - ▶重ね合わせの原理　▶波の干渉　▶波の反射と透過　▶波の屈折　▶波の回折
- ▶ 章末問題 … 142
  - 発展 1 正弦波の式　132
  - 発展 2 波のエネルギー　137
  - 発展 3 ホイヘンスの原理　141

11 音と光　144

- 1 音 … 145
- 2 音の三要素 … 147
  - ▶音の高さ　▶音の大きさ　▶音色
- 3 音のドップラー効果 … 148
- 4 光 … 152
  - ▶光の種類　▶光の色
- 5 光の性質 … 154
  - ▶光の速度　▶偏光　▶全反射　▶光の散乱
- 6 光の強さ … 159
- ▶ 章末問題 … 162
  - COLUMN 1 超音波診断装置　150
  - COLUMN 2 超音波の特性（減衰，分解能，音響インピーダンス）　151
  - COLUMN 3 青色ダイオードの開発とノーベル賞　154
  - COLUMN 4 光の速度の不思議　156
  - COLUMN 5 光ファイバーと全反射　158
  - 発展 1 音の強さの単位　149
  - 発展 2 光の強さからみた逆2乗の法則とランバートの余弦の法則　161

12 電気と力　164

- 1 電気の間にはたらく力 … 166
  - ▶原子の構造　▶イオン　▶摩擦によって起こる,電子の移動による物体の帯電　▶静電気力

2 電場 ……… 170
▶電場とは　▶点電荷のつくる電場

3 電場の中の物体 ……… 173
▶導体と不導体　▶静電誘導　▶不導体と誘電分極

4 電位 ……… 177
▶電位とは　▶電位差　▶等電位面　▶導体内部の電場

5 コンデンサー ……… 181
▶コンデンサーと電気容量　▶コンデンサーの静電エネルギー

▶ 章末問題 ……… 185

COLUMN 1　圧電現象　184
発展 1　静電気力と万有引力を比べてみると　169
発展 2　静電気力と万有引力の密接な関係　174

13 電流と抵抗　186

1 電流 ……… 188

2 電流と抵抗 ……… 189
▶電流と電圧　▶オームの法則　▶抵抗率

3 電気回路 ……… 192

4 抵抗のはたらきと合成抵抗 ……… 193
▶抵抗の直列接続　▶並列接続の合成抵抗

5 アース ……… 197

6 電力と電力量 ……… 197
▶電力　▶電力量

7 直流と交流 ……… 200

▶ 章末問題 ……… 203

COLUMN 1　電気の流れる方向　189
COLUMN 2　階段の明かりのスイッチ　193
COLUMN 3　交流を直流に変える電気回路　202

14 磁気と電流　204

1 磁場と磁気力 ……… 206
▶磁気に関するクーロンの法則　▶磁場　▶磁力線　▶磁束密度

2 電流がつくる磁場 ……… 209
▶直線電流がつくる磁場　▶円形の電流がつくる磁場　▶ソレノイドがつくる磁場　▶磁気の源

3 電流が磁場から受ける力 ……………………………………… 215
▶直線電流が磁場から受ける力　▶ローレンツ力　▶モーターのしくみ

4 電磁誘導 …………………………………………………………… 218

5 電磁波 ……………………………………………………………… 221

▶ 章末問題 …………………………………………………………… 224

COLUMN 1　変圧器　220
COLUMN 2　マイクロ波による温熱作用　223
発　展 1　磁場の強さの単位　212
発　展 2　電気と磁気の関係　222

15 原子の構造と放射線　225

1 原子の構造 ………………………………………………………… 226

2 原子の種類と性質 ………………………………………………… 227

3 放射線 ……………………………………………………………… 228

4 放射性崩壊 ………………………………………………………… 230
▶半減期

5 放射能の単位 ……………………………………………………… 231
▶放射能の強さ　▶吸収線量　▶等価線量(線量当量)　▶放射線の影響

6 核分裂と原子力エネルギー ……………………………………… 223
▶核分裂　▶原子力エネルギー

▶ 章末問題 …………………………………………………………… 235

発　展 1　自然界にある4つの力　227

おわりに　236
章末問題 解答　237
巻末表　245
索　引　247

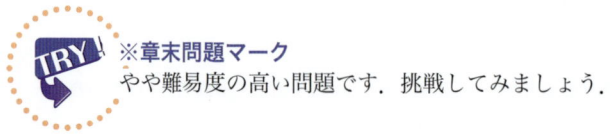
※章末問題マーク
やや難易度の高い問題です．挑戦してみましょう．

本文イラスト：山川宗夫（Y.M.design）

contents

PT・OT
ゼロからの
物理学

1 物理学で学習すること（序章）

学習目標
- 物理学のめざしているものを説明できる
- 理学療法・作業療法と物理学の関連性を説明できる

― なぜ**物理学**を
　学ばなければならないのか？

まずはじめに，
この問いに答えることから始めよう．
物理学とはどのような学問か，
理学療法・作業療法とどのような関係があるのか．
これがわかれば，物理学への扉を
大きく開くことができる．

1 物理学とは？

　私たちは，「今」，「この場所」で，「身体をもつヒト」として生きている．「今」は時間を，「この場所」は空間を，「身体をもつヒト」は1つの物体を表している．物理学は，時間・空間・物体の関係を知り，この世界のしくみを明らかにすることをめざしている学問である．「時間とは何か？」，「宇宙はどのように誕生したのか？」，「物質は何でできているのか？」，「生命とは何か？」など，私たちが抱く疑問の多くが物理学と関係している．

　時間・空間・物体の関係を知り，この世界のしくみを明らかにするための方法として，物理学では実験（観察も含む）と論理的な思考を使う．実験によって得られた結果を説明する仮説を考え，考えた仮説を確認するために実験を行う．この繰り返しによって確かめられた時間・空間・物体の関係のことを**物理法則**という（図1-1）．

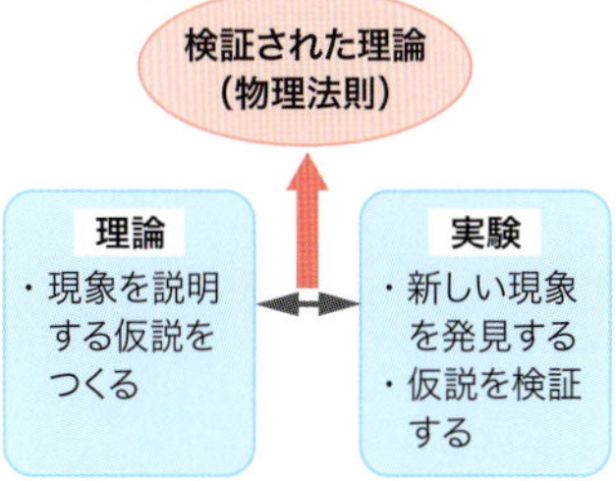

　物理法則を知らなくても，私たちは生活できるかもしれない．しかし，物理法則を知っていると，身のまわりに起きているさまざまな現象を論理的に理解したり，説明したりすることができる．そして，その知識を用いて生活に便利な道具や機械をつくったり，事故の危険性や災害を予測し，対応策を考えたりすることができる．そして何よりも，この世界のしくみを理解するために実験や思考を重ね，それが解決したときには大きな歓びが得られる．新しい発見をしたとき，難解な疑問に対する答えを導き出したとき，そこには心躍る瞬間があることが，多くの科学者の伝記に記載されている．

　ガリレオ・ガリレイ[※1]，アイザック・ニュートン[※2]，アルバート・アインシュタイン[※3]などの天才をはじめ，多くの物理学者がこの世界のしくみを解き明かそうとして，さまざまな問題に取り組んできた．その成果は，素粒子（原子を構成するより小さな粒子）から宇宙にまでおよび，物理学者でさえも，その全貌を理解することは難しくなっている．私たちは物理学者をめざしているのではないので，理学療法士や作業療法士として働くうえで必要な物理学の基礎を理解することが重要である．また，物理学は化学，生物学，工学，医学などの基礎となる学問であり，この世界をより深く知り，ものごとを論理的に考えることを学習するためにも役立つ．

● 図1-1　物理学の方法
物理学では現象を説明する仮説（理論）を考え，それを実験で検証する過程を通して，さまざまな現象に潜む法則を明らかにしようとする．正しいと思われていた理論や物理法則が，新しい観察や実験により発見された事実によって，修正されることもある．

※1　ガリレオ・ガリレイ（1564〜1642）：実験によって仮説を検証する科学的な方法を導入し，物理学を科学として発展させる基礎を築いた．

※2　アイザック・ニュートン（1643〜1727）：万有引力の発見，運動の3法則，微分積分の開発など，物理学の基礎を築いた．

※3　アルバート・アインシュタイン（1879〜1955）：時間と空間の見方を一変させた相対性理論で有名な物理学者．

2 理学療法・作業療法と物理学

!臨床

理学療法や作業療法では，さまざまな障害をもっている人々，障害をもつことが予測される人々を対象に，心身の機能の改善や障害発生の予防を目的として，運動療法，作業活動，物理療法，装具療法などを行う．理学療法や作業活動によって身体の機能を改善させるためには，身体運動の理解が欠かせない．身体も物理学の法則にしたがって運動しており，運動を解析し，理解するためにも物理学の知識が必要になる．

また，作業活動や日常生活で使用する道具や自助具のはたらきを理解して適切に使用するためにも，物理学の知識が役立つ．物理療法では，電気，牽引力，光線，温熱，超音波などの物理的な刺激を，疼痛の緩和，筋緊張の軽減，筋萎縮の抑制，組織の治癒促進などに適用している（図1-2）．これらの物理的刺激を効果的に，かつ安全に使用するためには，医学的知識とともに，力，電磁気，波，熱などの物理学の知識が必要になる．さらに医療の場では，X線，アイソトープなどの放射線も使用されるので，原子の世界についても理解しておいた方がよい．

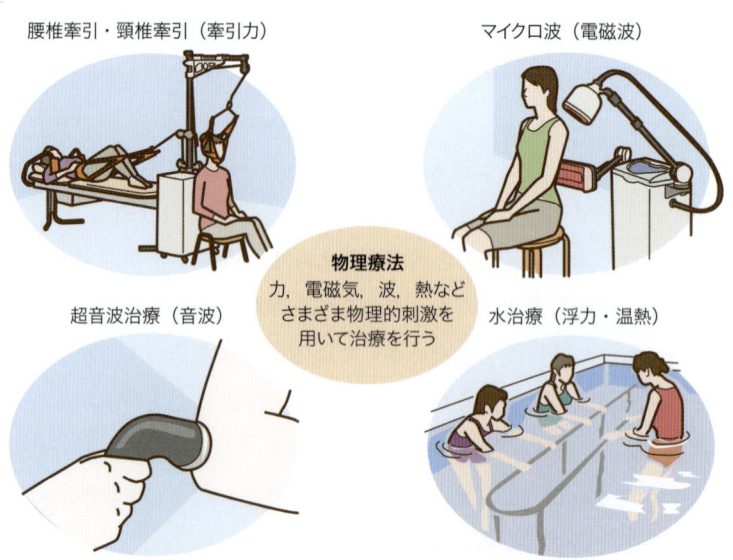

● 図1-2　物理療法で用いられるさまざまな物理刺激

このように，理学療法士・作業療法士にとって物理学の基礎知識の理解や考え方の修得は重要である．本書は，物理学の基本的な用語と物理法則の意味を理解することに重点をおいている．そして，物理法則の使い方や論理的な考え方を学習し，理学療法や作業療法に役立てることを目的としている．

　そのためには，次のように学習するとよい．まず，1つひとつの用語や物理法則の意味を把握する．そして，物理法則をしっかりと理解するために，ノートと鉛筆を準備して，例題や章末の問題を解いてみる．問題が解けないときは，用語や物理法則の意味が記載されている部分を読み直して知識を確認し，解答を見て考え方の道筋を理解するように努力する．この繰り返しが物理学の理解には必要である．

　それではさっそく次章から学んでいこう．難しいと思うかもしれないが，1つひとつ押さえていけば無理なく理解できる流れになっている．あきらめずにトライしていこう．

COLUMN 1 原子論から見た世界（ミクロの世界）

　光学顕微鏡を使うと，ゾウリムシや細胞など，小さな世界を見ることができる．もっと高倍率の電子顕微鏡を使うと，さらに小さいウイルスやタンパク質が見え，特殊な電子顕微鏡を使うと小さな分子や原子さえもおぼろげに見ることができる．現代に生きる私たちは，すべての物質は原子からできていることを知っている．物質が小さな粒子からできていること（原子論）は，紀元前420年頃からデモクリトスらによって考えられてきた．しかし，このことが実験によって証明されたのは20世紀のはじめで，わずか100年前のことである（ジャン・ペラン，1913）．

　物理学では，さまざまな現象を基本的な考えから説明しようとする．「物質は原子とよばれる小さな粒子からできている」という原子論をもとに，身のまわりに起きている現象がどのように説明できるか，みていこう．

　水（H_2O）には，水蒸気（気体），一般的な水（液体），氷（固体）の3つの状態がある．水蒸気は軽く，形がなく，力を加えると圧縮する．同じ体積でみると液体の水は水蒸気より重く，一定の形はなく容器からこぼれると広がってしまう．氷は一定の形をもち，液体の水に浮く．水以外の物質では，その物質の液体に，固体状の同じ物質を入れると沈むことが多いので，これは水の特別な性質である．これらの水の性質を原子論から考えてみよう．

　コラム図1-1のA～Cは，水の分子を構成している水素の原子を●，酸素の原子を●で表したときの，水蒸気（A），液体の水（B），氷（C）の状態である．

　水蒸気の状態では，水の分子は隙間だらけの空間をさまざまな方向に勢いよく飛び回っている．水の分子同士がときどき衝突するが，広い空間に水分子がまばらにあるだけなので，軽く，一定の形がなく，圧縮することもできる．

　液体の水の状態では，水分子同士が密に押し合いへし合いしているが，分子の位置は変化する．同じ体積のなかに多数の水分子があるので，液体の水は水蒸気より重い．しかし，分子の位置が容易に変わるので一定の形をもたない．

　氷は水の分子が密に，六角形状にきれいに配列しており，その配列が崩れにくい．また，水分子が六角形状に形をつくっているために，液体の水に比べると水分子の間に隙間があり，同じ体積に含まれる水分子の数が少ない．そのため，氷は一定の形をもち，液体の水より軽いので水に浮く．

　このように，原子論をもとにして，水の性質を説明することができる．これから学習するさまざまな物理法則についても，それらを原子や分子などの小さな粒子の挙動と関連づけてイメージすると理解が深まる．フランシス・ベーコン（1561〜1626）という哲学者は「知は力なり」と言ったが，基本的な考えや物理法則から多くの現象を説明することができるのが，物理学の大きな力である．

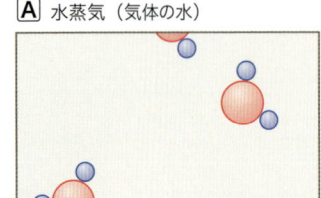
A 水蒸気（気体の水）

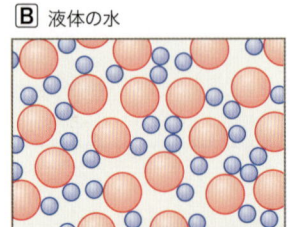
B 液体の水

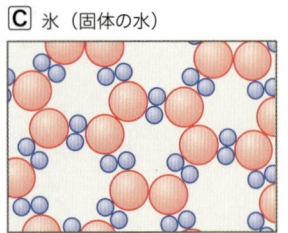
C 氷（固体の水）

コラム図1-1 ● 原子・分子の世界から見た水の3つの状態

2 物理量とその表し方

学習目標
- 物理量は数値と単位で表されることを知り，数値や単位の表し方を理解する
- スカラー量とベクトル量について例をあげて説明できる

重要な用語

物理量 物理学で扱うさまざまな量．数値と単位からなる

基本単位 距離〔m〕，時間〔s〕など，基本となる物理量

組立単位 面積〔m^2〕，速さ〔m/s〕，加速度〔m/s^2〕など，基本単位の組み合わせでできている単位

スカラー量 距離，速さ（速度の大きさ），体積など，大きさだけをもつ量

ベクトル量 力，速度，加速度など，大きさと向きをもつ量

第2章では，物理学で必要になる数の取り扱いについて学習する．物理学では，時間・空間・物体の関係である物理法則を，数式を用いて数値の関係として表すことが多い．そのため，数値の表し方や基本的な計算の知識が必要になる．数式に苦手意識をもつ人もいると思うが，数式の意味を理解し，計算に慣れてくると，ものごとを理解する際のとても便利な道具になる．例題や章末問題を繰り返し解いて修得しよう．

1 物理量

物理学で扱う量を**物理量**という．物理量は**数値**と**単位**からできている．具体的に説明しよう．数値は量の大きさを表している．単位はその数値がどのような種類の量を，どのような大きさを基準に表しているかを示している．例えば，「スカイツリーの高さは 634 m（メートル）である」は，スカイツリーの高さが**国際度量衡総会**[※1]で決められた**基準の長さの単位である 1 m の 634 倍**であることを表している．

※1 国際度量衡総会：
あらゆる分野において，世界中で共通に用いられる単位を決める国際組織．次ページの国際単位系(SI)は，1960年の国際度量衡総会で採択された．

 ⇒

| 物理量 | ⇒ | 数値 | と | 単位 |

スカイツリーの高さ　　　　1 m を長さの単位としたとき，
　634 m　　　　　　　　　その 634 倍の大きさの長さ

物理量を扱うときは，数値と単位をしっかりと確認しなければいけない．例えば，634 m（スカイツリーの高さ）と 634 kg（あるエレベーターの許容重量）とでは，数値は同じでも，「長さ」と「重さ」という別の物理量を表している．物理法則を表す式の右辺と左辺が等号（イコール，=）で結ばれているとき，左辺と右辺の数値と単位はともに等しい．

物理量を表すときは，体積を V（英語の volume の頭文字），速度を v（英語の velocity の頭文字），質量を m（英語の mass の頭文字），密度を ρ（ギリシャ語で"ロー"と読む）などのように，アルファベットやギリシャ文字を用いる（ギリシャ文字の表記と読み方は，巻末表の表1を参照）．

注意 このテキストでは，物理量を表す文字と単位の記号を混同しないように，文字を用いて物理量を表した場合は，単位は〔 〕で囲んで表している（例：体積 V〔m³〕，速さ v〔m/s〕）．

●スカイツリー
撮影：Kakidai
(https://commons.wikimedia.org/wiki/File:Tokyo_Sky_Tree_2012.JPG)

2 基本単位と組立単位

物理学では，長さの単位にはメートル〔m〕，質量の単位にはキログラム〔kg〕，時間の単位には秒〔s〕，電流の単位にはアンペア〔A〕を用いることが基本になっている．これらは，それ以上分解できない単位なので，**基本単位**とよばれる．

一方，面積の単位である平方メートル〔m^2〕，速度の単位であるメートル毎秒〔m/s〕，密度の単位であるキログラム毎立方メートル〔kg/m^3〕などは，基本単位の組み合わせからできているので**組立単位**とよばれる．

物理量のなかには，比重や摩擦係数のように単位のない量もある．単位のない量を**無次元量**という．

なお，メートル〔m〕，キログラム〔kg〕，秒〔s〕，アンペア〔A〕を基本単位とした単位系を**MKSA単位系**[※2]という．MKSA単位系に，温度の単位であるケルビン〔K〕，光度の単位であるカンデラ〔cd〕，物質量の単位であるモル〔mol〕を加えた7つを基本単位としているものを**国際単位系**（SI）という．7つの基本単位は物理量の基準となる重要な単位なので，その大きさが厳密に決められている（巻末表の表2を参照）．

※2 m, kg, s, Aの頭文字から命名された．

3 ベクトル量とスカラー量

大きさと向きをもつ量を**ベクトル**という．ベクトルで表される物理量が**ベクトル量**である．例えば時速50 km（速度の大きさ）で北方向（速度の向き）に走っている自動車の速度は，大きさと向きがあるのでベクトル量である．サッカーのボールを蹴るとき，ボールを蹴る向きや強さによってボールの飛ぶ方向や速さが変わる．ボールが飛ぶのは足でボールを蹴る力によるので，力もベクトル量である．

一方，長さ（距離），体積，温度などのように，大きさだけをもつ物理量を**スカラー量**という．

ベクトル量は，物理量を表す文字「a」などの上に矢印を付けて，「$\vec{a}$」のように表したり，「***a***」のように太字のイタリック体で表したりする．

注意 このテキストでは，ベクトル量は物理量を表す文字に矢印を付けて「$\vec{a}$」と表す．矢印を付けずに「a」と表したときは，大きさのみをもつスカラー量を表す．

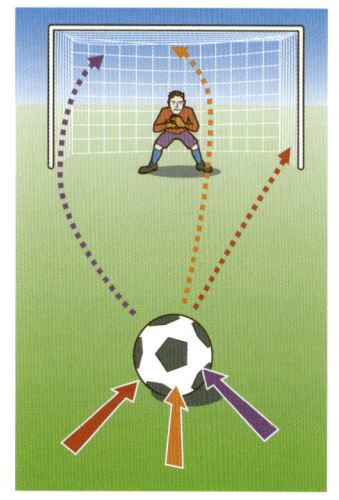

● サッカー
ゴールのどこをねらうかで，ボールを蹴る向きや力の大きさが異なる．

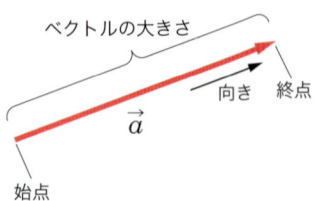

- ベクトルは大きさと向きをもつ
- ベクトルの線分が始まる点を始点という
- ベクトルの矢の先端を終点という
- 始点から終点までの距離がベクトルの大きさを表す
- 始点から終点の方向がベクトルの向きを表す

● 図 2-1　ベクトルの表し方

※3　累乗：
同じ数を何回も掛け合わせることを累乗という．10×10×10×10のように，10を4回掛け合わせるときは，「10の4乗」と読み，10^4と表す．このときの掛け合わせる回数を指数という．

※4　累乗を用いて表すと，100は10^2，1000は10^3，0.01は10^{-2}になる．

● 表 2-1　10の累乗を示す記号と読み方

10の累乗で表される数値	記号	読み方
10^{15}	P	ペタ
10^{12}	T	テラ
10^9	G	ギガ
10^6	M	メガ
10^3	k	キロ
10^2	h	ヘクト
10^1	da	デカ
10^{-1}	d	デシ
10^{-2}	c	センチ
10^{-3}	m	ミリ
10^{-6}	μ	マイクロ
10^{-9}	n	ナノ
10^{-12}	p	ピコ
10^{-15}	f	フェムト

例題

1 次のうち，ベクトル量はどれか．
① イヌの体重　② ヒトの血圧　③ 台風による風
④ 氷の密度　　⑤ ピッチャーが投げたボールの動き
⑥ 地図上の出発点からみた目的地の位置

解説　①，②，④は大きさだけをもつのでスカラー量である．③は風の強さ（風力）と風が吹いてくる方向（風向）があるのでベクトル量，⑤はボールの動きには速さと向きがあるのでベクトル量，⑥は出発点から目的地までの距離と向き（東西南北）があるのでベクトル量である．　　[答] ③⑤⑥

ベクトルを図に表すときは，図2-1のように線分に矢印を付けて表す．線分の長さがベクトルの大きさを表し，矢印の方向が向きを表している．ベクトルの線分が始まる点を始点，矢印の先を終点という．

4　大きい数，小さい数の表し方

物理学では，素粒子から宇宙まで，きわめて広い範囲の数値をもつ物理量を扱う．MKSA単位系では，原子の直径はおおよそ0.0000000001 m，大腸菌の大きさはおおよそ0.000001 m，地球の赤道の半径は6378000 mになる．

このようなときは，10の累乗※3を用いて，0.000001 m = 1×10^{-6} mや6378000 m = 6.378×10^6 mなどと表した方が，ゼロをたくさん使わずに簡潔に表すことができる※4．

また，10^{-6} ⇒ μ（マイクロ），10^{-3} ⇒ m（ミリ），10^3 ⇒ k（キロ），10^6 ⇒ M（メガ）のように，10の累乗を示す記号も使われる（表2-1）．10の累乗を示す記号を使うと，大腸菌の大きさは1 μm，地球の赤道の半径は6.378×10^3 kmになる．

例題

2 次の物理量をMKSA単位系で10の累乗を用いて表しなさい．
① 3 mm　　　　　　　② 32 km
③ 6 mg（ミリグラム）　④ 6 ns（ナノ秒）

解説　MKSA単位系では，長さはm，質量はkg，時間はsで表す．
[答] ①$3\times10^{-3}$ m，②$3.2\times10^4$ m，③$6\times10^{-6}$ kg，④$6\times10^{-9}$ s

5 指数の計算

物理学では指数[※5]を用いて数値を累乗で表すことが多いため，指数の計算に慣れておく必要がある（COLUMN1を参照）．

※5 指数：$5 \times 5 \times 5 = 125$のとき，$5^3 = 125$と表す．このとき，5を底，5の右肩に記してある3を指数とよび，「5の3乗イコール125」と表現する．文字を用いて表すと，$b = a^x$のとき，aを底，xを指数とよび，「aのx乗イコールb」と表現する．指数xは1, 2, 3, …などの自然数だけでなく，0や正負の実数のこともある．$\sqrt{5} = 5^{\frac{1}{2}}$, $\frac{1}{5} = 5^{-1}$である．また，$a^0 = 1$である．

例題

③ 次の指数計算をしなさい．
① $3 \times 10^5 + 2 \times 10^4$
② $(2 \times 10^3) \times (3 \times 10^4)$
③ $5 \times (10^4)^2$
④ $2 \div 10^5$
⑤ $3 \times 10^3 \div 10^5$
⑥ $4 \times 10^{-2} \div (2 \times 10^{-4})$

解説
① $3 \times 10^5 + 2 \times 10^4 = 3 \times 10^5 + 0.2 \times 10^5$
$= (3 + 0.2) \times 10^5 = 3.2 \times 10^5$
② $(2 \times 10^3) \times (3 \times 10^4) = (2 \times 3) \times 10^{(3+4)} = 6 \times 10^7$
③ $5 \times (10^4)^2 = 5 \times 10^{4 \times 2} = 5 \times 10^8$
④ $2 \div 10^5 = \dfrac{2}{10^5} = 2 \times \dfrac{1}{10^5} = 2 \times 10^{-5}$
⑤ $3 \times 10^3 \div 10^5 = 3 \times \dfrac{10^3}{10^5} = 3 \times 10^{(3-5)} = 3 \times 10^{-2}$
⑥ $4 \times 10^{-2} \div (2 \times 10^{-4}) = \dfrac{4 \times 10^{-2}}{2 \times 10^{-4}} = 2 \times 10^{(-2+4)}$
$= 2 \times 10^2$

[答] ① 3.2×10^5, ② 6×10^7, ③ 5×10^8, ④ 2×10^{-5}, ⑤ 3×10^{-2}, ⑥ 2×10^2

6 有効数字とその計算

物理量を表す数値は測定をして得られたものである．測定をする機器には目盛りや数値の表示があり，それは測定機器の精度を表している．目盛りの場合は，目視で一番細かい目盛りの次の位（くらい）まで読みとる．

同じ物体の長さを，目盛りの異なる2つのメジャーを用いて測定す

COLUMN 1 指数の四則演算規則

指数の計算は難しく見えるが，以下の規則を頭に入れてしまえば簡単になる．ぜひマスターしよう．

① $a \times 10^c \pm b \times 10^c = (a \pm b) \times 10^c$　　例）$2 \times 10^3 + 3 \times 10^3 = (2+3) \times 10^3 = 5 \times 10^3$
② $10^a \times 10^b = 10^{(a+b)}$　　例）$10^2 \times 10^4 = 10^{(2+4)} = 10^6$
③ $(10^a)^b = 10^{a \times b}$　　例）$(10^2)^4 = 10^{2 \times 4} = 10^8$
④ $10^{-a} = \dfrac{1}{10^a}$　　例）$10^{-5} = \dfrac{1}{10^5} = \dfrac{1}{10000} = 0.00001$
⑤ $10^a \div 10^b = 10^{(a-b)}$　　例）$10^5 \div 10^3 = 10^{(5-3)} = 10^2 = 100$

2　物理量とその表し方　|　21

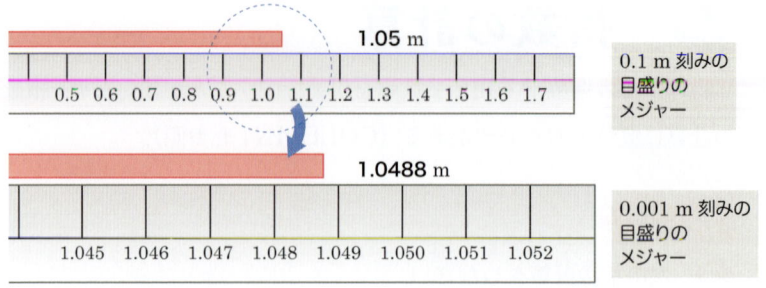

● 図2-2　目盛りの精度が異なるメジャーでの長さの読みの違い

※6　有効数字：
有効数字とは数値的に意味のある量を表す．例えば1 cm刻みの目盛りのあるメジャーで物体の長さを測定するときは，0.1 cmの位まで読みとる．このとき，1 cmの目盛りの読みを表す数字は確実に読みとれ，信頼性がある．0.1 cmの位の数字には誤差が含まれ，あいまいさがあるが，全く意味のない数字ではない．このようなとき，0.1 cmの位を表す数字までが有効数字になる．

ることを考えてみよう（図2-2）．10 cm＝0.1 m刻みの目盛りのメジャーを用いると測定値は1.05 mで，有効数字※6は3桁，小数第2位まで読みとれる．もう一方の1 mm＝0.001 m刻みの目盛りのメジャーを用いると測定値は1.0488 mで，有効数字は5桁，小数第4位まで読みとれる．

0.1 m刻みの目盛りのメジャーでは小数第2位の数である5までの数には意味があるが，小数第3位以下の数はわからない．このとき，意味のある数の桁数（この場合は，はじめから数えて，1と0と5の3桁）を数えて，この数値の有効数字は3桁という．0.001 m刻みの目盛りのメジャーで測定したときの有効数字は5桁になる．

注意　有効数字の桁数と小数点以下の桁数は意味が異なることに注意しよう．

測定して得られた物理量については，有効数字に注意して計算をしなければならない（COLUMN2を参照）．

例題

4 有効数字に注意して計算しなさい．
① $2.5 + 3.02$　② $42.77 - 3.1$
③ 3.2×5.0　④ $3.14 \times (2.0 \times 10^5)$
⑤ $10.0 \div 2.5$　⑥ $2.0 \times 2.2 \times 2.22$

解説　① $2.5 + 3.02 = 5.52 \fallingdotseq 5.5$
（小数点以下の桁数が少ない2.5に合わせ，小数第1位にする）

② $42.77 - 3.1 = 39.67 \fallingdotseq 39.7$
（小数点以下の桁数が少ない3.1に合わせ，小数第1位にする）

③ $3.2 \times 5.0 = 16.00 \fallingdotseq 16$ または 1.6×10
（3.2, 5.0ともに有効数字は2桁）

④ $3.14 \times (2.0 \times 10^5) = 6.280 \times 10^5 \fallingdotseq 6.3 \times 10^5$
（有効数字の桁数が小さい2.0の有効数字2桁に合わせる）

⑤ $10.0 \div 2.5 = 4.0$
（有効数字の桁数が小さい2.5の有効数字2桁に合わせる）

⑥ $2.0 \times 2.2 \times 2.22 = 9.768 \fallingdotseq 9.8$
（有効数字の桁数が小さい2.0と2.2の有効数字2桁に合わせる）

COLUMN 2　有効数字の計算の規則

有効数字の計算の規則は面倒に思うかもしれないが，この規則を守って計算すると，どこまでの数字に意味があるかをハッキリと示すことができる．また，余分な桁数の計算をしなくてもよい利点もある．足し算・引き算と，掛け算・割り算の2つの規則だけなので，しっかり覚えよう．

①足し算と引き算の場合は，計算結果の小数点以下の桁数を，計算に使った数値のなかで最も小数点以下の桁数が少ないものに合わせる（次の位の数を四捨五入する）．

例）　$1.3\,\mathrm{m}$　＋　$2.223\,\mathrm{m}$　＝　$3.5\underline{2}3\,\mathrm{m}$　$\fallingdotseq$　$3.5\,\mathrm{m}$
　　　末位は小数第1位　末位は小数第3位　　小数第2位を四捨五入し，
　　　　　　　　　　　　　　　　　　　　　　末位小数第1位にする

```
   1.3 ? ?
+) 2.2 2 3
   3.5 ? ?
```
?は意味のない数を表す

②掛け算と割り算の場合は，有効数字の最も小さい桁数の数値に合わせる．計算の最後に，有効数字の次の桁数の数値を四捨五入する．

例）　$1.5\,\mathrm{m}$　×　$7.55\,\mathrm{m}$　＝　$11.\underline{3}25\,\mathrm{m}^2$　$\fallingdotseq$　$11\,\mathrm{m}^2$
　　　有効数字2桁　　　有効数字3桁　　　有効数字3桁目を四捨五入し，有効数字2桁にする

注意　計算式のうち，測定によらない数値（3aのようにaを3倍するときの3，a^2のようにaを2乗するときの2など）は，有効数字の計算の規則を当てはめない．

発展 1　測定された物理量の表し方

　メジャー，筋力測定器，ストップウォッチ，温度計，その他の測定器を用いて物理量を測定するとき，測定は繰り返し行うことが基本である．真の値は1つのはずなので，測定は1回でよいと思うかもしれない．しかし，測定器の精度，測定器の目盛りの読み方，周囲からの影響などにより，測定によって得られた値は測定ごとに少しずつ異なる．

　測定値と真の値との差を誤差とよび，測定値には誤差が含まれている．そのため，測定された物理量はふつう，平均値±標準偏差で表される（標準偏差については発展2参照）．これは，真の物理量が（平均値−標準偏差）と（平均値＋標準偏差）の間にある可能性が高いことを表している．平均値は繰り返して測定した値の平均の値であり，標準偏差は誤差の大きさを表している．

　　測定値　＝　真の値　＋　誤差
　　　　　　（実際は求まらない）　真の値と測定値の差

　測定値の表し方　⇒　平均値　±　標準偏差
　　　　　　　　　　複数回測定の平均値　誤差の大きさ

　このテキストでは，さまざまな物理量の数値を，誤差（標準偏差）を含まない形で長さ$200\,\mathrm{m}$，体積$1.2\,\mathrm{m}^3$などと記載しているが，実際の測定値には必ず誤差があることに注意してほしい．

発展 2　標準偏差とは

　標準偏差〔standard deviation：SD〕は，測定値のばらつきの大きさを表す量であり，下のような公式を用いて計算する．

【平均値と標準偏差の計算式】

　測定値を X_1，X_2，……，X_n，平均値を m，測定回数を n とすると

$$\text{平均値}\; m = \frac{X_1 + X_2 \cdots\cdots + X_n}{n}$$

$$\text{標準偏差}\; S = \sqrt{\frac{(X_1-m)^2 + (X_2-m)^2 + \cdots (X_n-m)^2}{n-1}}$$

　1回ごとの測定値は，理想的には平均値を中心に**発展図 2-1**のようなつりがね形の「正規分布」をする．正規分布には，平均値を m，標準偏差を S とすると，m±S の間に測定値全体の68％，m±2S の間に測定値全体の95％が含まれるという性質がある．つまり，測定値が正規分布をするとみなせるときは，平均値±標準偏差の数値の間に全体の測定値の約2/3が入ることになる．

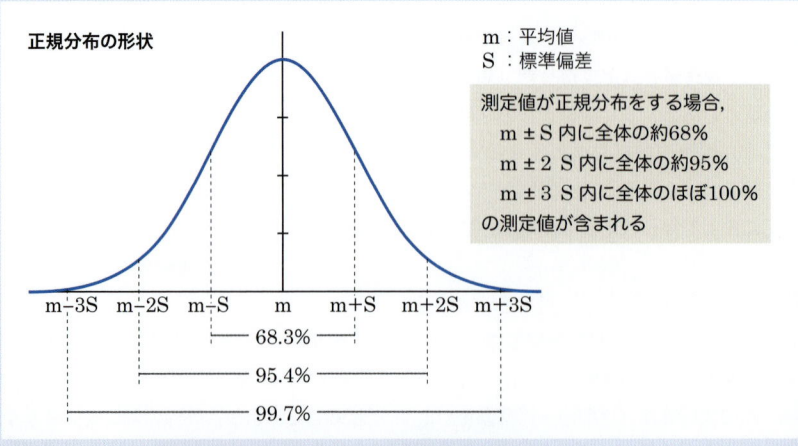

発展図 2-1 ● 測定値の分布と平均値，標準偏差の関係
〔「バイオサイエンスの統計学」（市原清志/著），南江堂，1990をもとに作成〕

章末問題

⇒解答は237ページ

❶ Aさんの歩幅（1歩分の長さ）は50 cmで一定とする．Aさんが1日に6,000歩を歩いたとき，1日に歩いた距離は何kmになるか求めなさい．

---

❷ 5.00 mL（ミリリットル）の血液の質量を測定したところ5.30 gだった．この血液の密度を求めなさい．

ポイント⇒密度＝質量÷体積

---

❸ 体格指数（body mass index：BMI）は，体重〔kg〕を身長〔m〕の2乗で割った数値で，BMIが25以上の場合は肥満となる．身長180.0 cm，体重90.0 kgのときのBMIを計算して，肥満に相当するか判断しなさい．

---

❹ 筋力は筋が太いほど強く，筋の断面積に比例する．単位断面積あたりの筋力（1 cm^{2}あたりの筋力）を5.0 kg/cm^{2}とするとき，4.05 cm^{2}の断面積をもつ筋の筋力はいくらか計算しなさい．

ポイント⇒筋力＝単位断面積あたりの筋力×断面積

3 物理学で使うグラフと関数

学習目標
- 数式とグラフの関係を説明できる
- 三角関数の基礎を理解する
- 基本的なベクトルの計算ができる

重要な公式

- 三平方の定理

$$c^2 = a^2 + b^2$$

直角三角形の辺の長さ a, b, c
(c は斜辺) 間の関係

重要な用語

ベクトルの分解 1つのベクトルをいくつかのベクトルに分けること. ベクトル $\vec{A}$ の x 軸方向の成分を A_x, y 軸方向の成分を A_y とすると以下の関係がある
$$A_x = A\cos\theta, \quad A_y = A\sin\theta$$
$$\begin{pmatrix} A : \vec{A} \text{の大きさ}, \\ \theta : \vec{A} と x 軸のなす角度 \end{pmatrix}$$

三角関数 直角三角形の辺と角度の関係を表したもの. sin (正弦), cos (余弦), tan (正接) は物理学でよく使われる

ベクトルの合成 いくつかのベクトルの和を求めて1つのベクトルで表すこと

1 数式とグラフ

物理法則は数式として表されるが，数式がどのようなことを意味しているのかは，グラフを描くと理解しやすい．一方，実験の結果をグラフに表すと，測定した値にどのような数式関係があるか予測することができる．

表3-1 は，図3-1 のようにさまざまな重さの物体をゴムひもにつるしたときの，「物体の重さ」と「ゴムの伸びた長さ」との関係を測定した結果である．数値だけを見ていても「物体の重さ」と「ゴムの伸びた長さ」の関係を見つけることは難しいが，グラフに表すと比例関係があることが推測できる（図3-2）．

比例関係があれば，「物体の重さ」と「ゴムの伸びた長さ」は，比例定数を a として，以下の式で表すことができる．

$$（ゴムの伸びた長さ）= a \times （物体の重さ）$$

物理量の関係は，比例関係だけでなく，2乗関係，指数関係，対数[※1]関係など，より複雑な関係になることもある．それに伴って物理法則に使われる数式も難しくなる．しかし，グラフを描くと1つの物理量が変化するとき，それに関係する他の物理量がどのように変化するのかを視覚的に理解することができる．

このテキストでは，なるべく難しい数式は使わずに，グラフを使っ

※1 対数：
125を，指数を用いて累乗で表すと，$5^3=125$ となる．このときの数3を，5を底とする125の対数という．対数の記号（log）を用いて表すと，$\log_5 125 = \log_5 5^3 = 3$ となる．文字を用いて表すと，$b=a^x$ のとき，$x=\log_a b$ となり，a を底，b を真数という．対数は，数を累乗で表したときの指数に相当し，指数と対数は表裏一体の関係にある．底が10の対数を常用対数とよび，底を省略して $\log b$ と表す．また，底がネイピア数（$e=2.718\cdots$）の対数を自然対数とよび，$\ln b$ と表す．

● 表3-1 「物体の重さ」と「ゴムの伸びた長さ」との関係：測定結果

物体の重さ〔kg重〕	0	1	2	3	4	5
ゴムの伸びた長さ〔cm〕	0.0	1.6	4.3	6.4	7.4	9.9

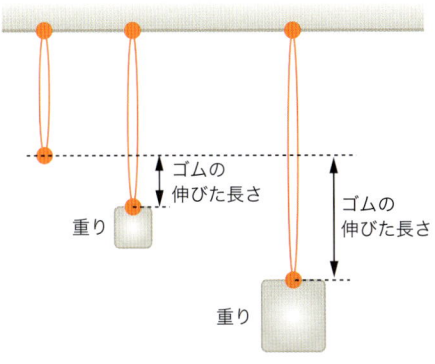

● 図3-1 「物体の重さ」と「ゴムの伸びた長さ」の関係を調べる実験

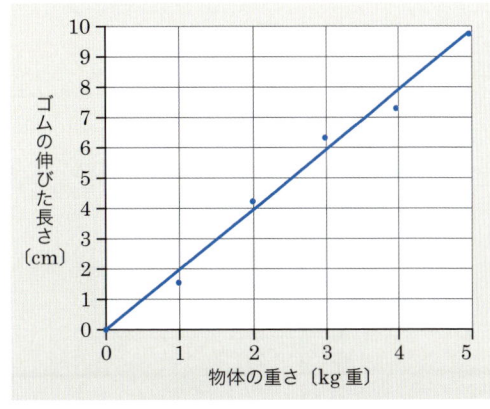

● 図3-2 物体の重さとゴムの伸びた長さの関係を表すグラフ

て物理量の関係の理解を補うようにしている．しかし，数式の取り扱いを理解していると，より深く物理学を理解できることも事実である．発展では，理解してほしい数学の基本事項や，その数学の知識を用いた問題を扱うので，ぜひチャレンジしてほしい．

例題

❶ 図のような斜面に静かにボールを置き，ボールが転がる距離を1秒ごとに測定したところ，表のような結果が得られた．時間とボールが転がった距離の関係を表すグラフと，時間の2乗とボールが転がった距離を表すグラフを描き，時間とボールが転がる距離との関係を推測しなさい．

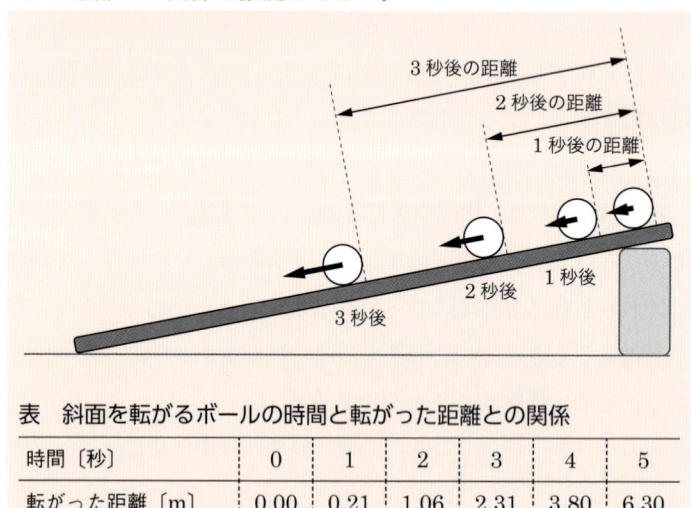

表　斜面を転がるボールの時間と転がった距離との関係

時間〔秒〕	0	1	2	3	4	5
転がった距離〔m〕	0.00	0.21	1.06	2.31	3.80	6.30

解説　横軸に時間，縦軸にボールが転がった距離を表すグラフ（図3-3）と横軸に時間の2乗，縦軸にボールが転がった距離を表すグラフ（図3-4）を描く．

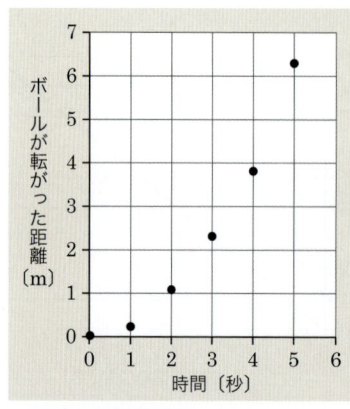

● 図3-3　時間とボールが転がった距離を表すグラフ

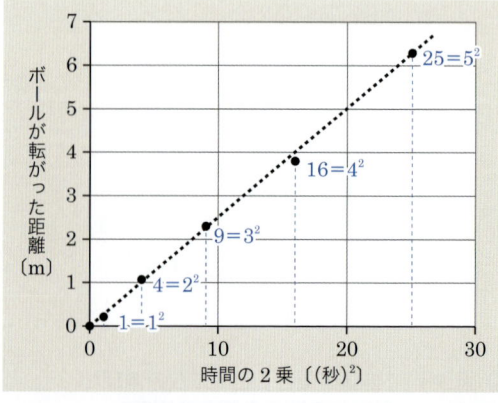

● 図3-4　時間の2乗とボールが転がった距離を表すグラフ

時間とボールが転がった距離を表すグラフ（図3-3）からは，時間とともに転がる距離が長くなることはわかるが，その関係はハッキリしない．一方，時間の2乗とボールが転がった距離を表すグラフ（図3-4）を見ると，時間の2乗とボールの転がった距離には比例関係があることが推測できる．比例関係があれば，時間 t とボールの転がった距離 x には，比例定数を a として，次の関係が成り立つ．

$$x = a \times t^2 \quad (x = at^2)$$

この関係は，次のようにも表すことができる．

$$\sqrt{x} = bt \quad (ただし，b = \sqrt{a})$$

［答］時間の2乗とボールの転がった距離には比例関係がある

このように，グラフの縦軸や横軸の目盛りを2乗や平方根，または対数で表すと，物理量の関係が見やすくなることがある．

三角関数

▶ 三平方の定理

三平方の定理（ピタゴラスの定理）は，「直角三角形の斜辺の2乗は，他の2辺の2乗の和に等しい」という関係を表している．斜辺は，直角三角形の直角と向き合う辺で，3辺のなかで最も長い．斜辺を c として，直角三角形の3つの辺を a, b, c とすると，三平方の定理は以下の式で表される（図3-5）．

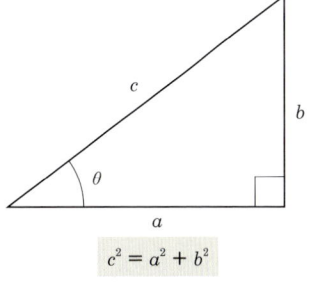

● 図3-5　三平方の定理

$$c^2 = a^2 + b^2$$
三平方の定理

三平方の定理は，平面や空間の座標から2点間の距離を求めるときなどに用いられる．三平方の定理を用いて，曲線の長さを小さな直角三角形の斜辺の和として近似的に計算することができる（図3-6）．直

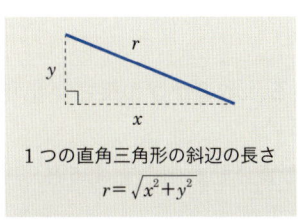
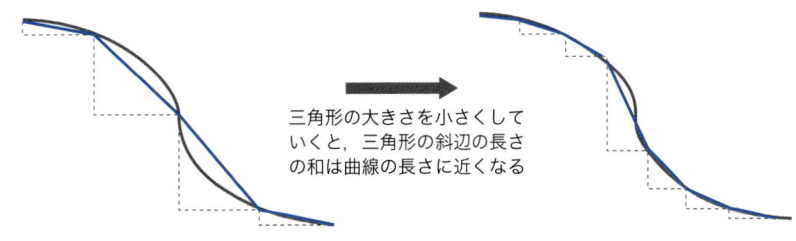

● 図3-6　三平方の定理を用いて曲線の距離を計算する方法

角三角形の大きさを小さくすればするほど，直角三角形の斜辺の和から計算した長さと実際の曲線の長さは限りなく近くなる．

例題

2 直角三角形の斜辺以外の辺の長さが3 cmと4 cmのとき，斜辺の長さはいくらか．

解説 直角三角形の三平方の定理より，斜辺の長さをc〔cm〕とすると，
$$c^2 = 3^2 + 4^2 = 9 + 16 = 25$$
よって，斜辺の長さは
$$\sqrt{25} = 5$$
〔答〕5 cm

▶三角関数 sin, cos, tan

三角関数は直角三角形の辺と角度の関係を表したものである．sin（サイン，正弦），cos（コサイン，余弦），tan（タンジェント，正接）などの三角関数は，物理学でよく使われる．直角三角形の斜辺cと辺aでつくられる角度をθ（シータ）とすると，三角関数のsin，cos，tanは次のように定義される（図3-7）．

$$\sin\theta = \frac{b}{c} \quad \cos\theta = \frac{a}{c} \quad \tan\theta = \frac{b}{a}$$

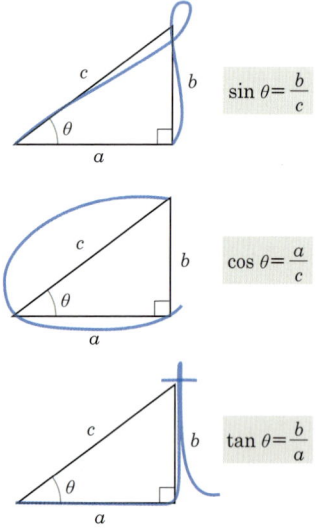

● 図3-7 sin, cos, tanの定義
青線で覚えやすい流れを示した．

公式を変形すると次の関係が得られる．

$$b = c \times \sin\theta \qquad a = c \times \cos\theta \qquad b = a \times \tan\theta$$

sin, cos, tanは遠くにある物体の位置を計算したり，ベクトル量を成分に分解[※2]したりするときに用いられる．θが30°，45°，60°のときの$\sin\theta$，$\cos\theta$，$\tan\theta$の値はよく使うので，覚えておくとよい（COLUMN1）．

※2 後述「3 ベクトルの計算」参照．

例題

3 地面に対して45°の角度に太陽がある．木のかげの長さが6.0 mのとき，この木の高さを求めなさい．

解説 木の高さをh〔m〕，木のかげの長さをx〔m〕とすると，
$$h = x \times \tan 45°$$

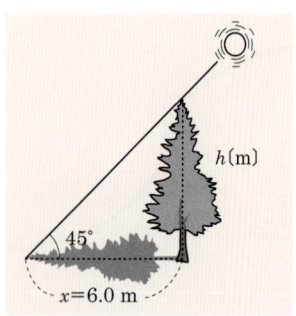

$$= 6.0 \times 1$$
$$= 6.0$$

[答] 6.0 m

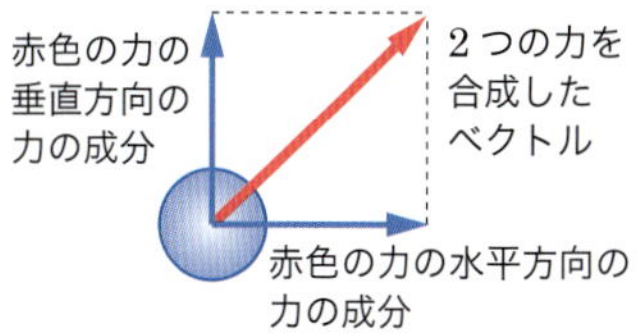

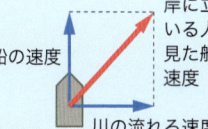

物体に2つの力がはたらくとき，2つの力のベクトルを合成して，1つの力として扱うことができる．反対に，赤色の力は，ベクトルの分解により，水平方向の成分と垂直方向の成分に分けて考えることができる．

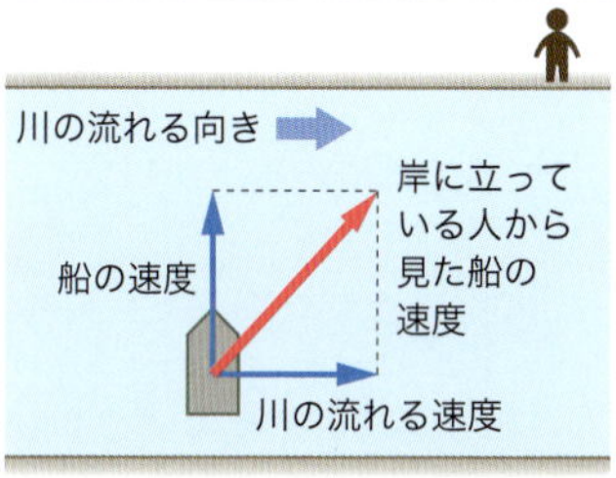

3 ベクトルの計算

▶ベクトルの合成

ベクトルの和（足し算）と差（引き算）のことを**ベクトルの合成**という．ベクトルの合成は，物体にはたらく複数の力を1つにまとめるとき（力の合成）や運動している物体間の位置や速さの関係を表すときなど，さまざまな物理現象を考えるときに必要になる（図3-8）．ベクトルの合成は平行四辺形を用いて求める（COLUMN2参照）．

▶ベクトルの分解

1つのベクトルをいくつかのベクトルに分けることを**ベクトルの分解**という．ベクトルの分解は，運動や力の成分を水平方向と垂直方向に分けて考えるときなどに必要である（図3-8）．ベクトルを分解するときは，平面であれば，垂直に交わるx軸方向とy軸方向のベクトルに分けることが多い．$\vec{A}$をx軸方向に分けた$\vec{A_x}$の大きさをA_x, y軸方

川の流れる向きに垂直に進む船の速度は，岸に立っている人から見ると，川の流れる速度と船の速度を合成したベクトルになる．反対に，岸から見た船の速度を川の向きと川に垂直な向きに分解すると，川の速度や船の速度を求めることができる．

● 図3-8 ベクトルの合成と分解の例

COLUMN 1　$\theta = 30°$, $45°$, $60°$のときの $\sin\theta$, $\cos\theta$, $\tan\theta$の値

① $\theta = 30°$のとき

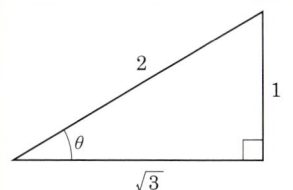

② $\theta = 45°$のとき

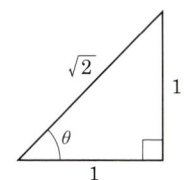

③ $\theta = 60°$のとき

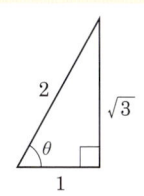

$\sin 30° = \dfrac{1}{2} = 0.5$

$\cos 30° = \dfrac{\sqrt{3}}{2} ≒ 0.87$

$\tan 30° = \dfrac{1}{\sqrt{3}} ≒ 0.58$

$\sin 45° = \dfrac{1}{\sqrt{2}} ≒ 0.71$

$\cos 45° = \dfrac{1}{\sqrt{2}} ≒ 0.71$

$\tan 45° = 1$

$\sin 60° = \dfrac{\sqrt{3}}{2} ≒ 0.87$

$\cos 60° = \dfrac{1}{2} = 0.5$

$\tan 60° = \sqrt{3} ≒ 1.73$

（ただし，$\sqrt{2} ≒ 1.41$　$\sqrt{3} ≒ 1.73$）

向に分けた $\vec{A_y}$ の大きさを A_y で表す．

ベクトルの分解は三角関数を用いて求める（COLUMN3参照）．

▶ベクトルの成分を用いた計算

ベクトルを成分で表したとき，ベクトルの和と差は，成分の和と差になる．

$\vec{A} = (A_x, A_y)$，$\vec{B} = (B_x, B_y)$ とすると，$\vec{A}$ と $\vec{B}$ の和と差は次のよ

COLUMN 2 ベクトルの合成の求め方

【平行四辺形を用いたベクトルの足し算（四角形法）】
① 2つのベクトル，$\vec{a}$ と $\vec{b}$ を平行移動して，始点を合わせる
② $\vec{a}$ と $\vec{b}$ を2辺とする平行四辺形をつくる
③ つくった平行四辺形について，始点から対角線を引く
④ この始点から引いた対角線が，$\vec{a}$ と $\vec{b}$ の足し算（合成ベクトル $\vec{c} = \vec{a} + \vec{b}$）になる

【別法（三角形法）】
　$\vec{a}$ の終点に $\vec{b}$ の始点を平行移動して，$\vec{a}$ の始点と平行移動した $\vec{b}$ の終点を結ぶと，$\vec{a}$ と $\vec{b}$ の足し算（合成ベクトル $\vec{c} = \vec{a} + \vec{b}$）になる．

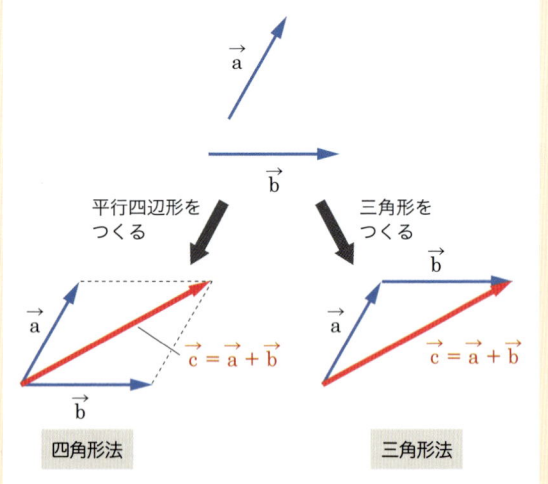

四角形法　　　三角形法

【平行四辺形を用いたベクトルの引き算】
　ベクトルの差は $\vec{a} - \vec{b} = \vec{a} + (-\vec{b})$ となるので，$\vec{a}$ に，$\vec{b}$ と同じ大きさで逆向きの $(-\vec{b})$ を足し算すると考える．
① 2つのベクトル，$\vec{a}$ と $\vec{b}$ を平行移動して，始点を合わせる
② $\vec{b}$ と同じ大きさで反対向きの $(-\vec{b})$ をつくる
③ $\vec{a}$ と $(-\vec{b})$ を2辺とする平行四辺形をつくる
④ つくった平行四辺形について，始点から対角線を引く
⑤ この始点から引いた対角線が，$\vec{a}$ と $\vec{b}$ の引き算（合成ベクトル $\vec{c} = \vec{a} - \vec{b}$）になる

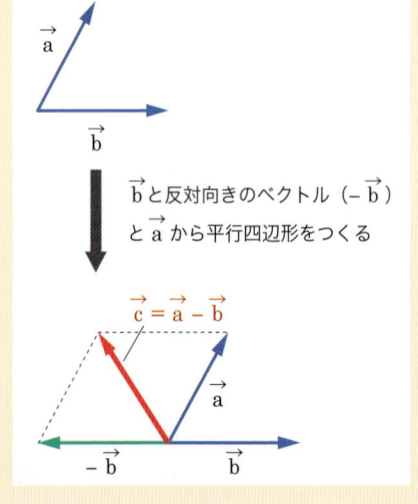

$\vec{b}$ と反対向きのベクトル $(-\vec{b})$ と $\vec{a}$ から平行四辺形をつくる

うに計算できる．
$$\vec{A} + \vec{B} = (A_x + B_x,\ A_y + B_y)$$
$$\vec{A} - \vec{B} = (A_x - B_x,\ A_y - B_y)$$

・計算例（図3-9）

$\vec{A} = (3,\ 2),\ \vec{B} = (1,\ 2)$ のとき，
$$\vec{A} + \vec{B} = (3+1,\ 2+2) = (4,\ 4)$$
$$\vec{A} - \vec{B} = (3-1,\ 2-2) = (2,\ 0)$$

ベクトルの大きさは，三平方の定理から，x成分の2乗とy成分の2乗の和の平方根になる．

$\vec{A} + \vec{B}$ の大きさは，$\sqrt{4^2 + 4^2} = \sqrt{16 + 16} = \sqrt{32} = 4\sqrt{2}$
$\vec{A} - \vec{B}$ の大きさは，$\sqrt{2^2 + 0^2} = \sqrt{4} = 2$

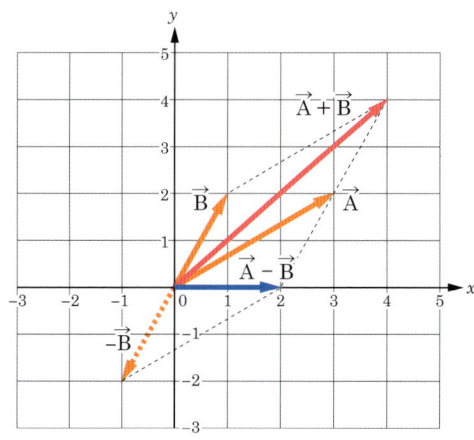

● 図3-9 ベクトルの成分を用いた計算例

COLUMN 3 ベクトルの分解の求め方

【平面上のベクトルの分解】

x軸を水平方向，y軸を垂直方向とすると，そのベクトルのx成分A_x，y成分A_yは三角関数を用いて計算できる．

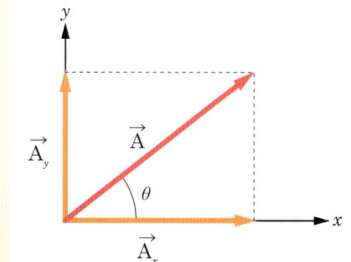

$$\vec{A} = \vec{A_x} + \vec{A_y}$$
$$\vec{A} = (A_x,\ A_y)$$
$$A_x = A\cos\theta,\ A_y = A\sin\theta$$

例題

4 $\vec{A} = (3, 1)$, $\vec{B} = (1, 3)$ とする．このとき，グラフ上に $\vec{A}$ と $\vec{B}$ を描き，$\vec{A} + \vec{B}$ と $\vec{A} - \vec{B}$ を作図しなさい．また，$\vec{A} + \vec{B}$ と $\vec{A} - \vec{B}$ の大きさを計算しなさい．

解説 作図は下の図を参照．

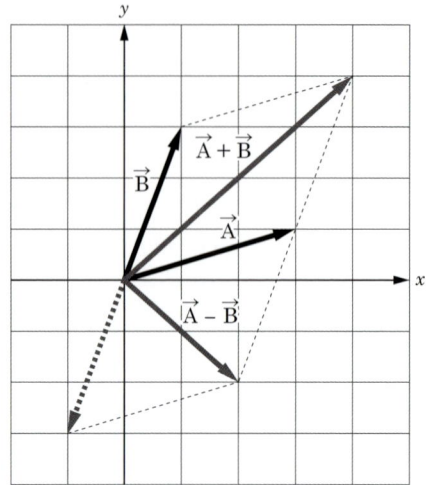

$\vec{A} + \vec{B} = (3+1, 1+3) = (4, 4)$

よって大きさは，
$$\sqrt{4^2 + 4^2} = \sqrt{16 + 16} = \sqrt{32} = 4\sqrt{2}$$

$\vec{A} - \vec{B} = (3-1, 1-3) = (2, -2)$

よって大きさは，
$$\sqrt{2^2 + (-2)^2} = \sqrt{4 + 4} = \sqrt{8} = 2\sqrt{2}$$

[答] $\vec{A} + \vec{B}$ の大きさ：$4\sqrt{2}$，$\vec{A} - \vec{B}$ の大きさ：$2\sqrt{2}$

5 図のように平面上に垂直に交わる x 軸と y 軸がある．大きさが 4 で x 軸となす角度が 30°のベクトルを $\vec{A}$ とするとき，$\vec{A}$ の x 軸方向の成分 A_x と y 軸方向の成分 A_y を求めなさい．

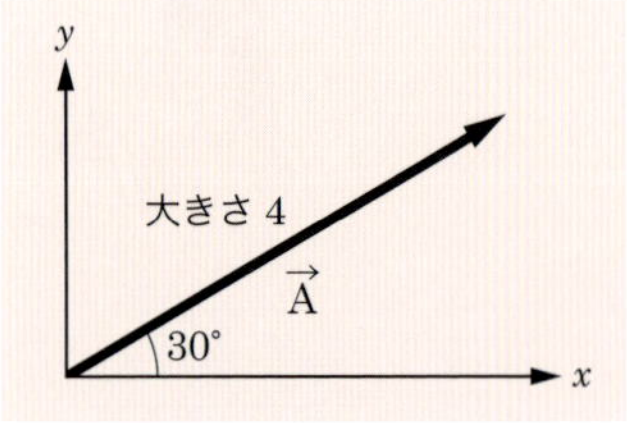

解説 $\vec{A}$ の大きさを A とすると，$A_x = A\cos\theta$，$A_y = A\sin\theta$ の関係がある．$\theta = 30°$ なので，A_x，A_y は，

$$A_x = A\cos 30° = 4 \times \frac{\sqrt{3}}{2} = 2\sqrt{3}$$

$$A_y = A\sin 30° = 4 \times \frac{1}{2} = 2$$

となる． [答] $A_x = 2\sqrt{3}$，$A_y = 2$

章末問題

⇒解答は237ページ

1 図の直角三角形の3辺の長さをa, b, cとする.bの長さが4.0 cmのとき,aとcの長さを求めなさい.ただし,$\sin 30° = 0.50$,$\cos 30° = 0.87$,$\tan 30° = 0.58$とする.

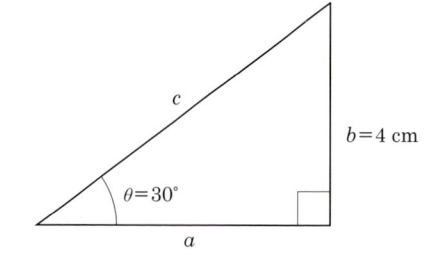

2 $\vec{A} = (1, 0)$,$\vec{B} = (0, 1)$のとき,次のベクトルの計算をして,その大きさを求めなさい.ただし,$2\vec{A}$は$\vec{A}$と同じ向きで大きさが2倍のベクトルを表す.

① $\vec{A} + \vec{B}$　　② $\vec{A} - \vec{B}$　　③ $2\vec{A} + 2\vec{B}$　　④ $4\vec{A} - 2\vec{B}$

3 図のような斜面台に乗ったとき,体重からみた足底にかかる力の割合はどれか.ただし,背面と斜面との間の摩擦はないものとし,$\cos 60° = 0.5$,$\sin 60° = 0.87$,$\tan 60° = 1.73$とする.

[第36回国家試験問題（理学療法）]

① 96 %
② 87 %
③ 71 %
④ 58 %
⑤ 50 %

ポイント⇒足底にかかる力は,体重による力の斜面方向の成分になる.斜面台の角度が60°なので,体重による力を斜辺とする直角三角形と考えられ$\sin$の関係を用いて計算できる.

4 いろいろな運動

学習目標
- 位置と変位について説明できる
- 運動について説明できる
- 速度について説明できる
- 加速度について説明できる

重要な公式

- 平均の速度 = $\dfrac{変位}{時間}$

$$v = \dfrac{x}{t}$$

- 平均の加速度 = $\dfrac{速度の変化量}{時間}$

$$a = \dfrac{v}{t}$$

- 距離 = 速度 × 時間

$$x = vt \quad \text{等速直線運動の公式}$$

- 速度 = 初速度 + 加速度 × 時間

$$v = v_0 + at \quad \text{等加速度直線運動の公式}$$

- 距離 = 初速度 × 時間 + $\dfrac{1}{2}$ × 加速度 × (時間)^2

$$x = v_0 t + \dfrac{1}{2} a t^2 \quad \text{等加速度直線運動の公式}$$

重要な用語

変位 位置の変化量（物体が移動した距離）（ベクトル量）

運動 物体が時間の経過とともに位置を変えていく現象

位置 物体がどこにあるのかを示すもので，物理学では座標で表される

速度 単位時間あたりの変位で，単位は〔m/s〕（ベクトル量）

加速度 単位時間あたりの速度の変化量で，単位は〔m/s^2〕（ベクトル量）

速さ 速度の大きさのこと（スカラー量）

基礎固めを終え，第4章からいよいよ物理学の内容に入っていく．まず，物体の運動を考えるときに必要な，変位，速度，加速度などの意味を学び，基本的な運動である等速直線運動，等加速度直線運動，自由落下について学習する．運動が公式を用いて予測できる驚きを学んでいこう．

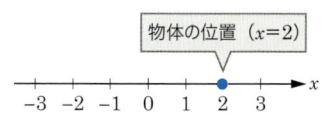

図 4-1 直線上の物体の位置の表し方

1 位置と変位

空間内の物体がある場所を，物体の**位置**という．位置を指定するためには，基準となる点や目盛りのある軸が必要になる．直線上を運動する物体の位置は，基準点（0点）と基準点を通る直線（x軸）の目盛りで表すことができる（図4-1）．平面上の物体の位置は，基準点で互いに直角に交わる2本の直線（x軸とy軸）の目盛りで表すことができる（図4-2）．

物体の位置が時間によって変化することを，物体の**運動**という．最初，位置Aにあった物体が，ある時間経過後に位置Bに移ったとき，この位置の変化量（後の状態とはじめの状態の差）を**変位**という．変位は，物体がどのくらい移動したかを表す大きさ（距離）と，どの方向に移動したかを表す向きがあるので，ベクトル量である．直線上の変位を$\vec{x}$，平面上の変位を$\vec{r}$で表すと，図4-3のようになる．

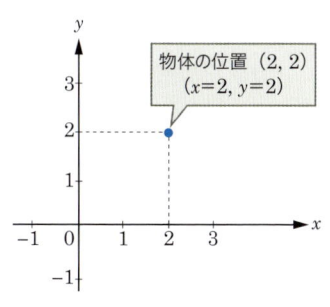

図 4-2 平面上の物体の位置の表し方

注意 変位の大きさ，位置を表す文字として，両方ともにxを用いるので，変位を表すxか位置を表すxかに注意してほしい．

直線上の運動による変位

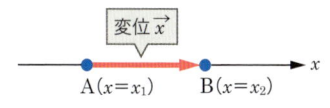

平面上の運動による変位

例題

① 物体が直線上を運動していて，最初$x = 3$ mの位置にあった物体が，$x = 8$ mの位置に移動した．このときの物体が移動した距離を求めなさい．

解説 移動した距離は，物体の変位を表すので，
    変位の大きさ $x = 8 - 3 = 5$　　　　　　　　　　　　　　[答] 5 m

② 物体が平面上を運動していて，最初の位置が$x = 2$ m, $y = 2$ mで，移動後の位置が$x = 6$ m, $y = 5$ mであった．このときの変位の大きさを求めなさい．

解説 x軸方向の変位の大きさは，$x = 6 - 2 = 4$ m
　　　　y軸方向の変位の大きさは，$y = 5 - 2 = 3$ m
　　　　変位の大きさは，2辺の長さが4 mと3 mの直角三角形の斜辺の長さに等しいので，三平方の定理（第3章）より

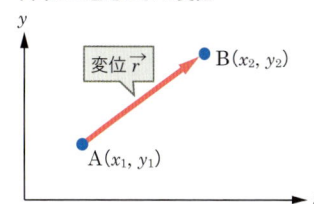

図 4-3 直線上，平面上の運動による変位

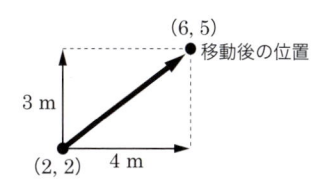

4　いろいろな運動 | 37

発展1 身体の位置や運動を平面で表す

!臨床

空間における物体の位置は，互いに直角に交わる3本の直線軸（x軸，y軸，z軸）で表すことができる（発展図4-1）．運動学では身体の前後方向の軸（x軸），左右方向の軸（y軸），上下方向の軸（z軸）を用いて，身体の位置を表現する．身体運動は複雑なので，空間における運動を平面上に投影して，運動を解析することが多い（発展図4-2）．

身体を正面から見ることになる，身体の前後方向（x軸）に垂直な平面（y-z平面）を前額（ぜんがく）面という．身体を横方向から見ることになる，身体の左右方向（y軸）に垂直な平面を矢状（しじょう）面（x-z平面）という．そして，身体を上から見ることになる，身体の上下方向（z軸）に垂直な面を水平面（x-y平面）という．歩行を例にすると，前額面では骨盤の挙上・下制や体幹の側屈，矢状面では股関節・膝関節・足関節角度の変化，水平面では骨盤の回旋などが観察できる．

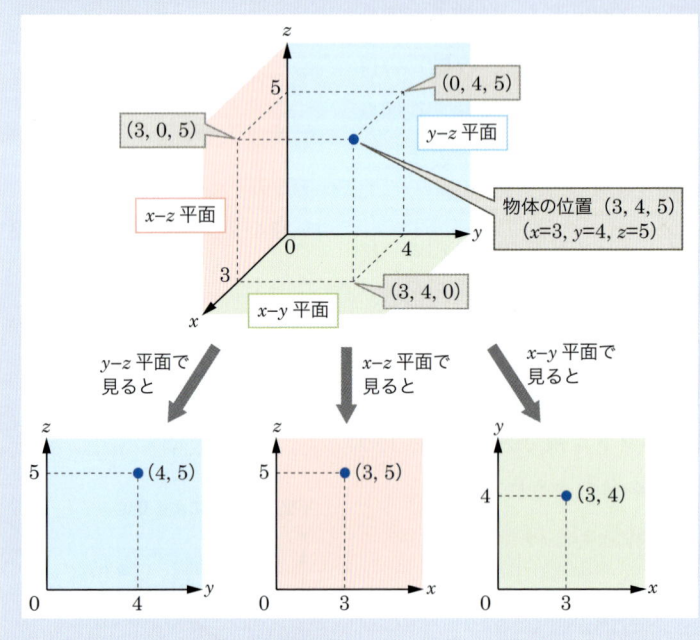

発展図4-1 ● 空間における物体の位置の表し方

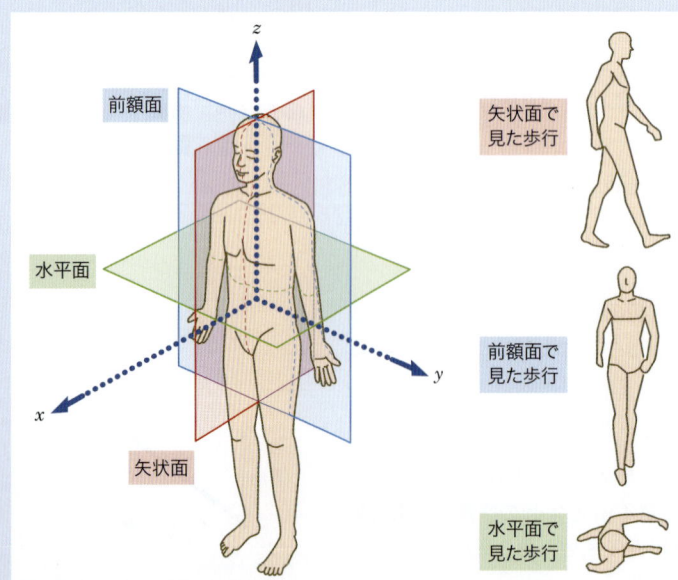

発展図4-2 ● 身体の位置や運動を平面で表す

身体は矢状面，前額面，水平面の3つの平面で表すことができる．右側は各面で見た歩行運動のようす．

$$\begin{aligned}
変位の大きさ &= \sqrt{x^2+y^2} \\
&= \sqrt{4^2+3^2} \\
&= \sqrt{16+9} \\
&= \sqrt{25} = 5
\end{aligned}$$

〔答〕5 m

2 速度

ここからは，最も単純な運動である，物体が一直線上を運動する直線運動を例に説明していこう．

速度は単位時間あたりの変位（位置の変化量）で，速度の大きさを**速さ**という．速さに向きを加えたものが速度である．したがって，速度はベクトル量，速さはスカラー量である．

速度の単位はメートル毎秒〔m/s〕である．ある時刻 t_1〔s〕に位置 x_1〔m〕にあった物体が，時刻 t_2〔s〕に位置 x_2〔m〕に移動したときの**平均の速度** v〔m/s〕は以下の式で表される．

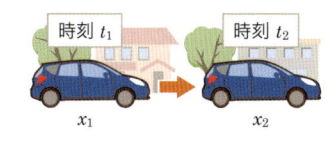

重要

$$v = \frac{x}{t} = \frac{x_2-x_1}{t_2-t_1}$$

平均の速度〔m/s〕= 変位〔m〕/ 時間〔s〕

例題

③ 物体が直線 x の上を運動している．物体のはじめの位置が $x=2\,\text{m}$，2秒後の位置が $x=8\,\text{m}$ であった．この物体の平均の速度を求めなさい．

解説 物体のはじめの位置が 2 m，2秒後の位置が 8 m なので，平均の速度を v とすると

$$v = \frac{8-2}{2} = \frac{6}{2} = 3$$

〔答〕3 m/s

平均の速度を求める公式で，時間を0に近づけていくと**瞬間の速度**になる．瞬間の速度は，自動車を運転しているときのスピードメーターの値に相当する．

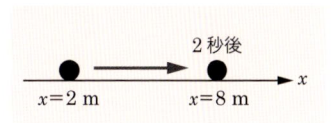

4 いろいろな運動　39

Δは小さいことを表す記号である．

$\lim_{\Delta t \to 0}$ は Δt を限りなく0"ゼロ"に近づけること，$\lim_{t_2 \to t_1}$ は t_2 を t_1 に限りなく近づけることを表す記号である．

$$v = \lim_{\Delta t \to 0} \frac{\Delta x}{\Delta t} = \lim_{t_2 \to t_1} \frac{x_2 - x_1}{t_2 - t_1}$$

瞬間の速度

　縦軸に位置，横軸に時間をとり，位置と時間の関係を表したグラフを **x–t グラフ** という．x–t グラフで，平均の速度は時刻 t_1 における物体の位置（x_1）と時刻 t_2 における物体の位置（x_2）を結んだ直線の傾きで表される．一方，瞬間の速さは時刻 t_1 におけるグラフの接線の傾きで表される（図4-4）．

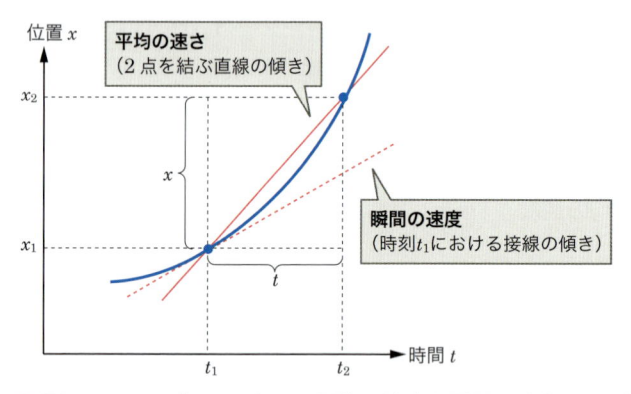

● 図4-4　x–t グラフにおける平均の速度と瞬間の速度との関係

3　加速度

　加速度 は単位時間あたりの速度の変化量である．電車に乗っていて，電車が駅を出発してだんだん速くなるとき，反対に駅に近づいてだんだん遅くなるときは，速度が変化するのを感じることができるだろう．このとき加速度が生じている．速度〔m/s〕の変化量を時間〔s〕で割るので，加速度の単位はメートル毎秒毎秒〔m/s^2〕になる．

　進行方向に対して速度が増加するときは正の加速度，速度が低下するときは負の加速度になる．ボールにひもをつけて同じ速さで回転しているときなどは，速度の大きさ（速さ）が一定でも速度の向きが変化するので加速度が生じている（図4-5）．大きさと向きがあるので，加速度はベクトル量である．

　ある時刻 t_1〔s〕から時刻 t_2〔s〕までの時間 t〔s〕の間に，速度が

直線上の運動

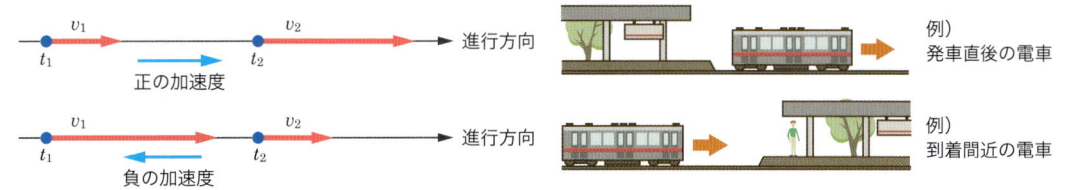

正の加速度 / 負の加速度 → 進行方向

例）発車直後の電車
例）到着間近の電車

速さが一定の円運動

速度のベクトルを比較すると

速さが一定でも，速度の向きが変化しているので，加速度が生じている

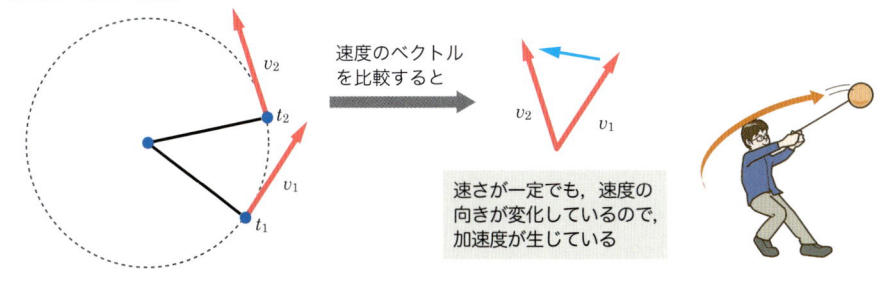

● 図4-5　加速度のはたらき方

v_1〔m/s〕からv_2〔m/s〕にv〔m/s〕だけ変化したときの**平均の加速度** a〔m/s²〕は以下の式で表される．

> **重要**
> $$a = \frac{v}{t} = \frac{v_2 - v_1}{t_2 - t_1}$$
> 平均の加速度〔m/s²〕= 速度の変化量〔m/s〕/ 時間〔s〕

2で述べた瞬間の速度と同じように，平均の加速度を求める式で，時間を0に近づけていくと**瞬間の加速度**になる．

$$a = \lim_{\Delta t \to 0} \frac{\Delta v}{\Delta t} = \lim_{t_2 \to t_1} \frac{v_2 - v_1}{t_2 - t_1}$$
瞬間の加速度

4 等速直線運動

等速直線運動は，速度（速さと向き）が一定で変化のない直線上の運動である．Aさんが速度3 m/sで直線の道路をジョギングしているときは，おおよそ等速直線運動とみなせる．向きが一定なので，等速

4　いろいろな運動 | 41

直線運動では速度と速さは同じに扱える．

等速直線運動における位置xは，はじめの位置をx_0〔m〕，一定の速度をv〔m/s〕，時間をt〔s〕として，次のように表される．

$$x = x_0 + vt$$
位置〔m〕＝はじめの位置〔m〕＋速度〔m/s〕×時間〔s〕

はじめの位置が 0 m のときは，$x_0 = 0$ となり，次の式になる．

重要
$$x = vt$$

先にあげた A さんが速度 3 m/s で直線の道路をジョギングしているときの時間と速度，および時間と A さんの位置との関係を，グラフを用いて表してみよう．

2で述べたとおり，位置と時間の関係を x-t グラフというが，速度と時間の関係は v-t **グラフ**という．等速直線運動では，速度は時間によって変化しないので，v-t グラフは図4-6のように水平な直線になる．また，1秒（単位時間）ごとの変位は一定なので，x-t グラフは傾きが一定の直線になる．位置は1秒ごとの変位の合計になるので，v-t グラフの薄い水色の部分の面積が変位の大きさ（物体が移動した距離）になる．

● 一定速度でのジョギング

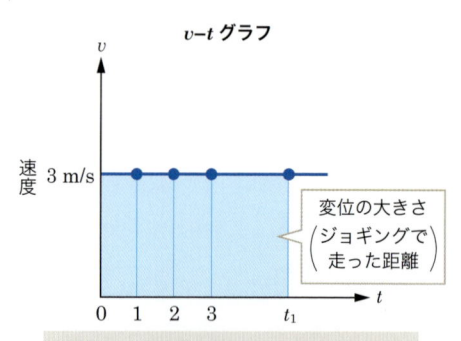

v-t グラフ
・等速なので時間が変化しても速度は一定
・速度と時間の積（水色の四角形の面積）が変位の大きさ（走った距離）になる

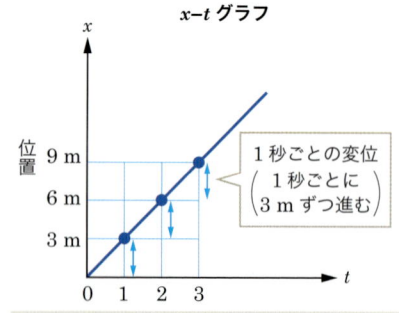

x-t グラフ
・等速なので1秒ごとに進む距離は同じ
・変位は時間に比例して変化する
・直線の傾きは速度（1秒間に進む距離）を表す

● 図4-6　等速直線運動の v-t グラフと x-t グラフ
速度 3 m/s で直線の道路をジョギングしている場合．

5 等加速度直線運動

等加速度直線運動は，物体が一定の加速度で直線上を運動するものである．滑らかな斜面をボールが転がっていく運動は等加速度運動といえる．

等加速度直線運動における速度v，加速度aの関係は，初速度（$t=0$〔s〕のときの速度）をv_0〔m/s〕，一定の加速度をa〔m/s²〕，時間をt〔s〕とすると，次のように表される．

重要
$$v = v_0 + at$$
速度〔m/s〕＝初速度〔m/s〕＋加速度〔m/s²〕×時間〔s〕

$v_0 = 0$〔m/s〕のときは，

$$v = at$$

また，はじめの位置をx_0〔m〕とすると，位置x，速度v，加速度aの関係は，

$$x = x_0 + v_0 t + \frac{1}{2}at^2$$
位置〔m〕＝はじめの位置〔m〕＋初速度〔m/s〕×時間〔s〕
　　　＋$\frac{1}{2}$×加速度〔m/s²〕×(時間〔s〕)²

$x_0 = 0$〔m〕のときは，

重要
$$x = v_0 t + \frac{1}{2}at^2$$

$x_0 = 0$〔m〕，$v_0 = 0$〔m/s〕のときは，

$$x = \frac{1}{2}at^2$$

$x_0 = 0$〔m〕，$v_0 = 0$〔m/s〕の等加速度直線運動の加速度と時間の関係（a–tグラフ），速度と時間の関係（v–tグラフ），位置と時間の

4 いろいろな運動 | 43

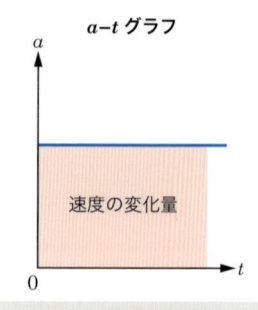

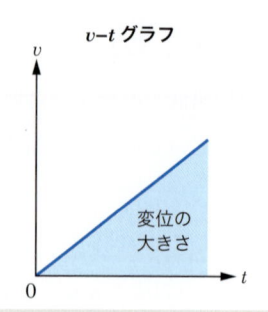

a-t グラフ	v-t グラフ	x-t グラフ
・等加速度なので加速度は一定 ・加速度と時間の積（ピンク色の四角形の面積）が速度の変化量になる	・速度は時間に比例して変化する ・直線の傾きが加速度（1秒間に変化する速度）になる ・水色の三角形の面積が変位の大きさ（距離）になる	・変位は時間の2乗に比例して変化する ・二次曲線の接線の傾きが速度になる

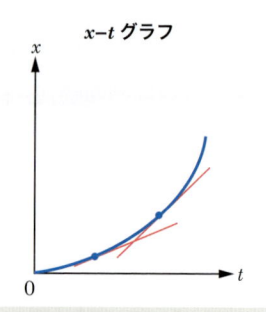

● 図4-7 等加速度直線運動の a-t グラフ，v-t グラフ，x-t グラフ

関係（x–t グラフ）は図4-7のようになる．加速度が一定なので a–t グラフは水平な直線に，v–t グラフは一定の傾きをもつ直線になる．v–t グラフの直線の傾きが加速度で，水色の部分の面積が変位の大きさになる．また，x–t グラフは二次曲線になり，二次曲線の接線の傾きが速度になる．

例題

4 直線のレールの上を走る電車がA駅からB駅に向けて発車し，120秒後にB駅に到着した．電車の速度 v [m/s] と時間 t [s] の関係（v–t グラフ）が下の図のようになっていたとき，次の問いに答えなさい．

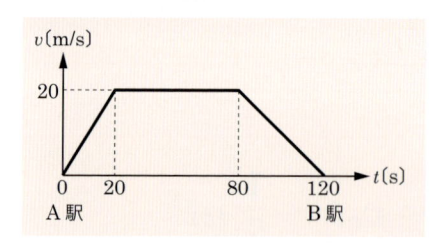

①この電車の0秒から20秒までの加速度を求めなさい．

解説 0秒から20秒までは時間に比例して速度が増加しているので，等加速度直線運動になる．加速度を a，A駅からB駅の方向を正の向きとすると，等加速度直線運動の公式 $v = v_0 + at$ より，

$$20 = 0 + a \times (20 - 0)$$

よって，

$$a = \frac{20}{20} = 1.0$$

［答］1.0 m/s^2

②**この電車の 80 秒から 120 秒までの加速度を求めなさい.**

解説 80 秒から 120 秒までは時間に比例して速度が減少しているので，等加速度直線運動と考えられる．加速度を b とすると，80 秒での速度は 20 m/s，120 秒での速度は 0 m/s なので，等加速度直線運動の公式 $v = v_0 + at$ より，

$$0 = 20 + b \times (120 - 80)$$

よって，

$$-20 = 40b$$

$$b = \frac{-20}{40} = -0.50$$

[答] 進行方向と逆向きに 0.50 m/s²

③**A 駅から B 駅までの距離を求めなさい.**

解説 その 1：

0 秒から 20 秒までは，①より加速度 $a = 1.0$ m/s² の等加速度直線運動なので，その間の距離は等加速度直線運動の公式 $x = v_0 t + \frac{1}{2}at^2$ より，

$$0 \times (20 - 0) + \frac{1}{2} \times 1.0 \times (20 - 0)^2 = \frac{1}{2} \times 20^2 = 200 \text{ m}$$

20 秒から 80 秒までは速度 20 m/s の等速直線運動なので，その間の距離は等速直線運動の公式 $x = vt$ より，

$$20 \times (80 - 20) = 20 \times 60 = 1200 \text{ m}$$

80 秒から 120 秒までは，②より加速度 $b = -0.50$ m/s² の等加速度直線運動なので，その間の距離は等加速度直線運動の公式 $x = v_0 t + \frac{1}{2}at^2$ より，

$$20 \times (120 - 80) + \frac{1}{2} \times (-0.50) \times (120 - 80)^2$$
$$= 20 \times 40 - \frac{1}{2} \times 0.50 \times 40^2$$
$$= 800 - 400 = 400 \text{ m}$$

よって，A 駅から B 駅までの距離はこれらの和になるので，

$$200 + 1200 + 400 = 1800 \text{ m}$$

[答] 1.8×10^3 m または 1.8 km

解説 その 2：

v-t グラフでは，時間軸と速度を表す線に囲まれた部分が距離になるので，台形の面積が A 駅から B 駅までの距離になる．台形の面積 = $\frac{1}{2}${(上底 + 下底) × 高さ} より，

$$\frac{1}{2} \times \{(60 + 120) \times 20\} = 1800$$

4 いろいろな運動 | 45

6 自由落下

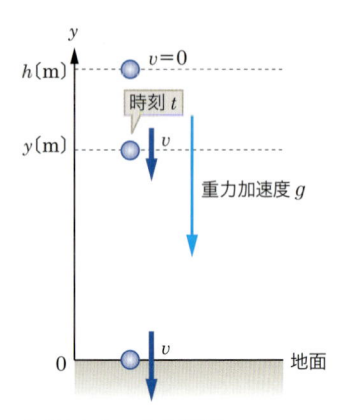

●図4-8 自由落下

自然界にみられる等加速度運動として**自由落下**がある．地球上で，指でつまんだ物体をそっと離すと，物体は速度を増しながら真下に落下する．このような，初速度が0 m/sで物体が落ちる運動を自由落下とよぶ（図4-8）．物体の落ちる方向を**鉛直方向**という．このときの加速度は重力加速度gである．重力加速度はおおよそ9.8 m/s²の大きさで，鉛直下向きにはたらく．

地面の高さを0 m，物体を離す前の地面からの高さをh〔m〕，落下してからの時間をt〔s〕，時刻tにおける地面から物体までの距離をy〔m〕，物体の速度をv〔m/s〕とする．鉛直上向きをyの正の向きとすると，自由落下における速度と距離は次の式で表される．

$$v = -gt$$

速度〔m/s〕＝－重力加速度〔m/s²〕×時間〔s〕

$$y = h - \frac{1}{2}gt^2$$

地面からの距離〔m〕＝落下前の高さ〔m〕－$\frac{1}{2}$×重力加速度〔m/s²〕×（時間〔s〕)²

発展2 微分・積分を用いた，変位，速度，加速度の計算

微分と積分は，ニュートンが運動を詳しく調べるために開発した計算方法で，曲線の接線の傾きや曲線で囲まれた面積などを計算することができる．速度や加速度が時間によって変化する運動をグラフに表すと曲線になるので（例：図4-7 x–tグラフ），微分と積分によって物理学で扱える運動の範囲が大きく広がった．

瞬間の速度の公式$\lim_{\Delta t \to 0}\frac{\Delta x}{\Delta t}$は，微分の記号を使うと$v=\frac{dx}{dt}$になり，$x$–$t$グラフの接線の傾きになる．同じように，瞬間の加速度の公式$\lim_{\Delta t \to 0}\frac{\Delta v}{\Delta t}$は微分の記号を使うと$a=\frac{dv}{dt}$になり，$v$–$t$グラフの接線の傾きになる．つまり，変位を時間で微分すると速度，速度を時間で微分すると加速度になる．

一方，a–tグラフで加速度を表す線とx軸で囲まれた面積はその時間経過で生じた速度の変化量を表し，v–tグラフで速度を表す線とx軸で囲まれた面積はその時間経過で生じた変位を表している．この面積を求める計算は積分であり，加速度を時間で積分すると速度，速度を時間で積分すると変位になる．微分・積分を使うと変位⇔速度⇔加速度の関係がはっきりする．

変位 (移動距離)	時間で微分 → ← 時間で積分	速度 (速さ)	時間で微分 → ← 時間で積分	加速度 (加速度の大きさ)

この式は，等加速度直線運動の速度と位置を表す公式[※1]に，$v_0 = 0$，$x = y$，$x_0 = h$，$a = -g$ を代入した式になっている．つまり，自由落下は等加速度直線運動の最も身近な例である．

※1 本章5参照．

例題

5 高さ19.6 mの高さから物体を静かに落としたとき，物体は何秒後に地面に衝突するか．また，そのときの物体の速度を計算しなさい．ただし，重力加速度は 9.8 m/s^2 とする．

解説 物体が地面に衝突するまでの時間を t [s] とすると，

$$y = h - \frac{1}{2}gt^2 \text{ より}$$

$$0 = 19.6 - \frac{1}{2} \times 9.8 \times t^2$$

$$\frac{1}{2} \times 9.8 \times t^2 = 19.6$$

$$t^2 = 19.6 \div 4.9 = 4.0$$

よって，$t = 2.0$ s

地面に落ちたときの物体の速度を v [m/s] とすると，

$v = -gt$ より

$$v = -9.8 \times 2.0 = -19.6$$

[答] 2秒後，速度 19.6 m/s

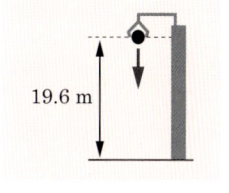

7 鉛直投げ上げ

初速度 $v_0 = 19.6$ m/s で，物体を鉛直上向きに投げ上げるときの運動を考えよう．物体はある高さまで上がっていったん止まり，再び落下してくるはずである（図4-9）．これまで学んだ公式で，この時間を求めることができる．やってみよう．

鉛直上向きを正とすると，重力加速度は下向き（負）にはたらくので，物体は負の加速度をもつ等加速度直線運動をする．物体を投げ上げた高さを 0 m，時刻を0秒とし，t 秒後の物体の速度を v [m/s]，高さ（投げ上げた高さからの距離）を y [m] すると，等加速度直線運動の公式より

$$v = v_0 - gt = 19.6 - 9.8t = 9.8(2 - t) \quad \cdots\cdots ①$$

$$y = v_0 t - \frac{1}{2}gt^2 = 19.6t - 4.9t^2$$

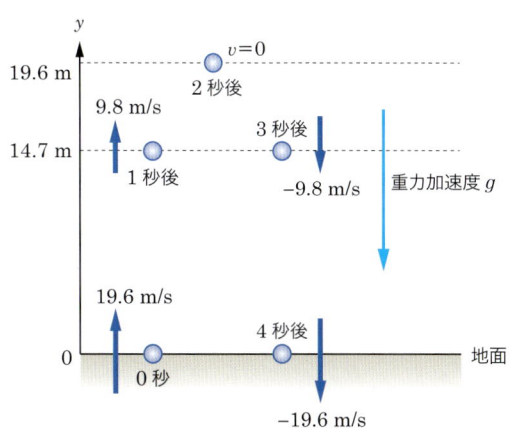

● 図4-9 初速度 19.6 m/s での鉛直投げ上げ
図ではわかりやすいよう物体をずらして描いているが，実際は直線運動となる．

4 いろいろな運動

$$= 4.9t(4-t) \quad \cdots\cdots\cdots\cdots\cdots\cdots ②$$

となる．①から，$t = 2.0$ s のときに 0 m/s になるので，2 秒後に速度が 0 になり一瞬静止し，そこから鉛直下向きに自由落下することがわかる．そのときの高さ y は

$$y = v_0 t - \frac{1}{2}gt^2 = 19.6 \times 2.0 - 4.9 \times 2.0^2$$
$$= 19.6 \text{ m}$$

になる．また，再度投げ上げた高さ 0 m まで落ちてくる時間は，$y = 0$ m になるときなので，②より 4.0 秒後になる．

8 水平投射

● スキージャンプ
スキージャンプの踏み切り台から飛び出す方向が水平方向とすると，スキージャンプは水平投射とみなすことができる．
撮影：Natashameyerson
(https://commons.wikimedia.org/wiki/File:AhHroeoa818.jpg)

　ここまでは直線上の運動をみてきたが，最後に物体を水平方向に投げ出す，平面上の運動を考えよう．平面上の運動を考えるときは，変位，速度，加速度などのベクトル量を，水平方向（x 軸方向）と鉛直方向（y 軸方向）に分解すると理解しやすくなる．

　物体を $x = 0$ で，$y = h$ の高さから，x 軸の正の方向に初速度 v_0 で水平に投げたとき（図 4-10），x 軸方向の運動は加速度がはたらかないので速度 v_0 の等速直線運動になる．y 軸方向の運動は重力による加速度が鉛直下向きにはたらくので，加速度 $-g$ の等加速度直線運動になる．

　時間を t，x 軸方向の速度を v_x，y 軸方向の速度を v_y とすると，水平投射をしたときの速度と時間および位置と時間との関係は，次のように表される．

・x 軸方向について
$$v_x = v_0 \qquad x = v_0 t$$

・y 軸方向について
$$v_y = -gt \qquad y = h - \frac{1}{2}gt^2$$

　地面の位置を $y = 0$ とすると，物体が地面に落ちるまでの時間は次のように計算できる．

$y = h - \frac{1}{2}gt^2$ に $y = 0$ を代入すると，
$$h = \frac{1}{2}gt^2$$

$$t^2 = \frac{2h}{g}$$

よって，$t = \sqrt{\dfrac{2h}{g}}$

物体が地面に落ちるまでにx軸方向に進む距離は，次のように計算できる．

xの位置を表す式，$x = v_0 t$ に $t = \sqrt{\dfrac{2h}{g}}$ を代入して

$$x = v_0 \sqrt{\frac{2h}{g}}$$

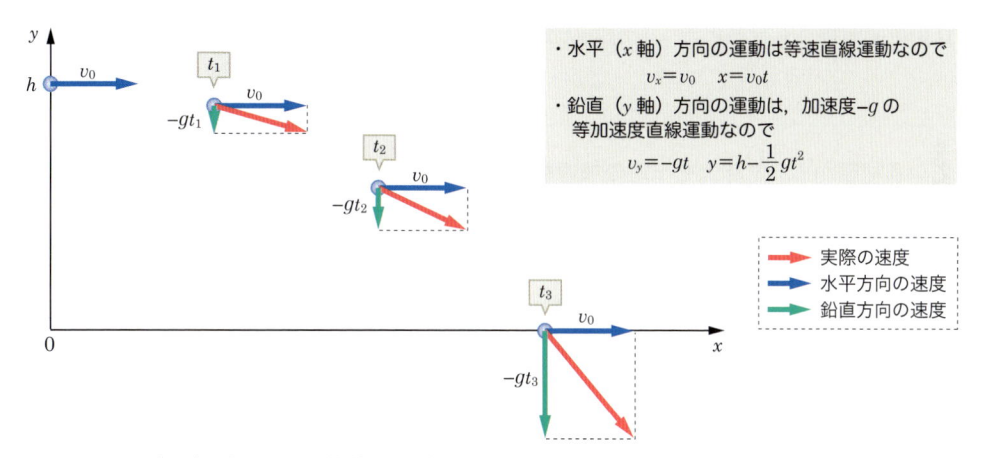

● 図4-10　水平投射における物体の運動のようす

章末問題

⇒解答は237ページ

1 次の x–t グラフ，v–t グラフ，a–t グラフはどのような運動を表しているか答えなさい．

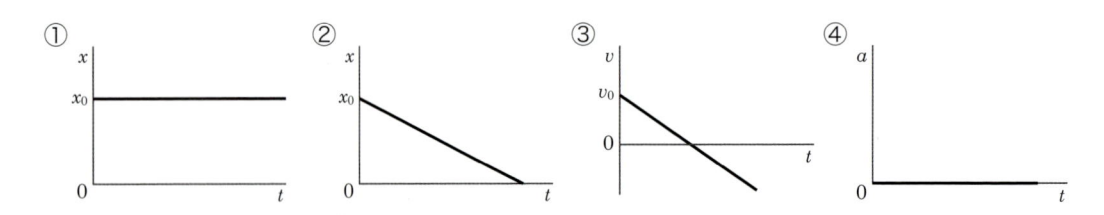

① x–t グラフ：$x = x_0$（一定）
② x–t グラフ：x_0 から減少する直線
③ v–t グラフ：v_0 から減少し0を下回る直線
④ a–t グラフ：$a = 0$

2 速さ 5.0 m/s で直線上を走るとき，1分間で進む距離は何 m か．

3 止まっている状態から，直線上を一定の加速度 2.0 m/s² で加速して，速さが 20 m/s に達した．何秒間かかったか．また，この間に何 m 進んだか．

TRY! 4 物体 A は直線上を運動する．下の表は1秒ごとの，A の位置（距離），速度を記載したものである．
① 1秒から5秒までの1秒ごとの時間，位置，速度の差を計算して，表に書き込みなさい．
② 物体 A の運動について，時間を t として，速度と時間および位置と時間との関係を式で表しなさい．

時間 t (s)	0	1	2	3	4	5
時間の差 (s)						
位置 x (m)	0	4	12	24	40	60
位置の差 (m)						
速度 v (m/s)	2	6	10	14	18	22
速度の差 (m/s)						

5 さまざまな力

学習目標

- 力の単位を知り，物体にはたらく力を図に描ける
- 重力のはたらき，および質量と重さ（重量）の違いを説明できる
- 垂直抗力，摩擦力を説明できる
- ばねの力について説明できる
- 圧力と浮力について説明できる

重要な公式

- 重さ ＝ 質量 × 重力加速度（＝重力による力）

$$W = mg \ (= F_G)$$

- 摩擦力 ＝ 摩擦係数 × 垂直抗力

$$F = \mu N$$

- 弾性力 ＝ ばね定数 × ばねの伸び

$$F = kx \quad \text{フックの法則}$$

- 圧力 ＝ 力／面積

$$P = \frac{F}{S}$$

- 浮力 ＝ 流体の密度 × 物体の体積 × 重力加速度

$$F = \rho V g \quad \text{（完全に物体を流体中に沈めたとき）}$$

重要な用語

力 物体の速度を変化させたり，変形させたりする作用をもつベクトル量で，単位はニュートン〔N〕で表す

重力 地球が物体を引き付ける力で，鉛直下向きにはたらき，物体の質量と重力加速度の積を大きさとする．単位は〔N〕

垂直抗力 物体が置かれている面から，物体に垂直方向にはたらく力．単位は〔N〕

摩擦力 垂直抗力に比例して，物体と物体の置かれた面の間にはたらく力．単位は〔N〕

弾性力 ばねの伸びに比例し，ばねの伸びた向きと反対の向きにはたらく力（フックの法則）．単位は〔N〕

圧力 単位面積あたりにはたらく力で，単位はパスカル〔Pa〕＝〔N/m²〕で表す

浮力 流体（液体と気体）の中に浸した物体を浮かせる力で，物体が押しのけた部分の体積と同じ体積をもつ流体の重さに等しい．単位は〔N〕

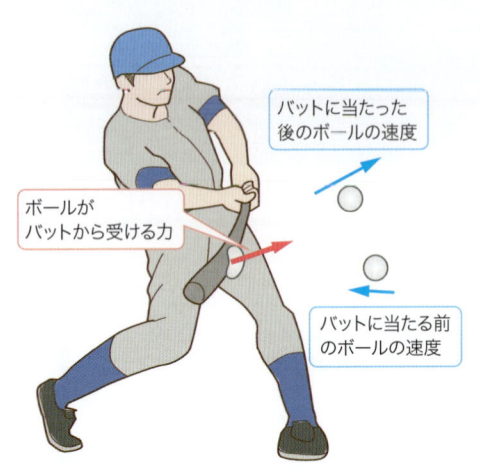

● 図5-1　力の作用

第5章では，力について学習する．まず，物理学では力をどのように定義しているか理解してほしい．そして，重力，弾性力，摩擦力，圧力など，自然界にあるさまざまな力について知り，それらがどのような特徴をもち，物理学ではどのように計算され，どのような単位で表されるのかをを学んでいこう．ヒトの運動について考えるとき，ヒトにかかる力を正しく理解するうえで大切な内容である．

1　力とは

ピッチャーが投げたボールをバットで打つと，ボールは一時的に変形して，速度を変えて飛んでいく（図5-1）．

このとき，バットからボールに何かがはたらいて，そのためにボールが一時的に変形し，速度が変化したと考えられる．この物体の速度を変化させたり，変形させたりするものを**力**という．バットを振る強さ（力の大きさ）やバットを振る方向（力の向き）によって，ボールの飛ぶ速さや向きが変化するので，力は大きさと向きをもつベクトル量である．物体の速度が変化するときは加速度が生じるので，力は物体に加速度を与える作用をもつ．

力の**大きさ**，**向き**，**作用点**を**力の3要素**という．物体にはたらく力を図に表すときは，力の大きさを線分の長さ，力の向きを矢頭の向きとして，力がはたらく作用点から矢印を引く（図5-2）．また，作用点を通り，力の向きと平行な直線を**作用線**といい，作用線上であれば作用点を自由に動かしても，力が物体に及ぼすはたらきは変わらない．

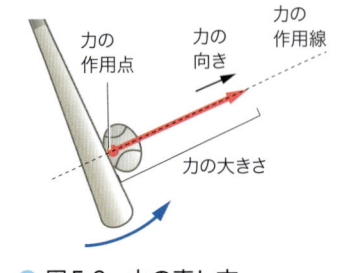

● 図5-2　力の表し方
ピンクの矢印でボールにはたらく力を表した．

2　力の単位

力の単位は**ニュートン〔N〕**である．1〔N〕は質量1〔kg〕の物体を1〔m/s^2〕で加速する力である[※1]．また，1〔N〕の力を物体に与えたときに，1〔m/s^2〕の加速度が生じる物体の質量は1〔kg〕である．

ところで「質量」と「**重さ（重量）**」に違いはあるのだろうか？質量は，私たちがふだん用いている重さに比例する量だが，物体の重さとは異なる物理量である．質量が同じ物体でも，重力が地球の約$\frac{1}{6}$し

※1　1 N=1 kg·m/s^2

かない月で重さを計ると，地球上で計った重さの約$\frac{1}{6}$になる．質量は地球上でも月面上でも変わらないので，物体そのものの量といえる．

ふだん用いている重さの単位にも質量と同じグラム（g）やキログラム（kg）を用いるので，質量の単位と区別するために，このテキストでは重さの単位はキログラム重〔kg重〕と表す[※2]．重さ W〔kg重〕は，質量 m〔kg〕の物体が重力加速度 g〔m/s^2〕で加速されるときにはたらいている力で，地上での物体の重さと質量の関係は次の式で表される．

※2 また，重さの単位を〔kgw〕やキログラムフォース〔kgf〕で表すこともある．

> **重要**
> $$W = mg$$
> 重さ〔kg重〕＝ 質量〔kg〕× 重力加速度〔m/s^2〕

地球上の重力加速度は9.8〔m/s^2〕なので，1〔kg重〕の重さは9.8〔N〕の力に等しい．つまり，

1〔kg重〕＝ 1〔kg〕× 9.8〔m/s^2〕＝ 9.8〔N〕≒ 10〔N〕

である．つまり，1〔N〕はおおよそ100〔g重〕＝ 0.1〔kg重〕なので，水の入った500〔mL〕のペットボトルを支えたときに感じる重さがおおよそ5〔N〕の力になる（図5-3）．

500〔mL〕のペットボトル

約0.5〔kg重〕＝ 約5〔N〕

● 図5-3　キログラム重〔kg重〕とニュートン〔N〕の関係と重力の表し方

例題

① 次の力のなかで，最も大きいものと最も小さいものはどれか．ただし，重力加速度は9.8 m/s^{2}とする．
　① 5.0×10^2 N　　② 5.0×10^2 kg重
　③ 50 kg重　　　　④ 5.0×10^3 N
　⑤ 質量5 kgの物体に10 m/s^{2}の加速度を生じさせる力

　　解説　比較するために単位をニュートン〔N〕にそろえる．
　　　②は $5.0 \times 10^2 \times 9.8 = 4.9 \times 10^3$ N
　　　③は $50 \times 9.8 = 4.9 \times 10^2$ N
　　　⑤ $5 \times 10 = 50$ N

〔答〕最も大きな力は④，最も小さな力は⑤

3　重力

第4章 6 の自由落下で説明したように，地上の物体は支えるものがないと，一定の割合で速度を増しながら等加速度直線運動で鉛直下

5　さまざまな力　53

向きに落下する．これは，地上では物体を引きつける力である**重力**がはたらくために起こる現象である．重力は物体の質量と重力加速度の積を大きさとして，鉛直下向きにはたらく※3．重力による力をF_G，物体の質量をm，重力加速度をgとすると以下の関係になる．重力による力F_Gと重さWは同じものである．

※3　重力の描き方⇒
物体の中心（重心）を始点として，鉛直下向きのベクトルを描く．

> **重要**
>
> $$F_G = mg$$
>
> 重力による力〔N〕＝質量〔kg〕×重力加速度〔m/s²〕

臨床　私たちの身体には常に重力がはたらいており，重力に対抗して身体を支える役割をもつ，脊柱起立筋，大殿筋，大腿四頭筋，下腿三頭筋などの抗重力筋とよばれる筋群が常に活動している．

発展1　リンゴを落とす力と万有引力

　万有引力は，2つの物体の質量の積に比例し，2つの物体間の距離の2乗に反比例して，お互いを引きつける力（引力）である（発展図5-1）．

万有引力〔N〕
$= G \times \dfrac{1つの物体の質量〔kg〕 \times もう1つの物体の質量〔kg〕}{(2つの物体間の距離〔m〕)^2}$

Gは万有引力定数で，$G = 6.67 \times 10^{-11}$ m³·kg⁻¹·s⁻²である．

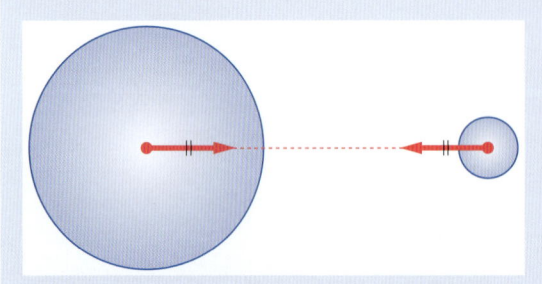

発展図5-1　2つの物体間にはたらく万有引力
万有引力は2つの物体を引きつける力としてはたらく．2つの物体にはたらく万有引力は，大きさは同じで逆向きの力になる．地球上にある物体は，万有引力によって地球に引かれるが，地球も万有引力によって物体に引かれている．

　万有引力の公式から，重力加速度を求めてみよう．地球の全質量が地球の中心に集まっているとして，万有引力の公式の，1つの物体の質量に地球の質量6.0×10^{24} kg，2つの物体間の距離に地球の半径6.4×10^6 mを代入すると，地表での万有引力による加速度の大きさが計算できる．実際に計算すると，9.8 m/s²となり，重力加速度の大きさと一致する．

　万有引力は宇宙の星と星との間にも，地球と地球上の物体間（これが重力である）にも，そして地球上の物体と物体との間にもはたらいている．しかし，万有引力定数がとても小さいので，ヒトとヒトとが万有引力によって引き合う力は感じない．100 kg重の体重のヒトが1 m離れているときにはたらく万有引力の大きさは，わずか6.4×10^{-7} Nの力である．

　アイザック・ニュートンは木からリンゴが落ちる現象をみて，万有引力を思いついたとされる．万有引力は，宇宙にあるすべての物体の間にはたらく力である（そのために，万有引力"すべてのものにはたらく引力"という名称がついている）．ニュートンのすごいところは，地球上でリンゴが落ちる現象と宇宙の星の運動の背景に，同じ物理法則がはたらいていることを見抜いたことにある．

4 張力

物体に糸を取り付けて物体を糸で引くと，物体には糸を介して力が伝わる．このような力を**張力**という（図5-4）※4．糸につるされた物体が静止しているとき，物体にはたらく重力と同じ大きさで反対向きの力が，糸の張力として物体にはたらいている．

筋の収縮による力は，腱を介して骨に伝わり関節運動が起こる．筋が発生する力は筋張力とよばれ，筋張力の大きさや向きは身体運動を考えるときに重要である．

※4 張力の描き方⇒
物体に張力を伝えるもの（糸など）が物体につながっている点を始点として，力が物体を引っ張る向きにベクトルを描く．

!臨床

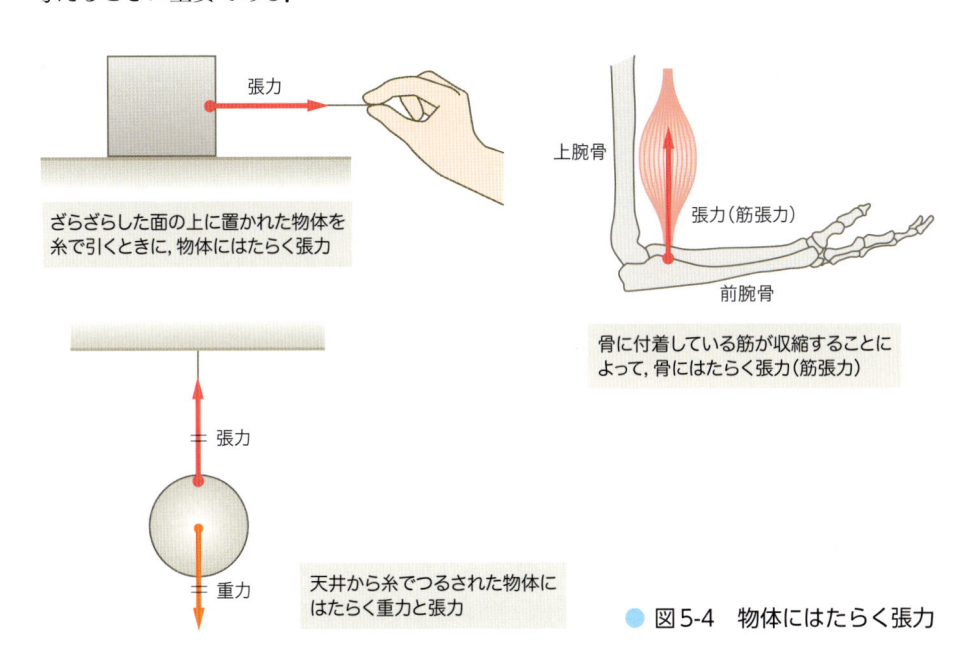

ざらざらした面の上に置かれた物体を糸で引くときに，物体にはたらく張力

天井から糸でつるされた物体にはたらく重力と張力

骨に付着している筋が収縮することによって，骨にはたらく張力（筋張力）

● 図5-4　物体にはたらく張力

5 垂直抗力

テーブルの上にリンゴを置くと，リンゴに重力がはたらきテーブルを押す．このとき，リンゴはテーブルから，テーブルの面に垂直な向きに，重力と同じ大きさの力を受ける（図5-5）※5．この力は，物体が置かれた面から，物体に対して垂直方向にはたらくので**垂直抗力**とよばれる．

斜面に物体が置かれているときも，垂直抗力は重力方向ではなく，斜面に垂直な向きにはたらく．（図5-6）．

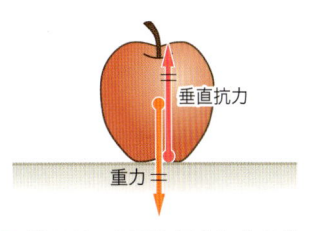

● 図5-5　水平な面上にある物体が受ける垂直抗力

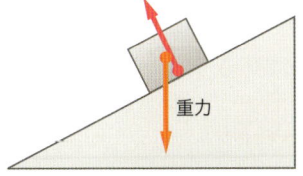

● 図5-6　斜面の上の物体にはたらく垂直抗力

※5 垂直抗力の描き方⇒
物体が接する面の中央を始点とし，面と垂直な向きに面から物体にはたらく力としてベクトルを描く（重力による力と重なるときは，始点を少しずらして描くと，線が重ならずにわかりやすい）．

5　さまざまな力

例題

❷ ① 水平な板の上に 5.0 kg の質量をもつ物体を置いた．このとき，物体の受ける垂直抗力を求めなさい．ただし，重力加速度は 9.8 m/s² とする．

解説 垂直抗力は板に垂直にはたらき，その大きさは物体にはたらく重力に等しい．よって，垂直抗力は，

$$5.0 \times 9.8 = 49$$

[答] 49 N

② 次に，板の一方の端を上げて，水平と 30°をなす角度にしたが，物体は滑らなかった．このとき，物体の受ける垂直抗力を求めなさい．

解説 垂直抗力は面に対して垂直にはたらくので，物体が重力から受ける力の面に垂直な成分と等しくなる．よって，

$$5.0 \times 9.8 \times \cos 30° = 49 \times \frac{\sqrt{3}}{2}$$

$$\fallingdotseq 49 \times 0.87$$

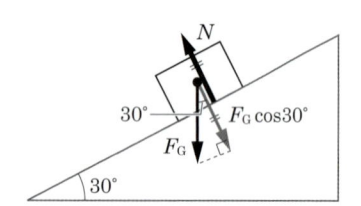

$$= 42.63 \fallingdotseq 43$$

[答] 43 N

6 摩擦力

床の上で家具を滑らせて移動しようとすると，大きな力が必要になる．これは，物体を移動しようとする力に対抗して**摩擦力**がはたらくためである．摩擦力は，物体と物体に接する面との間に，面と水平方向に，物体を動かそうとする力の向きと反対の向きにはたらく力である（図 5-7）[※6]．

面の上に置かれた物体に力を加えても物体が動かないとき，物体には動きを妨げる力がはたらいている．この力を**静止摩擦力**という．物体に加える力を徐々に大きくしていくと，物体に加える力が静止摩擦力に打ち勝って物体は面の上を滑り始める（図 5-8）．この物体が動き始める直前の静止摩擦力を**最大静止摩擦力**という．このとき，最大静止摩擦力 F_0〔N〕と垂直抗力（面の垂直方向に面から物体にはたらく力）N〔N〕との間には次の関係が成り立つことが実験的に確かめられている．

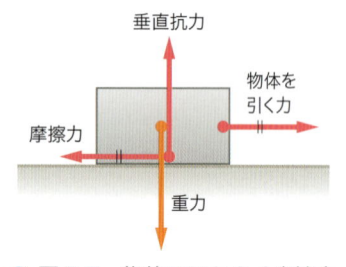

● 図 5-7 物体にはたらく摩擦力
摩擦力は物体を動かそうとする力と反対方向に，物体に接している面に水平な方向にはたらく．物体が静止しているとき，または等速直線運動をしているとき，物体を引く力と摩擦力の大きさは等しい．

※6 摩擦力の描き方⇒
摩擦力は物体が接している面の中央から，物体を動かそうとしている力と反対の向きに，面に対して平行にベクトルを描く（物体にはたらく力なので，ベクトルを面に近い物体側に描くことが多い）．

重要

$$F_0 = \mu N$$

静止摩擦力〔N〕= 静止摩擦係数 × 垂直抗力〔N〕

前述の式の比例定数 μ（ミュー）を**静止摩擦係数**または最大静止摩擦係数という．静止摩擦係数は無次元量[※7]である．

物体が滑り始めると，摩擦力は小さくなる．物体が動いているときにはたらく摩擦力を**動摩擦力**といい，そのときの摩擦係数を**動摩擦係数**という．動摩擦力 F'〔N〕は，垂直抗力を N〔N〕，動摩擦係数を μ' とすると次の式で表される．

$$F' = \mu' N$$

動摩擦力〔N〕＝動摩擦係数×垂直抗力〔N〕

物体が滑り始めると，より小さい力で物体を動かすことができるので，動摩擦力は最大静止摩擦力より小さく，動摩擦係数も静止摩擦係数より小さい．摩擦係数が小さいと，わずかな力で物体を動かすことができる．氷の摩擦係数は小さく，フィギュアスケートの選手は滑らかに氷上を滑ることができる．関節は滑らかに動いた方がよいので，関節の摩擦係数はきわめて小さい（表5-1）．

[※7] 無次元量：
摩擦係数や比重（例：ある物質の密度と4℃の水の密度との比）のように，同じ単位で比を計算した量は単位がなくなる．このような単位のない量を無次元量または無次元数という．円周率（円周の長さと半径との比）も無次元量である．

!臨床

COLUMN 1　身体運動にはたらく力

ヒトの身体運動も，さまざまな力が身体にはたらく結果として起こっている．身体運動に関連する重要な力には，重力，筋張力，垂直抗力，摩擦力，慣性力（第6章で説明）などがある．私たちは神経系のはたらきによって筋張力をコントロールすることで，これらの力を調節している．

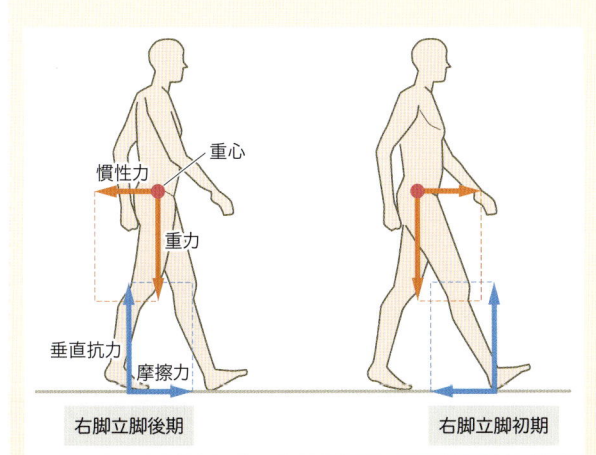

コラム図5-1 ● 歩行時に身体にはたらくさまざまな力

左の図は右脚立脚後期で，後ろ側の足で床を押し，身体を前方に加速しているときにはたらく力を表している．前方に加速されるので，慣性力は後ろ向きに，摩擦力は足が床に対して後方に滑らないように前向きにはたらく．
右の図は右脚立脚初期で，前側の足の踵（かかと）が床に着き，身体を後方に加速し，減速しているときにはたらく力を表している．後方に加速されるので，慣性力は前向きに，摩擦力は足が床に対して前方に滑らないように後ろ向きにはたらく．

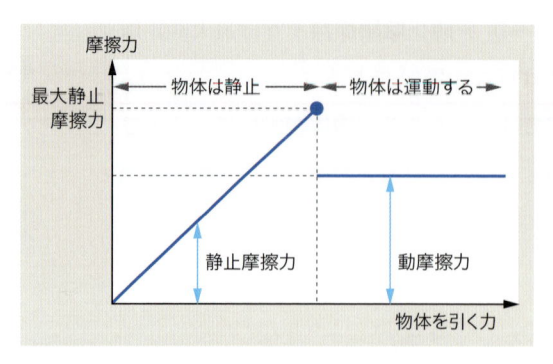

● 図5-8 静止摩擦力と動摩擦力

滑らかでない平面に物体を置き，平面と平行な向きに，物体に力を徐々に加えていく．最初は，力を加えても物体は動かず，力に比例して摩擦力（静止摩擦力）も徐々に増加する．力を加えても物体が動かない最大の摩擦力を最大静止摩擦力という．最大静止摩擦力を超えると物体は動き始め，摩擦力は減少する．物体が動いているときにはたらく摩擦力を動摩擦力という．動摩擦力は最大静止摩擦力より小さい．

● 表5-1 さまざまな物質の間の摩擦係数

物質名	静止摩擦係数	動摩擦係数
コンクリートとゴム	1.0	0.8
ガラスとガラス	0.97	0.4
鋼鉄と鋼鉄	0.9	0.5
金属と金属（潤滑剤を塗布）	0.15	0.06
氷と氷	0.1	0.03
関節 関節を構成する骨は滑らかな軟骨でおおわれ，関節内は摩擦を減少させる滑液で満たされている（下の図）．このため，摩擦係数がきわめて小さい	0.01	0.003

7 弾性力

　ばねやゴムひもを引き延ばすと，ばねやゴムひもは縮もうとして力を発揮する．反対にばねを縮めると，ばねが伸びる方向に力が生じる（図5-9）．このような，伸張されたり短縮されたりしたときにもとの長さに戻ろうとして現れる力を一般に**弾性力**という．弾性力は伸張されれば短縮する向きに，短縮されれば伸張する向きにはたらくので，ばねの伸びの向きと反対の向きになる．

　弾性力は，ばねの伸びと反対の向きにはたらき，大きさはばねの伸びに比例する（**フックの法則**）．フックの法則は，弾性力（ばねの力）

58　PT・OTゼロからの物理学

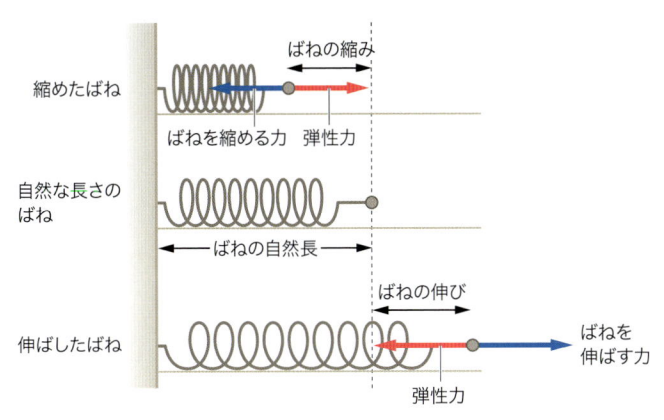

● 図5-9 摩擦のない滑らかな面の上でばねを伸ばしたり縮めたりするときにはたらく弾性力

弾性力は，ばねの伸びや縮みの向きと反対の向きにはたらき，力の大きさはばねの伸びや縮みの大きさに比例する．

を F〔N〕，ばねの伸びを x〔m〕，ばね定数を k〔N/m〕とすると，次の式で表される．

重要

$$F = kx$$

弾性力〔N〕＝ ばね定数〔N/m〕× ばねの伸び〔m〕

ヒトの腱や筋肉にもばねのような性質があり，ばねの力をうまく使って運動している．

🛈 臨床

例題

③ ばね定数 $k = 4.0 \times 10^3$ N/m のばねを自然長から 2.0 cm 伸ばしたときの，ばねの力（弾性力）を求めなさい．

解説 弾性力は，ばね定数とばねの伸びの積（フックの法則 $F = kx$）で求められる．

2.0 cm ＝ 2.0×10^{-2} m なので，

$$4.0 \times 10^3 \times 2.0 \times 10^{-2} = 80$$

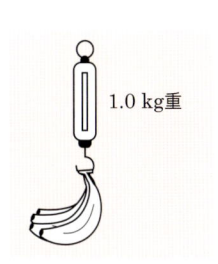

〔答〕80 N

④ ばね定数が 1.0×10^3 N/m のばね計りに，バナナをつるして重さを計ったところ，目盛りは 1.0 kg 重だった．このときのばね計りのばねの伸びを求めなさい．ただし，重力加速度は 10 m/s² とする．

解説 このときの弾性力 F は，バナナの重さと重力加速度より 1.0×10 N となる．

ばねの伸びを x〔m〕とすると，フックの法則 $F = kx$ より

$$x = \frac{F}{k} = \frac{1.0 \times 10}{1.0 \times 10^3} = 1.0 \times 10^{-2}$$

〔答〕1.0×10^{-2} m または 1.0 cm

1.0 kg 重

5 さまざまな力 | 59

8 圧力

▶圧力

満員電車で急にブレーキがかかって足を踏まれたことがあるだろうか．体格のよい男性の靴に踏まれるより，小柄な女性のハイヒールで踏まれた方が強い痛みを感じる．これは，単位面積あたりにかかる力である**圧力**の差が原因である（図5-10）．面積 S 〔m²〕に力 F 〔N〕が一様にかかるとき，圧力 P 〔N/m²〕は次の式で表される．

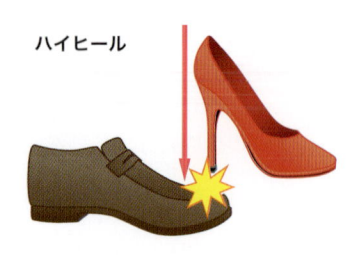

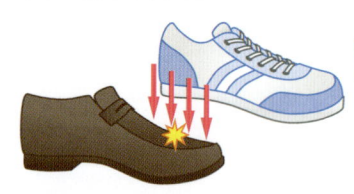

重要
$$P = \frac{F}{S}$$

圧力〔Pa〕＝ 力〔N〕／面積〔m²〕

ハイヒール

ウォーキングシューズ

● 図5-10
ハイヒールとウォーキングシューズで足を踏まれたときの圧力の違い
ハイヒールとウォーキングシューズでは踵の面積が大きく異なるので，体重が同じでも，単位面積あたりにかかる力である圧力に大きな違いが出る．

圧力の単位には，パスカル〔Pa〕が用いられる．1 Pa＝1 N/m² である．10² Pa をヘクトパスカル〔hPa〕といい，大気の圧力などを表すときに用いられる．

例題

⑤ 体重 50 kg 重の女性が，踵の接地面積が 1.0 cm² のハイヒールと踵の接地面積が 25 cm² のウォーキングシューズを履いて，片足で靴の踵の部分だけで体重を支えているとき，それぞれの靴の踵の部分にかかる圧力を計算しなさい．ただし，重力加速度は 10 m/s² とする．

解説 体重によって靴の踵にかかる力を F 〔N〕とすると，

$$F = 50 \times 10 = 5.0 \times 10^2 \text{ N}$$

となる．ハイヒールの踵の面積 S_h は 1 cm² ＝ 1.0 × 10⁻⁴ m² なので，ハイヒールの踵にかかる圧力 P_h は，

$$P_h = \frac{F}{S_h} = \frac{5.0 \times 10^2}{1.0 \times 10^{-4}} = 5.0 \times 10^6$$

となる．同様に，ウォーキングシューズの踵にかかる圧力 P_w は，踵の面積 S_w ＝ 25 cm² ＝ 2.5 × 10⁻³ m² なので，次の式で求まる．

$$P_w = \frac{F}{S_w} = \frac{5.0 \times 10^2}{2.5 \times 10^{-3}} = 2.0 \times 10^5$$

〔答〕ハイヒール：5.0 × 10⁶ Pa，ウォーキングシューズ：2.0 × 10⁵ Pa

踵にかかる圧力は面積に反比例するので，面積が $\frac{1}{25}$ のとき，同じ体重でも圧力は25倍になる．これが，満員電車でハイヒールを履いた女

性に足を踏まれるととても痛い理由である（図5-10）．

▶大気圧

地球には大気の層があり，地球の表面にはその大気の重さによる圧力がかかっている．この力を**大気圧**という（図5-11）．地球の表面の標準的な大気圧を1気圧〔atm〕とよび，1 atmは1.013×10^5 Paになる．

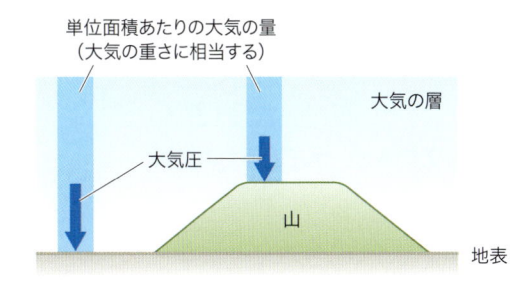

● 図5-11　大気圧
大気圧は単位面積あたりの大気の重さに等しい．山の上では，山の高さの分だけ大気の層の高さが低くなるので，大気圧は下がる．

例題

6 大気圧は，1 cm²あたり何kg重に相当するか求めなさい．ただし，重力加速度は9.8 m/s²とする．

解説 1 cm² = 1×10^{-4} m²なので，

$$1 \text{ atm} = 1.013 \times 10^5 \text{ Pa} = 1.013 \times 10^5 \text{ N/m}^2$$
$$= 1.013 \times 10 \text{ N/cm}^2$$

重力加速度9.8 m/s²より，1 kg重 = 9.8 Nなので，1.013×10 N/cm²にあてはめて1 cm²あたりの重さ〔kg重〕を求めると

$$1.013 \times 10 \text{ N/cm}^2 = \frac{10.13}{9.8} = 1.034 \fallingdotseq 1.0$$

〔答〕 1.0 kg重/cm²

● 花畑
これらの花々にもすべて大気圧がかかっている．

つまり，地表の物体には1 cm²あたり約1 kg重の力がかかっている．

▶水圧

大気圧と同じように，容器に水を入れたときも，容器の底面や壁面，および水中にある物体には水の重さによる圧力がかかる．これを**水圧**という．水圧は水面からの深さに比例して大きくなる．水圧の向きは水圧のかかる面に対して垂直である．深さが同じであれば，水中の1点にはあらゆる方向から同じ大きさの水圧がはたらく（図5-12A）．

水圧を計算するときには，水の密度が必要になる．物質の密度は単位体積あたりの質量を表す物理量で，ρ（ロー）で表すことが多い．一般に，液体や気体の質量をm〔kg〕，体積をV〔m³〕とすると，密度

5　さまざまな力　| 61

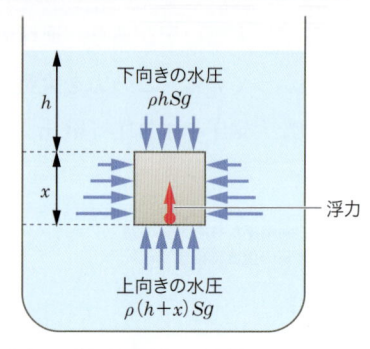

|A| 水中の1点には，あらゆる方向から同じ大きさの水圧がはたらく

|B| 浮力は直方体の上側の面にはたらく圧力と下側の面にはたらく圧力の差によって生じる

下向きの水圧 $\rho h S g$
上向きの水圧 $\rho (h+x) S g$
浮力

● 図5-12　水中の1点に対する水圧の向きと，水圧と浮力の関係

ρ〔kg/m³〕は以下の式で表される．

$$\rho = \frac{m}{V}$$

密度〔kg/m³〕＝ 質量〔kg〕／体積〔m³〕

※8　容器に入れた水の水面には大気圧がかかるので，水中の物体にも大気圧がかかるが，ここでは水圧だけを説明している．大気圧をP_0とすると，水中の物体にかかる実際の圧力Pは$P = P_0 + \rho g h$になる．

水面からの深さh〔m〕における水圧Pは，水の密度をρ〔kg/m³〕，重力加速度をg〔m/s²〕とすると，次の式で表される．

$$P = \rho g h \quad \text{※8}$$

水圧〔Pa〕＝ 水の密度〔kg/m³〕× 重力加速度〔m/s²〕× 深さ〔m〕

● プール

※9　流体：
気体と液体のように，容易に形を変え，流れてしまうものを流体という．

▶浮力

　水中にビーチボールを沈めようとするとき，大きな力でビーチボールを押さないとすぐに浮き上がってしまう．これは，水からビーチボールを押し上げる力がはたらくために起こる現象である．この力を**浮力**という．

　浮力の大きさは，物体が水中に浸っている部分の体積と同じ体積をもつ水の重さと等しくなる．水などの流体※9の密度をρ〔kg/m³〕，物体が水に沈んでいる部分の体積をV〔m³〕，重力加速度をg〔m/s²〕とすると，浮力F〔N〕は次の式で表される．

> **重要**
>
> $$F = \rho V g$$
>
> 浮力〔N〕= 流体の密度〔kg/m³〕× 物体が流体に沈んでいる部分の体積〔m³〕× 重力加速度〔m/s²〕

浮力は物体にはたらく圧力の差によって生じる力である．上面と下面の面積が S〔m²〕，高さが x〔m〕の直方体を，物体の上面が水面から h〔m〕の深さにくるまで水に沈めたときを考えてみよう（図5-12B）．直方体の上面には鉛直下向きに，$\rho h S g$〔N〕の力がかかる．直方体の下面には鉛直上向きに，$\rho(h+x)Sg$ の力がかかる．横方向

COLUMN 2 医療現場で使われる圧力

血圧の測定には水銀柱ミリメートル〔mmHg〕，気道内圧には水柱センチメートル〔cmH₂O〕などの単位が用いられる．これらはどのような単位なのだろうか．

イタリアのエヴァンジェリスタ・トリチェリ（1608～1647）は，大気圧が高さ 76 cm の水銀（密度 13.6 g/cm³）柱の重さに等しいことを発見した．計算すると，底面積 1 cm²，高さ 76 cm の水銀柱の重さは，13.6〔g/cm³〕× 76〔cm〕× 1〔cm²〕× 9.8〔m/s²〕= 1034 g 重となり，例題❻で求めた 1 気圧のときの 1 cm² あたりの大気の重さ 1.034〔kg 重〕に等しいことがわかる．医療現場では〔mmHg〕の単位で血圧を測っている．また，トリチェリの業績を記念して，トル〔Torr〕（1 Torr = 1 mmHg）という単位も使用される．

呼吸器系の分野では，水柱センチメートル〔cmH₂O〕という単位も使用される．1 cmH₂O = 0.735 mmHg の関係がある．

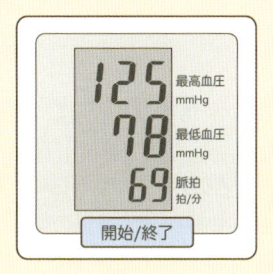

コラム図 5-2 ● 血圧計の表示例（水銀柱ミリメートル〔mmHg〕）

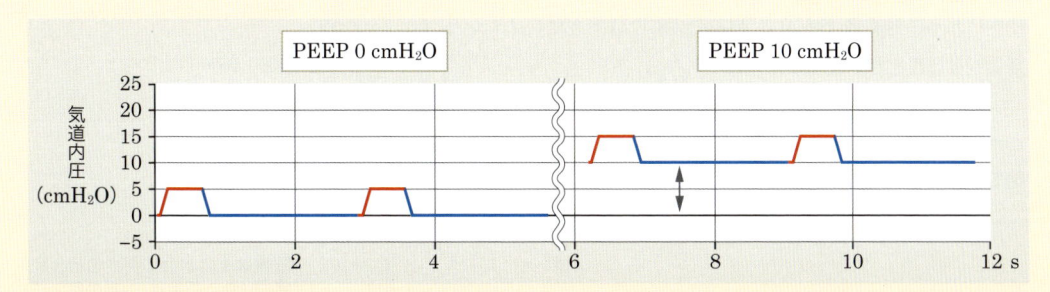

コラム図 5-3 ● 人工呼吸器における PEEP の設定（水柱センチメートル〔cmH₂O〕）

図は人工呼吸器を使用している患者さんの気道内圧の変化を表している．赤い線のはじまりの部分で呼気弁が閉じ，人工呼吸器から肺に空気が送られ，気道内圧が 5 cmH₂O まで上がる．青い線のはじまりの部分で呼気弁が開き，肺から空気が流出し，気道内圧は 0 cmH₂O まで下がる（左）．PEEP（positive end expiratory pressure：呼気終末陽圧）が加わると，気道内圧は呼気が終了したときでも気道内圧は 10 cmH₂O に保たれている（右）．PEEP には，気道内圧が下がり肺胞が閉じてしまい，吸気を行うときに肺胞に空気が入りにくくなるのを防ぐ作用がある．

からの水圧は，直方体の高さに応じた同じ大きさで反対向きの力がはたらくので打ち消しあってしまう．そのため，鉛直上向きを正とすると，直方体の物体にはたらく正味の力である浮力 F は次のようになる．

$$F = \rho(h+x)Sg - \rho hSg$$
$$= \rho xSg$$

xS は物体の体積 V になるので，

$$\rho xSg = \rho Vg$$

となる．

例題

7 体積 1.0×10^{-3} m³ の金属の球の重さをばね計りで測定したところ 5.0 kg 重であった．この金属の球を水中に沈めてばね計りで重さを測定すると，ばね計りの目盛りは何 kg 重を指すか求めなさい．ただし，水の密度は 1.0×10^3 kg/m³ とする．

解説 ばね計りの弾性力（ばね計りの目盛り）を T〔kg 重〕，金属の球にはたらく重さを W〔kg 重〕，金属にはたらく浮力を F〔kg 重〕とすると，

$$T = W - F$$

COLUMN 3　浮力による関節への荷重量の軽減

私たちがプールに入ったときにも浮力がはたらく．関節リウマチや変形性関節症の患者さんは，下肢の関節に体重がかかると関節に痛みを生じやすい（荷重痛）．このようなときにプールを用いると，浮力によって下肢の関節にかかる荷重量が減少し，痛みの少ない状態で歩行練習をすることができる．

プールの水面の高さ（身体が水中にある部分）とそのときの荷重量（体重から浮力を引いた値）には，コラム図 5-4 のような関係がある．

頸部：10%
乳頭部（上肢下垂）：32%
臍部：55%
大転子部：62%
膝部：92%

数字はその水面の高さのとき足底にかかる荷重量（体重の何%に相当するか）を表す．
荷重量＝体重−浮力

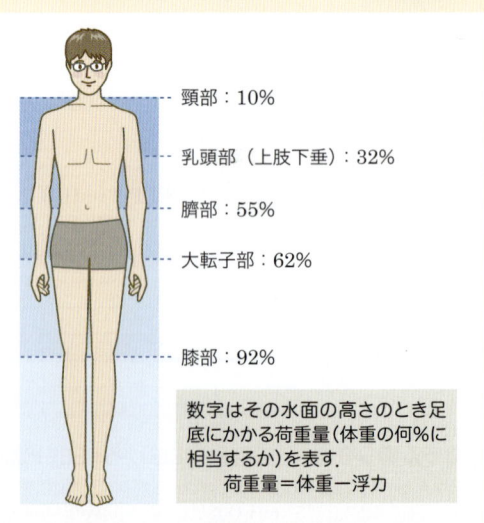

コラム図 5-4 人体にかかる浮力の大きさの水深による変化

重力加速度を g とすると，金属の球が受ける浮力は $F=\rho Vg$ なので，〔kg重〕単位で計算すると[※10]

$$T = 5.0 - 1.0 \times 10^3 \times 1.0 \times 10^{-3}$$
$$= (5.0 - 1.0) = 4.0$$

〔答〕 4.0 kg重

※10 〔kg重〕単位での計算（質量ではなく重さでそろえる）なので，重力加速度は考慮しなくてよい．

発展2 近接作用と遠隔作用

　抗力，摩擦力，弾性力などは物体に接する部分に直接，力がはたらくので，近接作用とよばれる．これに対して，重力は物体に何も接していないのに力がはたらくので，遠隔作用とよばれる．これから学習する電気力（第12章）や磁気力（第14章）も遠隔作用である．近接作用は物体に接しているものから物体に直接力がはたらくので理解しやすいが，遠隔作用はどのように物体にはたらくのだろうか．

　遠隔作用である重力は万有引力である．万有引力は2つの物体の間にはたらく引力で，その大きさは2つの物体の質量の積に比例し，物体間の距離の2乗に反比例する（万有引力の法則）（発展1参照）．でも，「なぜ万有引力がはたらくのか」はわからない．この謎を説明するために，物理学者は「場」という考え方（仮説）を用いている．

　物体があるとそのまわりの空間は「重力場」とよばれる特別な性質をもつ空間になる．この重力場のなかに物体が置かれると，重力場が物体に作用して重力が現れると考えられている．電気や磁気についても，「電場」や「磁場」があると考えられており，このような「場」を仮定すると，多くの現象をうまく説明することができる．

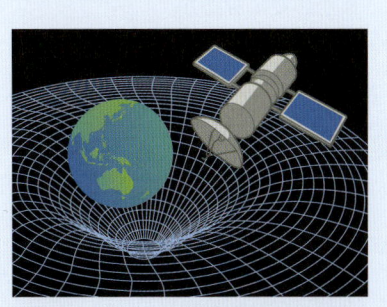

発展図 5-2 ● 地球による重力場のイメージ図

地球があると，地球の周囲の空間が変形し，重力場をつくる．そこに別の物体が近づくと，重力場によって地球に引き寄せられる力（重力）がはたらくと考えられている．

章末問題

⇒解答は238ページ

❶ 次の図の物体Aにはたらく力を描きなさい．ただし，③の斜面は滑らかでなく摩擦力がはたらき，物体Aは静止している．また，斜面に摩擦力がはたらかないときは，物体Aは斜面に沿って上向きに動くものとする．

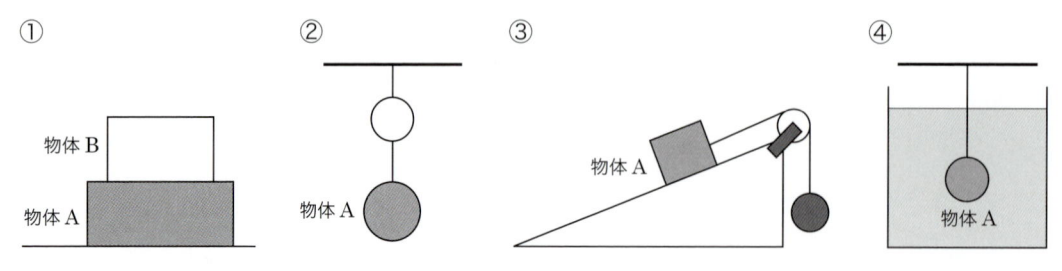

① 物体B／物体A　② 物体A（吊り下げ）　③ 物体A（斜面上）　④ 物体A（水中）

❷ 密度 5.0×10^2 kg/m³ の物質からできている縦 0.50 m，横 0.40 m，高さ 1.00 m の直方体がある．この直方体の質量は何 kg か．また，面A，面B，面Cを下にして立てたとき，床面にかかる圧力はそれぞれいくらか．ただし，重力加速度は 10 m/s² として計算しなさい．

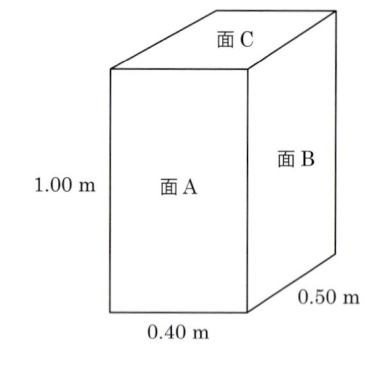

❸ 自分で動くことができない患者さんが同じ姿勢でずっと寝ていると，体重による圧力で血流が途絶え，組織が壊死してしまうために褥瘡（じょくそう）が起こる．一定以上の圧力が，一定時間以上かかると褥瘡が起こるとすると，褥瘡を予防するためにはどのような対策が必要になるか．

❹ ある物体を水に浮かしたところ，体積の半分が水に沈んで浮いた．この物体の密度を求めなさい．ただし，水の密度は 1.0×10^3 kg/m³ とする．

6 力のつり合いと運動の法則

学習目標

- 力のつり合いを説明できる
- 慣性の法則を，例をあげて説明できる
- 運動方程式を用いて，基本的な運動の計算ができる
- 作用反作用の法則を，例をあげて説明できる

重要な公式

- 質量 × 加速度 = 力

$$ma = F \quad \text{運動方程式}$$

- 遠心力 = 質量 × $\dfrac{速度^2}{半径}$

$$F = m\dfrac{v^2}{r} \quad \text{(物体が等速円運動をしているとき)}$$

重要な用語

力の合成 1つの物体に同時にはたらく複数の力を合わせて，1つの力（合力）として表すこと

力のつり合い 1つの物体にはたらく合力がゼロの状態．物体は静止または等速直線運動を続ける

慣性の法則 物体に力がはたらかないとき，または合力がゼロのとき，物体は静止または等速直線運動を続ける（ニュートンの第1法則）

運動方程式 物体にはたらく力，物体の質量，加速度の間には，力＝質量×加速度 の関係がある（ニュートンの第2法則）

作用反作用の法則 すべての力は，向きが反対で大きさの同じ一対の力として現れる（ニュートンの第3法則）

第4章で物体の運動の表し方，第5章で自然界にあるさまざまな力について学習した．物体に力がはたらくと物体の速度が変化し，運動のようすが変化する．つまり，力がはたらくと運動が変化し，逆に運動に変化があれば力がはたらいたことになる．

ニュートンは力と力，または力と運動の関係を3つの法則にまとめた．これから学ぶこれらの3つの法則で，私たちがふだんの生活のなかで観察している運動から，天体の星々の運動まで理解することができる！　ヒトの運動もこれらの3つの法則のもとで行われている．第6章では，まず力のつり合いについて理解してから，運動の3法則について学習していこう．

1　力の合成と力のつり合い

物体に1つだけの力がはたらくときは力の作用を理解しやすいが，物体に複数の力がはたらくときは，すぐには理解しにくい．このようなときに役に立つのが**力の合成**や**力のつり合い**である．1つの物体に同時に複数の力がはたらくとき，それらをまとめて1つの力で表すことを力の合成といい，合成された力を**合力**という．合力はベクトルの和を用いて求めることができる[※1]．合力がゼロのとき，物体にはたらく力はつり合っている．物体にはたらく力の合力がゼロのとき，物体は静止したまま，等速直線運動を続ける．

力の合力を求めるとき，「力の作用線上であれば作用点を自由に動かしても，力が物体に及ぼすはたらきは変わらない（作用線の定理）」という性質はとても重要である．図6-1のように，物体の異なる点に作用する複数の力は，力のベクトルを作用線上で移動させて，同じ作用点にはたらく力として合力を求めることができる．

2つの力がつり合っているときは，2つの力は同じ作用線上ではたらき，大きさが同じで，向きが反対になる．3つの力がつり合っているときは，2つの力の合力がもう1つの力と同じ作用線上ではたらき，大きさが同じで，向きが反対になる（図6-2）．

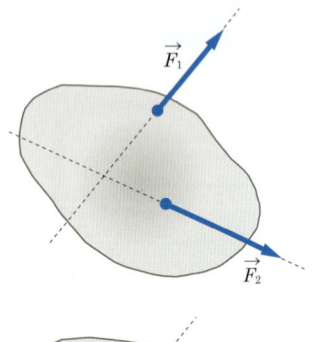

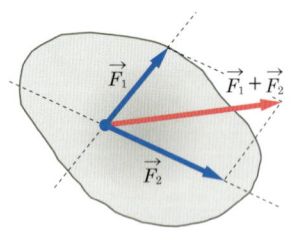

● 図6-1　作用線の定理
物体にはたらく力の作用は，作用線上で力を移動させても変わらない．この性質を用いて，異なる作用点をもつ複数の力を1つに合成し，1つの作用点にはたらく力として扱うことができる．

※1　第3章を復習しよう．

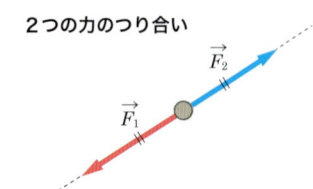

2つの力のつり合い

2つの力がつり合っているときは，2つの力が同じ作用線上ではたらき，大きさが同じで，向きが反対になる

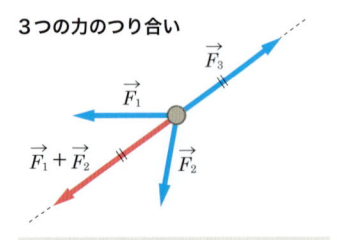

3つの力のつり合い

3つの力がつり合っているときは，2つの力の合力ともう1つの力が同じ作用線上ではたらき，大きさが同じで，向きが反対になる

● 図6-2　力の合成と力のつり合い

2 慣性の法則 （ニュートンの第1法則）

　静止している平らな長い板の上にピンポン玉を静かに置くと，ピンポン玉はずっと動かない．板の上でピンポン玉を転がすとかなり長い距離を転がってから静止する．もし，板とピンポン玉の間に摩擦力や空気による抵抗がはたらかなければ，ピンポン玉はずっと板の上を転がり続けると考えられる．

　次に，静止している平らな板の上にピンポン玉を載せ，板を急に水平に動かしてみる．すると，ピンポン玉はすぐには板と一緒に動かずに，板の動きから遅れて動き出す．この間，ピンポン玉は板の上を板の動く向きと反対向きに転がる．また，等速直線運動をしているピンポン玉を載せた板を急に止めてみる．すると，ピンポン玉はこれまで等速直線運動をしていた向きに板の上を転がる（図6-3）．

　これらの現象は，物体は静止した状態や運動をしている状態を維持しようとする性質があることを表している．このような性質を**慣性**という．物体が運動について慣性をもつことを，物体にはたらく力との関係として表したものが，「物体に力がはたらかないか，物体にはた

1 板の上に静かにピンポン玉を置くと，ピンポン玉は静止したまま，ずっと動かない

静止している板

▲最初に，板の上にピンポン玉を置いた位置

2 ピンポン玉を転がすと，長い距離を転がって静止する

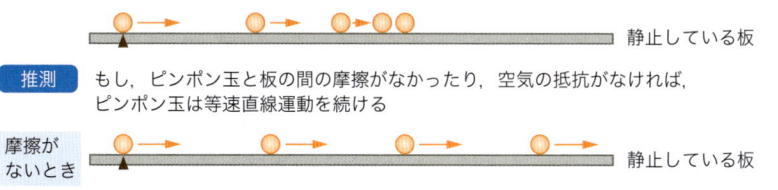

静止している板

推測　もし，ピンポン玉と板の間の摩擦がなかったり，空気の抵抗がなければ，ピンポン玉は等速直線運動を続ける

摩擦がないとき　静止している板

3 板を急に動かすと，ピンポン玉はもとの位置に一時的に止まる
（板に対して板の動く向きと反対向きに転がる）

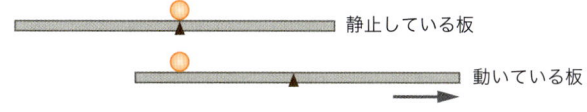

静止している板

動いている板

4 等速直線運動をしている板が急に止まると，ピンポン玉は板の上を，板の動いていた向きに転がる

等速直線運動をしている板

運動を止め，静止している板

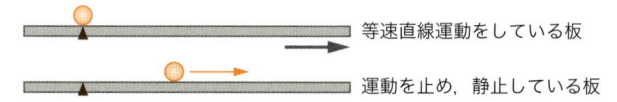

● 図6-3　板の上に置いたピンポン玉の運動と慣性の法則

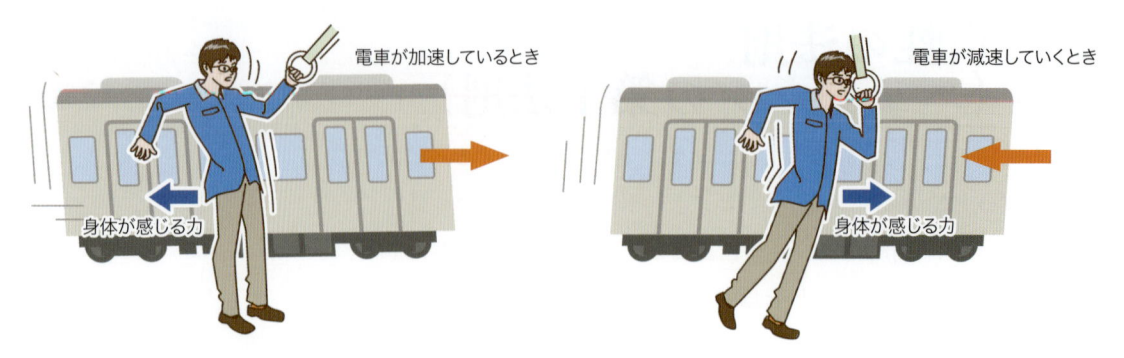

電車が加速しているとき　　　　　　　　　電車が減速していくとき

身体が感じる力　　　　　　　　　　　　　身体が感じる力

● 図6-4　電車の加速，減速に伴って生じる慣性力

※2　ニュートンの第1法則

らく力の合力がゼロのとき，物体は静止したままか，等速直線運動を続ける」という**慣性の法則**[※2]である．

　ふだんの生活のなかで慣性の法則を感じるのは，電車に乗っていて電車が発進や停止を開始したときである．電車が発進し加速しても，ヒトは慣性の法則によって静止を続けようとするので，電車の進行と反対方向に力がはたらくように感じる．電車が停止するときは，電車が減速してもヒトはこれまでの速度で運動を続けようとするので，進行方向に力がはたらくように感じる（図6-4）．

　慣性の法則によって生じる力は**慣性力**とよばれ，物体が加速しているときに，加速する向きと反対方向に生じる．エレベーターで上昇し始めるときに身体が重く感じ，下降し始めるときに身体が軽く感じるのも，慣性力がはたらくためである．

例題

① ふつうみられる物体の運動は，力を加え続けないと止まってしまうのはなぜか．

解説　慣性の法則は「物体に力がはたらかないときに，物体は等速直線運動をし続ける」ことを表している．力を加え続けないと運動が止まってしまうのは，運動を止めようとする逆向きの力が物体にはたらいているからである．摩擦力，空気の抵抗などが運動を止めようとする力の正体である．

3 遠心力

　ひもの一端に物体を取り付けて，もう一方の端をもって物体を回転させると，物体をひもから引き離す方向に力が生じる．この力を**遠心力**といい，遠心力も慣性力である．同じ速さで回転運動をする等速円運動の遠心力の大きさ F 〔N〕は，物体の質量を m 〔kg〕，円運動の半径を r 〔m〕，物体の速度を v 〔m/s〕とすると次の式で表される（図6-5）．

重要

$$F = m\frac{v^2}{r}$$

遠心力〔N〕＝質量〔kg〕× $\dfrac{(速度〔m/s〕)^2}{半径〔m〕}$

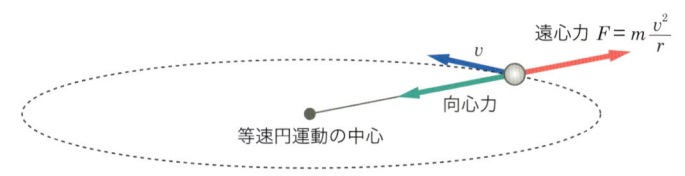

● 図6-5　等速円運動時にはたらく遠心力
等速円運動を継続するためには，遠心力によって物体が離れていかないように，等速円運動の中心に向かう向心力がはたらく．

COLUMN 1　ヒトの運動と慣性

　ヒトの運動においても慣性は重要な役割を果たしている．交通事故などで脊椎骨を骨折すると脊髄が損傷を受け，損傷した脊髄部位より下の運動ができなくなる（運動麻痺）．頸髄を損傷すると両側上下肢の運動麻痺である四肢麻痺（ししまひ），胸・腰髄が損傷すると下半身の運動麻痺である対麻痺（ついまひ）が生じる．両上肢をある程度動かすことのできる脊髄損傷の患者さんは，両手を左右どちらかに大きく振り，その両手を振ることによる反動（慣性力）を利用して寝返ることができる（コラム図6-1）．
　健常者でも，椅子から立ち上がるときや歩行・走行をするときに，一度生じた運動の慣性を身体の推進力や安定性を保つ力として利用している．

コラム図6-1 ●
両上肢を大きく振るときの慣性を利用した寝返り動作

●カーブ

例題 2

道路で車を運転中に，カーブを次の①〜④の条件で曲がるとき，最も大きな遠心力を受ける条件，最も小さな遠心力を受ける条件はどれか．
①速度が2倍　②質量が2倍　③半径が2倍　④半径が半分

解説 遠心力の大きさを求める公式は，

$$F = m\frac{v^2}{r}$$

である．このときの遠心力 F を基準に考えると，
①は速度 v が2倍になるので遠心力は $4F$，
②は質量 m が2倍になるので遠心力は $2F$，
③は半径 r が2倍になるので遠心力は $\frac{1}{2}F$，
④は半径 r が半分になるので遠心力は $2F$ になる．

[答] 最も遠心力が大きくなるのは①，最も小さくなるのは③

速度が速いほど，そしてカーブの半径が小さいほど，大きな遠心力を受けるので，急カーブでは車のスピードを落とさないと危険である．

4 運動方程式（ニュートンの第2法則）

質量の小さいピンポン玉は指で転がすことができるが，質量の大きなボーリングの球は，身体全体を使わないと片手だけでは勢いよく転がすことができない．一般に，同じ力を加えて物体を動かそうとするとき，質量の大きな物体ほど加速しにくい．また質量が同じであれば，大きな力を加えるほど，物体は大きく加速する．このとき，物体の質量 m〔kg〕，物体の加速度 a〔m/s²〕，物体に加えた力 F〔N〕との間には次の関係が成り立っている．

重要

$$ma = F \quad ※3$$

質量〔kg〕× 加速度〔m/s²〕= 力〔N〕

※3 運動方程式の視点からは，質量 m の物体に力（複数のこともある）が作用し，加速度が生じて運動が起こるので，このテキストではこの順序で記載している．$F=ma$ と記載している教科書もある．

※4 ニュートンの第2法則

この関係式を**運動方程式**※4 という．運動方程式は，力は質量と加速度の積であること，また，1 kgの質量をもつ物体に 1 m/s² の加速度を生じさせる力が 1 N であることを表しており，力の大きさの定義にもなっている．

運動方程式は次のように表すこともできる．

$$a = \frac{F}{m} \quad \cdots\cdots ①$$

$$m = \frac{F}{a} \quad \cdots\cdots ②$$

①式から，質量が同じなら物体にはたらく力が大きいほど加速度が大きくなること，力が同じなら質量が大きいほど加速度は小さいことがわかる（図6-6）．また①式は，力 $F=0$ N，つまり物体に力がはたらかないときは，加速度 a は 0 m/s^2 となるので速度の変化がないことを表している．これは慣性の法則と同じことである．

②式は，質量は物体に加えた力と，そのときに生じる加速度との比であること，つまり 1 N の力を加えたとき，1 m/s^2 の加速度を生じる質量が 1 kg であることを表している．

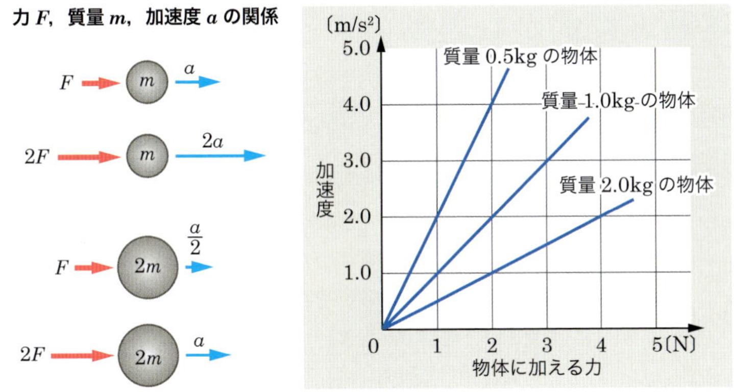

● 図6-6　物体に加える力と加速度の関係

例題

3 質量 5.0 kg の物体に 10 N の力を加えたとき，物体に生じる加速度を求めなさい．

解説 運動方程式 $ma=F$ より，

$$a = \frac{F}{m} = \frac{10}{5.0} = 2.0$$

［答］ 2.0 m/s^2

4 ある物体に 150 N の力を加えたとき，3.0 m/s^2 の加速度を生じた．この物体の質量は何 kg か求めなさい．

解説 運動方程式 $ma=F$ より，

$$m = \frac{F}{a} = \frac{150}{3.0} = 50$$

［答］ 50 kg

6　力のつり合いと運動の法則

5 作用反作用の法則（ニュートンの第3法則）

AさんとBさんが対面し，両手を組んで押し合っているとしよう．AさんがBさんの手を押しているとき，AさんはBさんから手を押されている（図6-7）．このように「ある物体から他の物体に力がはたらくときは，他の物体からある物体に対しても，反対向きで同じ大きさの力がはたらく」ことを，**作用反作用の法則**[※5]という．作用反作用の法則は，力はいつも対になって生じていることを表している．

※5　ニュートンの第3法則

発展1　運動方程式から運動のようすがわかる

加速度や力はベクトル量なので，運動方程式もベクトルの関係として次のように表される．

　　運動方程式のベクトル表示：$m\vec{a} = \vec{F}$

この式から，加速度の向きは力の向きに一致することがわかる．また，平面上で加速度と力の成分をx方向とy方向に分解すると，次の関係がある．

$$ma_x = F_x \qquad ma_y = F_y$$

物体にはたらく力がn個あり，それらを$\vec{F_1}, \vec{F_2}, \cdots, \vec{F_n}$とすると，物体の運動方程式は次のようになる．

$$m\vec{a} = \vec{F_1} + \vec{F_2} + \cdots + \vec{F_n}$$

このように，物体にはたらく力をベクトルとして足し合わせることで運動方程式を立てることができる．そして，運動方程式から加速度が求まる．

$$\vec{a} = \frac{\vec{F_1} + \vec{F_2} + \cdots + \vec{F_n}}{m}$$

第4章の発展2で述べたように，加速度を時間で積分すれば速度，速度を時間で積分すれば変位が計算できるので，物体の運動のようすがわかる．このように，運動方程式から物体の運動を導き出せるので，運動方程式はまさに「運動の方程式」である．

身体運動の研究に用いられる加速度計も，加速度計を取り付けた身体部位の加速度を測定することで，その部位の速度や変位を計算することができる．加速度計は小さく，比較的価格も安いので，スマートフォンやゲーム機のコントローラーに内蔵されたり，さまざまな身体運動の研究に利用されたりしている．

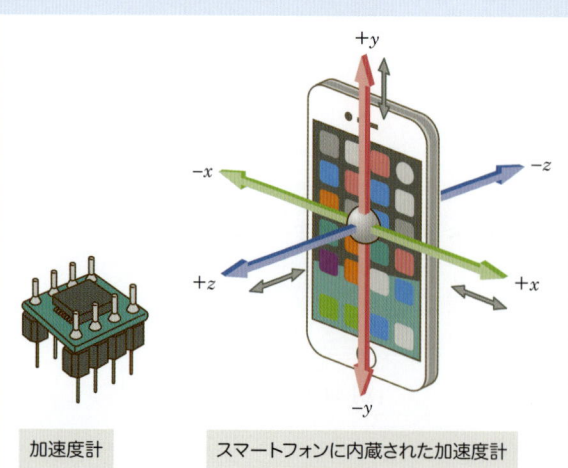

発展図6-1 ● 運動のようすをモニターできる加速時計

Aさん　Bさん
$\vec{F'}$　$\vec{F}$

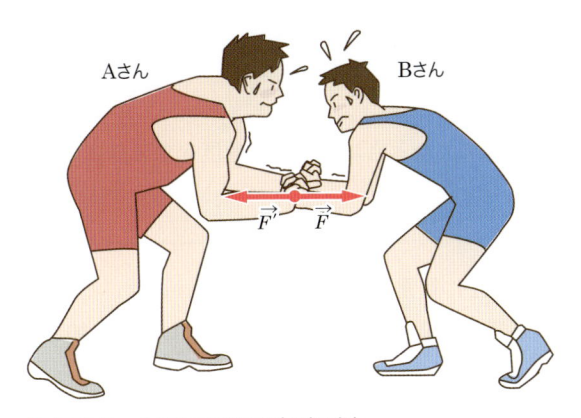

● 図6-7　作用反作用の法則の例
BさんがAさんに押される力$\vec{F}$は，AさんがBさんに押される力$\vec{F'}$と同じ作用線上ではたらき，大きさが同じで，向きが反対になる．

例題

5 テーブルの上にみかんが置かれている．このときはたらいている力を図のように示した．図で作用反作用の関係にあるのはどれか．記号で答えなさい．

解説 F_1はみかんにはたらく重力，F_2はみかんがテーブルから受ける垂直抗力，F_3はテーブルがみかんから受ける力である．みかんがテーブルから受ける力と，テーブルがみかんから受ける力が作用反作用の関係なので，F_2とF_3になる．

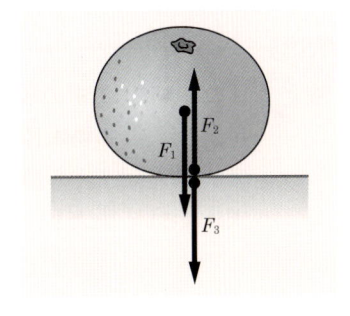

[答] F_2とF_3

　例題❺で，みかんにはたらく力だけを考えると，みかんにかかる重力F_1とみかんがテーブルから受ける垂直抗力F_2の合力が0になり，みかんは静止していることになる．私たちが床の上に立っているときも，例題❺のみかんと同じように床から重力と反対向きに力を受けているので，静止して立っていられる．

章末問題

1 質量4.0 kgの物体に，1.0×10^3 Nの力を加えたときに生じる加速度を求めなさい．

2 地面と30°の角度をもつ摩擦のない斜面の上に質量5.0 kgの物体を静かに置いたところ，物体は滑り出した．この物体の斜面の方向の加速度を求めなさい．ただし，重力加速度は10 m/s² とする．

3 問題❷で斜面に動摩擦係数 $\mu' = 0.10$ の動摩擦力がはたらくときの，物体の斜面方向の加速度を求めなさい．ただし，$\cos 30° = 0.87$ とする．

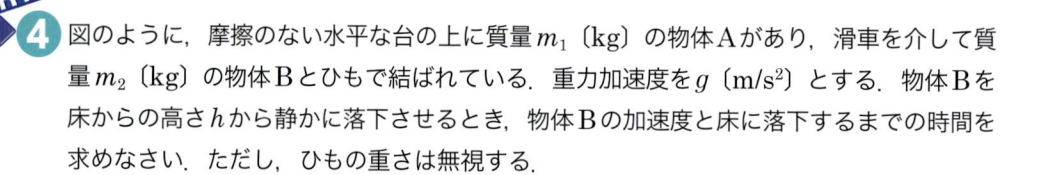

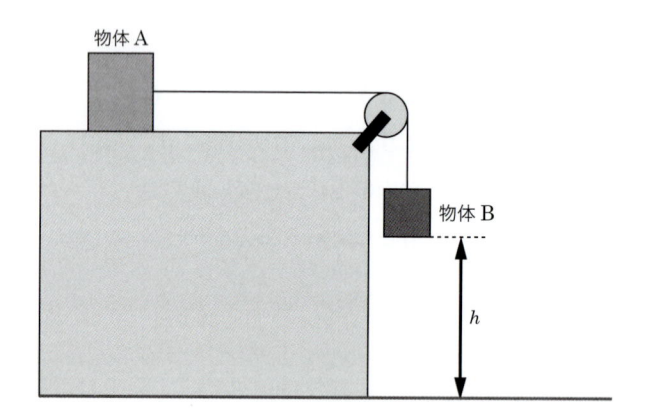

4 図のように，摩擦のない水平な台の上に質量 m_1〔kg〕の物体Aがあり，滑車を介して質量 m_2〔kg〕の物体Bとひもで結ばれている．重力加速度を g〔m/s²〕とする．物体Bを床からの高さ h から静かに落下させるとき，物体Bの加速度と床に落下するまでの時間を求めなさい．ただし，ひもの重さは無視する．

7 物体の重心と回転運動

学習目標

- 力のモーメントについて説明できる
- 物体の重心の位置を計算できる
- 力のモーメントの計算ができる
- 力のモーメントから剛体の回転運動とつり合いを説明できる
- 「3つのてこ」について説明できる

重要な公式

- 力のモーメント = 回転軸と力の作用点との距離（腕の長さ）× 腕の方向と垂直な力の成分
  = 回転軸から力の作用線までの垂直距離 × 力

$$M = Fr \sin \theta$$

- 力のモーメントのつり合い

$$M_1 + M_2 + \cdots + M_n = 0$$

（物体が回転しない条件⇒回転軸のまわりのすべての力のモーメントの和＝0）

- 重心の位置

$$x_G = \frac{m_1 x_1 + m_2 x_2 + \cdots + m_n x_n}{m_1 + m_2 + \cdots + m_n}$$

- 剛体が静止または等速直線運動をする条件
  ①剛体にはたらく力の合力＝0　　②任意の1点のまわりの力のモーメントの和＝0

$$F_1 + F_2 + \cdots + F_n = 0 \quad M_1 + M_2 + \cdots + M_n = 0$$

重要な用語

重心　物体の全質量が集まっていると仮定できる位置．重心で支えると物体は回転しない

第2のてこ　支点に対して力点と作用点が同じ側にあり，支点から力点までの距離が長いてこ

剛体　力がはたらいても変形しない理想的な物体

第1のてこ　支点が力点と作用点の間にあるてこ

第3のてこ　支点に対して力点と作用点が同じ側にあり，支点から作用点までの距離が長いてこ

力のモーメント　物体を回転軸のまわりに回転させる作用．回転軸から力の作用点までの距離（腕の長さ）と，腕の方向に対して垂直な力の成分の積で表される．単位はニュートン・メートル〔N・m〕

第7章では，力のモーメント，重心，回転運動について学習する．身体運動は関節を軸とする回転運動として現れることが多いので，力のモーメントや重心についての理解は理学療法士，作業療法士にとって重要である．臨床の話も織り交ぜているので，イメージしつつ学んでいこう．

1 剛体の回転運動

形や大きさがあり，力がはたらいても変形しない理想的な物体を**剛体**という．実際の物体は力を加えると変形したり壊れたりするが，それでは扱いにくいので，物体を剛体とみなして，物体の運動を考えていく．

剛体の棒の一端を回転軸に取り付け，棒が軸のまわりで自由に回転できるようにする．このとき，回転軸から r〔m〕の位置で，棒に垂直に力 F〔N〕を加えると，棒は回転軸を中心に回転運動をする．この棒を回転させる作用を**力のモーメント**という．回転する向きが反時計回りのときを正（＋）の回転，時計回りのときを負（－）の回転とする（図7-1）．力のモーメントの単位はニュートン・メートル〔N・m〕である．

力のモーメントは，回転軸から力の作用点までの距離（腕の長さ）と，腕の方向と垂直方向にはたらく力の成分の積になる．別な言い方をすると，力のモーメントは，力の作用線から回転軸に引いた垂線の長さと力との積になる．力のモーメントは工学ではトルク，運動学では関節モーメントや関節トルクとよばれる．力のモーメントを M〔N・m〕とすると，力のモーメントは次の式で表される．

重要
$$M = Fr \sin\theta$$
力のモーメント〔N・m〕＝ 腕に垂直な力の成分〔N〕× 腕の長さ〔m〕

力が腕の方向と垂直にはたらくときは，

$$M = Fr$$

となる．

腕の方向と力の方向が垂直な場合

- 回転軸
- 力 F
- 反時計回り（＋）
- 力 F の作用点
- 腕の長さ r（回転軸から力の作用点までの距離）

腕の方向と力の向きが垂直でない場合

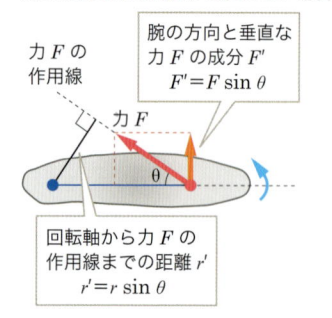

- 力 F の作用線
- 力 F
- 腕の方向と垂直な力 F の成分 F'　$F' = F \sin\theta$
- 回転軸から力 F の作用線までの距離 r'　$r' = r \sin\theta$

腕の長さを r，力の大きさを F，腕の方向と力の方向がなす角を θ とすると，力のモーメント M は次の式で表される．
$$M = Fr \sin\theta$$

● 図7-1　剛体にはたらく力のモーメント

力のモーメントは，回転軸と力の作用点を結ぶ距離（腕の長さ）と，腕の方向と垂直な力の成分との積，または回転軸から力の作用線までの距離と力との積で計算される．

例題

❶ 股関節外転筋の徒手筋力検査では，側臥位で上側の下肢に徒手で抵抗をかけて筋力を測定する．抵抗の位置を大腿骨の遠位端と下腿骨の遠位端にしたとき，徒手で加える力はどちらが大きいか．

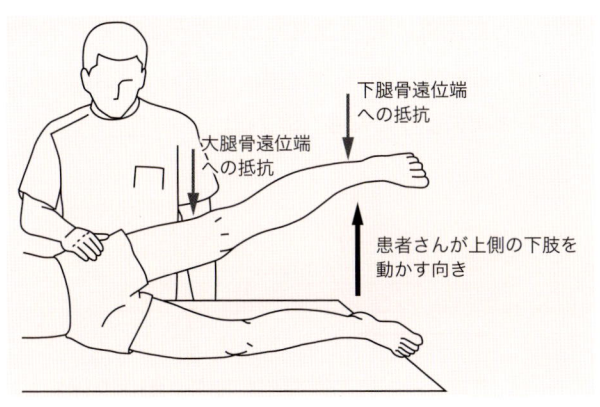

〔「新・徒手筋力検査法 原著第9版」(Hislop HJ, 他/著 律山直一, 中村耕三/訳), 協同医学出版社, 2014をもとに作成〕

解説 股関節外転では，股関節軸を回転軸として大腿骨が回転運動をする．徒手で力を加えるときにはたらく力のモーメントは，徒手で押す力と股関節軸から押す位置までの距離の積になるので，股関節軸から遠い下腿骨の遠位端を押した方が，小さな力で股関節外転筋による力のモーメントにつり合う．反対に大腿骨遠位端を押したときの方が大きな力を必要とする．

[答] 大腿骨遠位端

❷ 重さのない棒の回転軸から 0.40 m の距離の点に，回転軸と作用点を結ぶ直線に垂直な向きに 3.0 N の力がはたらいている．このときの力のモーメントの大きさを求めなさい．

解説 $M = Fr$ より
$3.0 \times 0.40 = 1.2$

[答] 1.2 N・m

❸ 例題❷で，回転軸と作用点を結ぶ直線と 30°の角度をなす向きに 3.0 N の力がはたらいているときの力のモーメントを求めなさい．

解説 腕の方向に垂直な力の成分が，棒を回転させる力となるので，
$M = Fr \sin 30°$
$= 3.0 \times 0.40 \times 0.5 = 0.6$

[答] 0.6 N・m

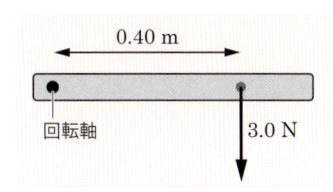

2 力のモーメントのつり合い

回転軸のまわりに複数の力がはたらいているとき，剛体が回転しない条件は，回転軸のまわりの力のモーメントの和が0になることである．左端に回転軸がある重さのない棒に，回転軸からr_1の距離にF_1，回転軸からr_2の距離にF_1と反対向きの力F_2が，それぞれ棒に垂直にはたらいているとき，棒が回転しない条件は，反時計回りを正（＋）方向とすると次のようになる（図7-2）．

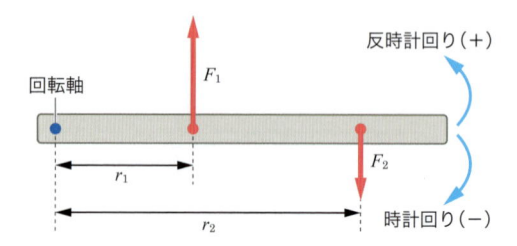

棒が回転軸を中心に反時計回りに回転する方向を正（＋），棒にはたらく力のモーメントをMとすると，$M=F_1r_1-F_2r_2$となる．棒が回転しない条件は$M=0$なので，$F_1r_1=F_2r_2$となる．

● 図7-2 物体にはたらく力のモーメントのつり合い

重要

$$F_1 \times r_1 - F_2 \times r_2 = 0$$

回転軸のまわりの力のモーメントの和＝0

または，

$$F_1 \times r_1 = F_2 \times r_2$$

反時計回りの力のモーメント＝時計回りの力のモーメント

また，剛体が反時計回りに回転する条件は，
$$F_1 \times r_1 > F_2 \times r_2$$
剛体が時計回りに回転する条件は，
$$F_1 \times r_1 < F_2 \times r_2$$
になる．

3 重心と重心の求め方

剛体の運動を考えるときに，**重心**の理解が重要になる．重心は剛体をその点で支えたときに剛体が回転しない点で，剛体の全質量が重心にあるものとして剛体の運動を扱うことができる（図7-3）．

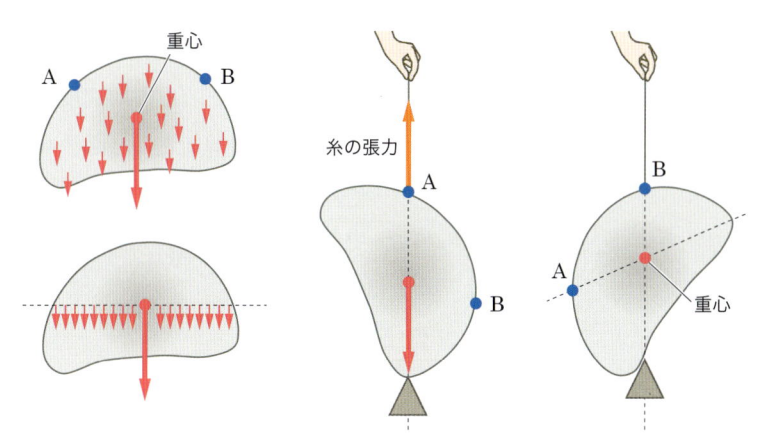

● 図7-3　重心と重心の求め方

重心は物体を構成する小さな部分それぞれにかかる重力を1つの点で代表させたものである．物体の異なる点AとBに糸を取り付け，糸でつるす．このとき，糸の張力と物体の重心にかかる重力はつり合っているので，重心は糸の延長線上にある．そのため，2つの点に糸を取り付けて物体をつるしたとき，糸からの延長線の交点に重心がある．また，物体が滑らなければ，糸の延長線上の支点（図の三角形）で物体を支えると，物体を回転する力はつり合って静止する．

COLUMN 1　力のモーメントと関節運動

臨床

身体の関節の運動も，関節軸まわりの力のモーメントの関係として表すことができる．関節運動が生じていないときは，関節軸まわりの力のモーメントはつり合っている．関節運動を起こすためには，筋力を増減させて，運動させたい向きの関節軸まわりの力のモーメントを大きくする．

関節軸まわりの力のモーメントにかかわる要素として，腕の長さに相当する関節軸と筋の付着部位間の距離，力に相当する筋張力の大きさと向き，重力方向に力を受ける身体部位の質量などが重要である（コラム図7-1）．

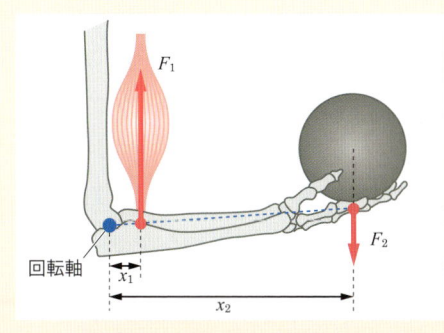

手で重りを支えているとき，関節の運動は関節軸まわりの力のモーメントのつり合いによって決まる．
$F_1 \times x_1 = F_2 \times x_2$ のとき，肘関節は静止する
$F_1 \times x_1 > F_2 \times x_2$ のとき，肘関節は屈曲する
$F_1 \times x_1 < F_2 \times x_2$ のとき，肘関節は伸展する
ヒトが調節できるのは筋張力 F_1 で，筋張力は，神経系の活動によってコントロールされている．適切な関節運動が行われるためには，筋張力（筋力）が十分あり，神経系の活動が適切であることが必要である．

コラム図7-1 ● 重りをささえているときの肘の関節運動

力のモーメントから物体の重心の位置を求めてみよう．

左端に回転軸のある重さのない棒があり，回転軸から x_1〔m〕のところに質量 m_1〔kg〕の物体，回転軸から x_2〔m〕のところに質量 m_2〔kg〕の物体が取りつけられている．2つの物体はともに棒を負（－）の向き（時計回り）に回転させようとする．棒を回転させないためには，棒を正（＋）の向き（反時計回り）に回転させる力のモーメントが必要になる．重心の位置 x_G で棒を支え，棒が回転しないようにする．

重心には質量 m_1 と m_2 の和の質量がかかるので，重力加速度を g〔m/s²〕とすると，重心の位置 x_G は次のように計算できる（図7-4）．

$$(m_1 + m_2)g\, x_G - (m_1 g\, x_1 + m_2 g\, x_2) = 0$$

$$(m_1 + m_2)x_G = m_1 x_1 + m_2 x_2$$

よって，重心の位置は以下のように表される．

$$x_G = \frac{m_1 x_1 + m_2 x_2}{m_1 + m_2}$$

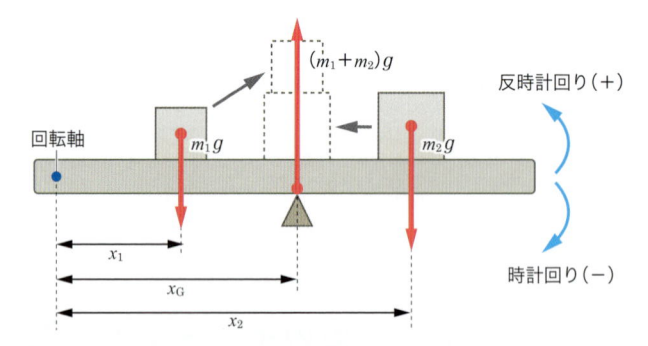

● 図7-4　力のモーメントのつり合いと重心

重心はその点で支えると物体が回転しない点になるので，重心には物体の全質量が集中していると考えることができる．棒の重さはないと仮定しているので，棒と質量 m_1 の物体と質量 m_2 の物体を合わせた全体の質量は $0 + m_1 + m_2 = m_1 + m_2$ となり，重心にはたらく力は $(m_1 + m_2)g$ になる．4で学習する剛体が静止するための条件を用いると，重心では力のモーメントは0なので，剛体にはたらく力のつり合いの条件から，重心にはたらく力は他のすべての力の合力となり，$(m_1 + m_2)g$ になる．

多くの物体が棒に取りつけられていて，それぞれの物体の質量を m_1，m_2，…，m_n，回転軸からの距離を x_1，x_2，…，x_n とすると，重心の位置 x_G は次の式で表される．

重要

$$x_G = \frac{m_1 x_1 + m_2 x_2 + \cdots + m_n x_n}{m_1 + m_2 + \cdots + m_n}$$

重心の位置 ＝ それぞれの物体による力のモーメントの和 / それぞれの物体の質量の和

例題

4 長さ 0.15 m の重さのない固い棒の左端に質量 5.0 kg，右端に質量 10.0 kg の物体が取り付けられている．このときの全体の重心の位置を求めなさい．

解説 その1：

左端を原点として，重心を求める公式を用いると，

$$x_G = \frac{5.0 \times 0 + 10.0 \times 0.15}{5.0 + 10.0} = \frac{1.5}{15.0} = 0.10 \text{ m}$$

よって，重心は左から 0.10 m の位置になり，これは棒の長さを $2:1$ に内分する位置に相当する．

解説 その2：

重心は，重心を原点とした力のモーメントのつり合いから計算することもできる．質量 5.0 kg の物体が取り付けられている棒の左端から重心までの距離を x [m] すると，重心から質量 10.0 kg の物体までの距離は $(0.15-x)$ m となる．重心を支点として質量 5.0 kg の物体は棒を反時計回りに回転させる力のモーメントとなり，質量 10.0 kg の物体は棒を時計回りに回転させる力のモーメントになる．棒が回転しないときは，両方の力のモーメントの大きさが同じになるので，重力加速度を g [m/s^2] とすると

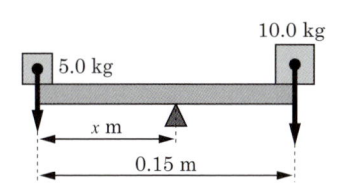

$$5.0g \times x = 10.0g \times (0.15 - x)$$
$$5.0x = 1.50 - 10.0x$$
$$15.0x = 1.50$$
$$x = 0.10 \text{ m}$$

[答] 棒の左側から 0.10 m の距離にあり，棒の長さを $2:1$ に内分する位置に相当する

5 下の図のように，重さの無視できる板の上にヒトが踵の位置を支点として背臥位で寝ている．体重計からの垂直抗力を F [N]，体重を W [N]，支点から重心までの距離を x [m]，支点から体重計までの距離を L [m] とするとき，重心の位置を求めなさい．

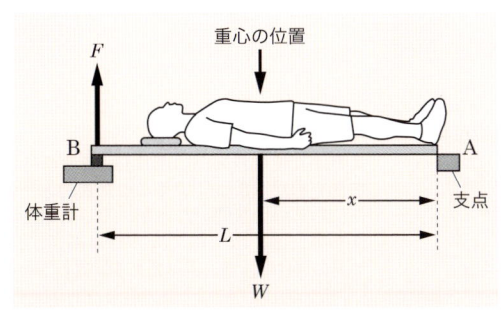

〔「バイオメカニクスと動作分析の原理」(Griffiths IW/著 石毛勇介/監 川本竜史/訳)，ナップ，2008をもとに作成〕

解説 支点のまわりの力のモーメントのつり合いを考える．

$FL = Wx$ より，$x = \dfrac{FL}{W}$

[答] $\dfrac{FL}{W}$ 〔m〕

身体の重心は，踵から身長の55％程度の位置にある．男性の方が女性よりやや高い位置にあり，これは男女間の体型の違いによる．

COLUMN 2 重心と物体の安定性

底面が正方形をした直方体の物体の上端に，水平方向の力を加えていくと，直方体が滑らなければ直方体は押された方向に傾いていく．このとき，重心の位置から降ろした鉛直線（重心線）が直方体の底面の境界を越えなければ，力を抜くと直方体はもとの位置に戻る．しかし，重心線が直方体の底面の境界を越えると，直方体は倒れる．

重心の位置が高いほど，直方体の底面が小さいほど，少し傾けるだけで直方体は倒れるので，安定性が低くなる．直方体の底面は支持基底面とよばれ，物体が倒れない条件は，「支持基底面内に重心線が収まっていること」になる（コラム図7-2）．

ヒトが立位姿勢を保つときも，支持基底面内に重心線が収まっていることが条件になり，重心の位置が高いほど，支持基底面が狭いほど，その姿勢の安定性は低くなる．物体の重心は静止しているが，ヒトの重心線は絶えず動いているので，ヒトの姿勢の安定性には重心線の動揺の程度も関係する（コラム図7-3）．

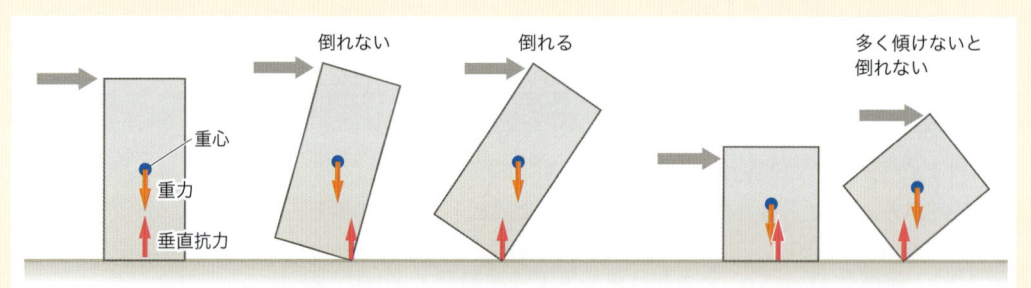

直方体の底面（支持基底面）の境界を重心線が越えると，直方体は倒れる．つまり，物体が倒れない条件は，支持基底面内に重心線が収まっていることになる．一般的に，重心の位置が高いほど，支持基底面が狭いほど，安定性は低く，倒れやすくなる．

コラム図7-2 ● 重心が高く，支持基底面が狭いほど不安定になる

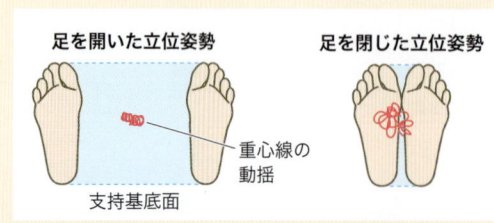

ヒトが立位姿勢を保つ場合も，支持基底面内に重心線が収まっていることが姿勢保持の条件になる．足を開いた方が，閉じた場合より支持基底面が広いので安定性は高い．また，ヒトの場合は，重心線は絶えず動揺している．

コラム図7-3 ● 足を閉じて立つと不安定になる

4 剛体の運動と剛体にはたらく力

次に，これまで学んだ知識をもとに，剛体が回転せずに静止または等速直線運動をする条件を考えてみよう．

剛体に力を加えたときの剛体の運動は，重心の運動と重心のまわりの回転運動に分けて考えることができる．剛体にいくつかの力がはたらいているとき，剛体が回転せず，静止または等速直線運動をするためには次の2つの条件が必要になる（図7-5）．

①剛体にはたらく力がつり合う条件

$$F_1 + F_2 + \cdots + F_n = 0$$
剛体にはたらくすべての力の合力が0

（図7-5の場合：$\vec{F_1} + \vec{F_2} + \vec{F_3} = 0$）

②剛体にはたらく力のモーメントがつり合う条件

$$M_1 + M_2 + \cdots + M_n = 0 \quad ※1$$
任意の1点のまわりにはたらく力のモーメントの和が0

※1 ただし，反時計回りの力のモーメントを正，時計回りの力のモーメントを負とする．

（図7-5の場合：$-F_1 x_1 + F_2 x_2 + F_3 x_3 = 0$ ※2）

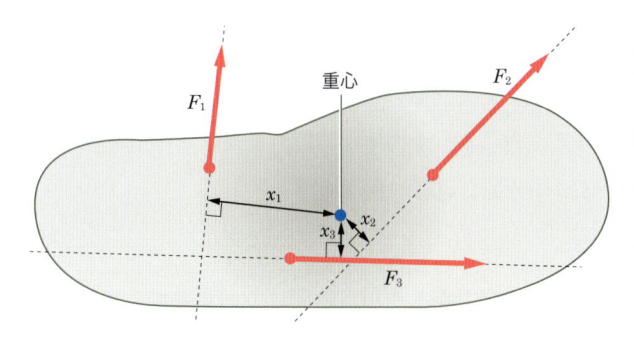

※2 図7-5で重心のまわりの力のモーメントを考えたとき．

剛体にはたらく力がつり合い，回転せずに静止または等速直線運動をする条件

剛体にはたらくすべての力のベクトルの和 $= F_1 + F_2 + F_3 + \cdots = 0$

任意の点のまわりの力のモーメントの和 $= M_1 + M_2 + M_3 + \cdots = 0$

（ただし，反時計回りの力のモーメントを正，時計回りの力のモーメントを負とする）

● 図7-5 剛体が静止し，回転しない条件

例題

6 図のようにてこがつり合っているとき，支点Cに作用する力の大きさはどれか．

```
         A                          B
         ○────d1────┊────d2────□
         │           ┊           │
         ↓           C           ↓
         W1         △            W2
```

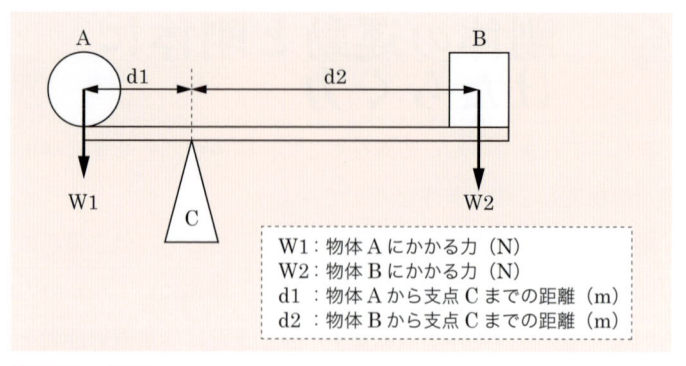

W1：物体Aにかかる力（N）
W2：物体Bにかかる力（N）
d1：物体Aから支点Cまでの距離（m）
d2：物体Bから支点Cまでの距離（m）

① W1 ＋ W2
② d2 ＋ W2／d1
③ d1 × W1／d2
④ d1 × W1 ＋ d2 × W2
⑤ d1 × W2 ＋ d2 × W1

[第50回国家試験問題（理学療法）]

解説 てこの腕に載った2つの物体とてこの腕を，1つの剛体と考える．剛体は静止しているので，支点Cに作用する力の反作用 F〔N〕が剛体にはたらき，その結果，剛体は静止していると考えられる．よって，剛体にはたらく力がつり合う条件から，

$$F = W1 + W2$$

[答] ①

5 力のモーメントと3つのてこ

てこは，てこの腕を支え回転の中心となる支点，てこに力を与える力点，力点に与えた力によって物体などに力を及ぼす作用点[※3]の位置関係により，3つに分類される（図7-6）．

※3 荷重点（かじゅうてん）ともいう．

▶第1のてこ

第1のてこは，支点が力点と作用点の間に位置するてこである．支点から力点までの距離が長いと，力点に与える力より大きな力が作用点にはたらくので，小さな力で大きな力を得ることができる．天秤，くぎ抜きなどが第1のてこに相当する．

▶第2のてこ

第2のてこは，支点に対して力点と作用点が同じ側にあり，力点から支点までの距離が作用点から支点までの距離より長いてこである．力点に与える力より大きな力が作用点にはたらくので，小さな力で大きな力を得ることができる．ホチキス，栓抜きなどが第2のてこに相

3種類のてこ

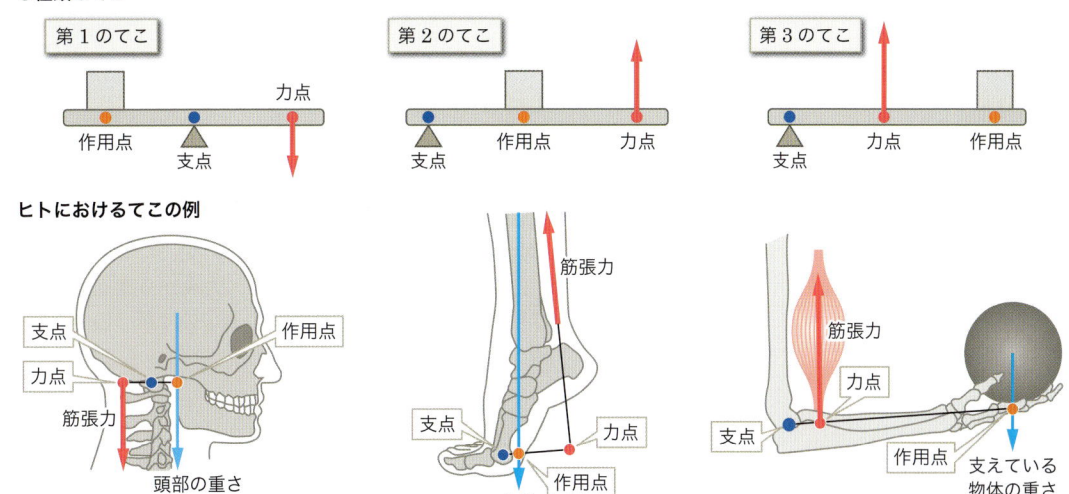

ヒトにおけるてこの例

● 図7-6　3つのてこ

当する．

▶第3のてこ

　第3のてこは，支点に対して力点と作用点が同じ側にあり，作用点から支点までの距離が，力点から支点までの距離より長いてこである．作用点にはたらく力は力点に与える力より小さいので，力を得るには不利なてこである．しかし，力点の動きより作用点の動きが大きいので，運動の大きさや速さを得るには有利になる．ヒトの関節を構成する骨と筋の関係は，第3のてこに相当するものが多い．

!臨床

例題

⑦ てこについて正しいのはどれか．
　①第1のてこは荷重点が支点と力点との間にある．
　②第2のてこは第3のてこに比べ力学的に有利である．
　③第2のてこは人体にあるてこの大部分である．
　④第3のてこは支点が力点と荷重点との間にある．
　⑤第3のてこは運動の速さに対して不利である．

［第44回国家試験問題（理学療法）］

解説　①は，第1のてこは支点が荷重点（作用点）と力点の間にあるので誤り．
　　　②は正しい．
　　　③は，人体にある大部分のてこは第3のてこなので誤り．
　　　④は，第3のてこは支点に対して力点と作用点が同じ側にあり，作用点から支点までの距離が，力点から支点までの距離より長いてこなので誤り．

⑤は，第3のてこは力点の動きより作用点の動きが大きく，運動が速くなるので誤り．

[答] ②

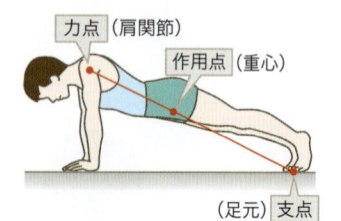

❽ 腕立て伏せの運動を，支点を足先，力点を肩関節とするてことして考えたとき，てこの種類はどれになるか．

力点（肩関節）
作用点（重心）
（足元）支点

解説 腕立て伏せでは，身体がてこの腕になり，身体の重心（作用点）は足先（支点）と肩関節（力点）の間になる．支点に対して，力点と作用点が同じ側にあり，力点から支点までの距離が作用点から支点までの距離より長いので第2のてこに相当する．

[答] 第2のてこ

章末問題

⇒解答は239ページ

1 図の状態でつり合っているとき，物体の質量 m は何 kg か．ただし，重力加速度 g は 9.8 m/s^2 とする．

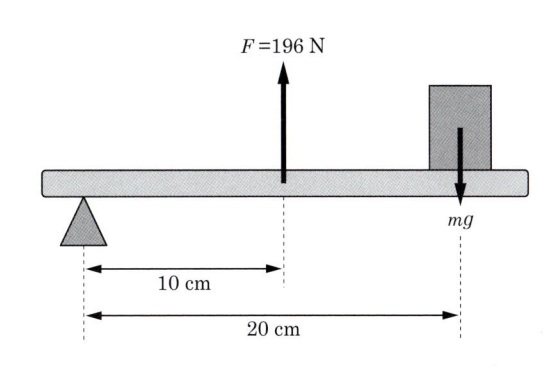

2 右の図で，体重 $W = 50.0$ kg重，支点から体重計までの距離 $L = 2.00$ m，体重計の読み $F = 25.0$ kg重，身長 180 cm のとき，重心は身長の何 % の位置にあるか計算しなさい．

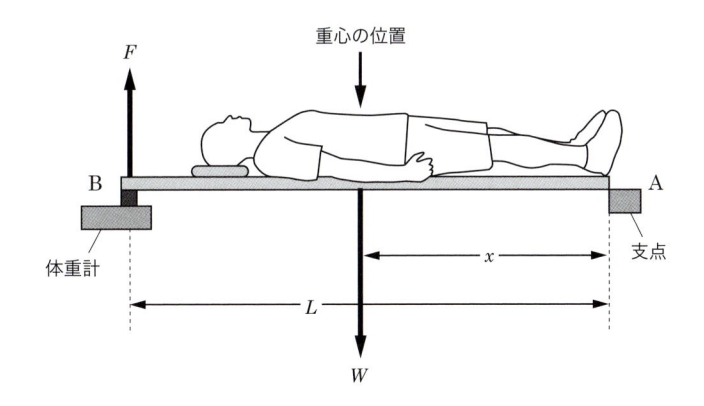

3 底面の一辺が 20 cm の直方体のブロックを2個重ねて，テーブルの端からなるべくブロックが横に突き出るようにしたい．上のブロックの端は最大何 cm までテーブルの端から突き出ることができるか求めなさい．

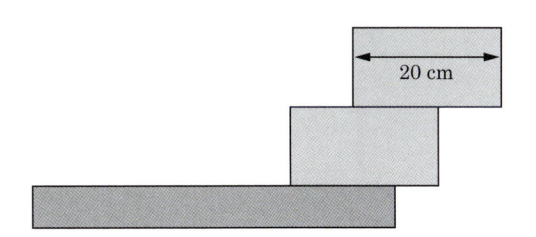

❹ 背臥位で右下肢挙上位を保持している図を示す．各部の重量，重心位置，股関節軸心からの水平距離を示している．下肢の合成重心（A）から股関節軸心（B）までの距離を次の①～⑤のうちから選びなさい．ただし，小数点以下第3位を四捨五入する．

① 0.31 m　② 0.34 m　③ 0.37 m　④ 0.40 m　⑤ 0.43 m

[第42回国家試験問題（理学療法）]

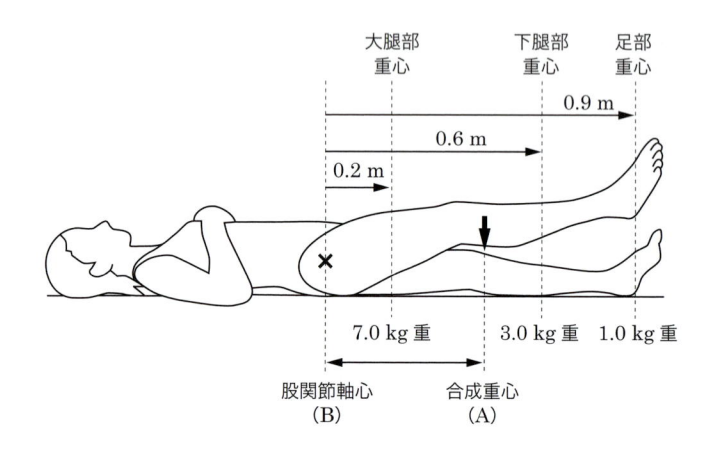

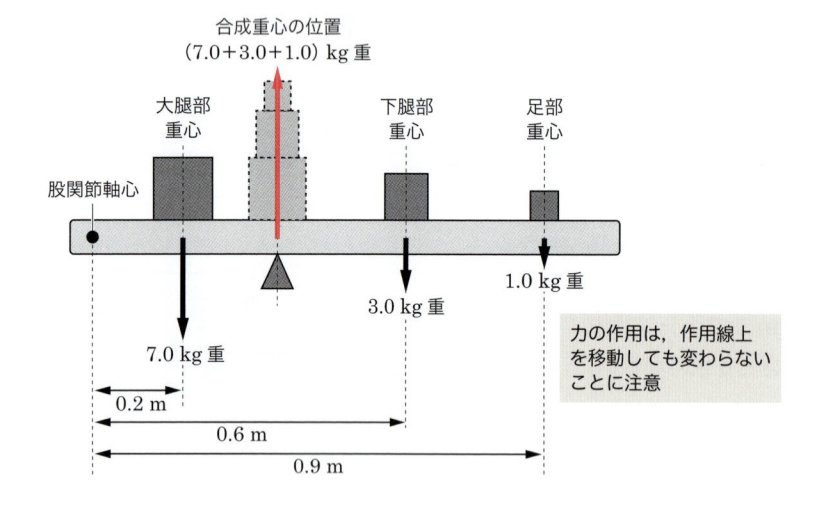

ポイント⇒重心を求める問題は，力のモーメントのつり合いを考えると理解しやすい．重心はその位置で物体を支えると物体が回転しない点なので，重心の位置で物体を支えると，支えた力の反作用によって，物体を逆向きに回転させる力のモーメントが生じる．

力の作用は，作用線上を移動しても変わらないことに注意

5 前腕と手を支える肘関節屈筋の力 F はどれか．ただし，$\cos 30° = 0.87$ とする．

① 約 10 kgw　② 約 12 kgw
③ 約 14 kgw　④ 約 16 kgw
⑤ 約 18 kgw

[第37回国家試験問題（理学療法）]

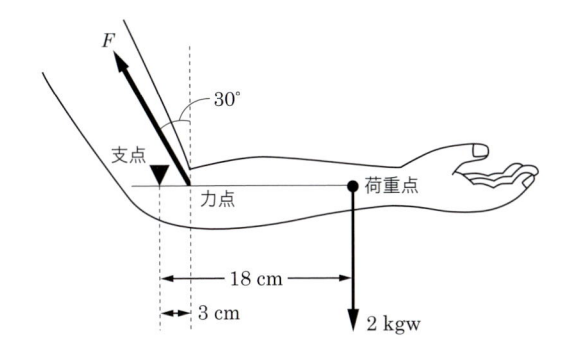

ポイント⇒単位の〔kgw〕は〔kg重〕と同じ意味である．肘関節屈筋による肘関節軸まわりの力のモーメントは，（腕の長さ）×（腕の方向と垂直な力の成分）になる．この問題では力 F が前腕との垂直軸に対して30°傾いているので，$F\cos 30°$ が腕の方向と垂直な力の成分になる（前腕と力の方向との傾きは60°なので，この角度を使うと $F\sin 60°$ が腕の方向と垂直方向の力の成分になる）．

6 手で鉄球をもち，図に示す構えを保持した場合，肘関節にかかる関節反力はどれか．

① 4 N　② 20 N　③ 24 N
④ 410 N　⑤ 480 N

[第46回国家試験問題（共通）]

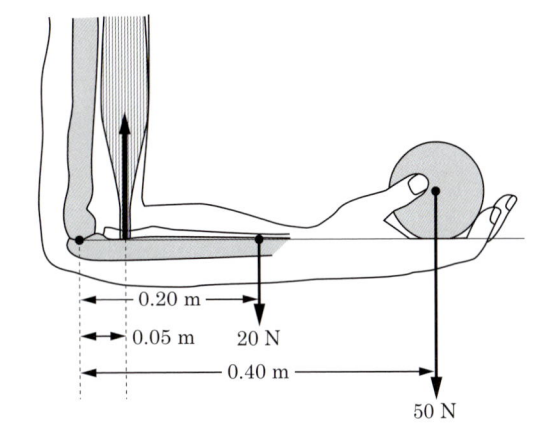

ポイント⇒肘関節は上腕骨と前腕骨からなる関節である．前腕骨にかかる関節反力は，肘関節屈筋が前腕を上方に上げたとき，上腕骨にはたらく力の反作用として，前腕を押し下げる方向にはたらく．また，てこのつり合いを考えるとき，支点は腕のどの位置にとってもよいので，肘関節屈筋の付着する位置に支点をとると，肘関節の屈筋力がわからなくても計算ができる．

8 運動量, 仕事とエネルギー

学習目標

- 運動量と力積について説明できる
- 仕事と仕事率について説明できる
- 運動エネルギーと位置エネルギーについて説明できる
- 力学的エネルギー保存則について説明できる

重要な公式

- 運動量 = 質量 × 速度

$$p = mv$$

- 仕事(仕事量) = 物体が動いた向きの力の成分 × 変位(物体の動いた距離)

$$W = Fx \cos \theta$$

重要な用語

力積 力と(力がはたらく)時間との積で表されるベクトル量.
力積 = 力 × 力がはたらいた時間
= $F \Delta t$
単位は〔N・s〕

仕事率 単位時間あたりの仕事. 単位はワット〔W〕

運動量 運動の勢いに相当するベクトル量で, 質量と速度の積で表される. 単位は〔kg・m/s〕

仕事 力と変位(移動距離)の積. 単位はジュール〔J〕

- 仕事率 = $\dfrac{仕事}{時間}$

$$P = \dfrac{W}{t}$$

- 運動エネルギー = $\dfrac{1}{2}$ × 質量 × (速度)^2

$$K = \dfrac{1}{2}mv^2$$

- 重力による位置エネルギー = 質量 × 重力加速度 × 高さ

$$U = mgh$$

- 弾性力による位置エネルギー = $\dfrac{1}{2}$ × ばね定数 × (ばねの伸び)^2

$$U = \dfrac{1}{2}kx^2$$

- 力学的エネルギー = 運動エネルギー + 位置エネルギー

$$E = K + U$$

力学的エネルギー	仕事をする能力で,運動エネルギーと位置エネルギーがある.単位はジュール〔J〕
位置エネルギー	位置の変化によって物体がもつエネルギーで,重力による位置エネルギー,弾性力による位置エネルギーなどがある
運動エネルギー	運動している物体がもつエネルギーで,質量と速度の2乗の積の$\dfrac{1}{2}$で定義される
力学的エネルギー保存の法則	運動エネルギーと位置エネルギーの和が一定に保たれるという法則

第8章では，運動量，仕事，エネルギーなどについて学習する．運動量やエネルギーはある考え（概念）を数量として表したものである．日常生活でも仕事やエネルギーという言葉をよく使うが，物理学ではきちんとした定義があるので，言葉の意味をしっかりつかむことが重要になる．

運動量やエネルギーは，ある条件のもとでは全体として変化しない性質をもっている．この性質を用いると，複雑な計算をしなくても問題が解けるので，運動量やエネルギーという考え方のすごさを感じてほしい．また，運動量やエネルギーは，ものごとや身体運動を全体的にみるときにとても役立つので，しっかり理解してほしい．

1 運動量と力積

質量と速度の積を**運動量**という．運動量は運動の勢いを表しており，質量が大きいほど，また速度が速いほど，運動量は大きくなる．運動量はベクトル量であり，単位はキログラム・メートル毎秒〔kg・m/s〕である．運動量 p〔kg・m/s〕は，質量を m〔kg〕，速度を v〔m/s〕とすると次のように表される．

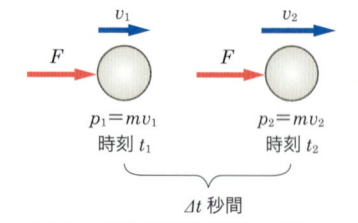

> **重要**
> $$p = mv$$
> 運動量〔kg・m/s〕＝ 質量〔kg〕× 速度〔m/s〕

● 図8-1 物体に力 F が $\varDelta t$ 秒間はたらいたときの運動量の変化

運動量の変化＝$mv_2 - mv_1 = F\varDelta t$

※1 第6章4参照．

※2 加速度 a は $\dfrac{速度の変化量}{時間}$ で表される（第4章3参照）．

速度は力によって変化するので，運動量も力がはたらくと変化することになる．質量 m の物体に一定の力 F が短い時間（$\varDelta t$ 秒間）はたらいて，速度が v_1 から v_2 に変化したとき（図8-1），運動方程式[※1]から次の関係が得られる．

$$F = ma = m\left(\frac{v_2 - v_1}{\varDelta t}\right) \text{※2}$$

よって，力が $\varDelta t$ の間はたらくときの運動量の変化は次の式で表される．

> $$F\varDelta t = mv_2 - mv_1$$
> 力積〔N・s〕＝ 運動量の変化〔kg・m/s〕

$F\varDelta t$ は**力積**とよばれ，力〔N〕と力がはたらいた時間〔s〕の積なので，単位はニュートン・秒〔N・s〕である．この公式は，運動量

の変化は物体にはたらいた力積に等しいことを表している．つまり，物体の速度が変化し，運動量が変化する大きさは，その間に物体にはたらいた力と力がはたらいた時間に関係している（図8-1）．短時間に運動量を大きく変化させるためには大きな力が必要になり，反対に小さな力でも長い時間はたらけば，運動量が大きく変化する．

例題

1 質量2.0 kgの物体が4.0 m/sの速度で右向きに運動している．
①右向きを正として，この物体のもつ運動量を求めなさい．
②この物体が左向きに2.0 Nの力を5.0秒間受けたとき，物体が受けた力積を求めなさい．
③5.0秒後の物体の速度を求めなさい．

解説 ① $p = mv = 2.0 \times 4.0 = 8.0$
② 力積＝力×力がはたらいた時間なので
$F\Delta t = (-2.0) \times 5.0 = -10$
③ 5.0秒後の速度を v_2 とすると，$F\Delta t = mv_2 - mv_1$ より，
$-10 = 2.0v_2 - 8.0$
$2.0v_2 = 8.0 - 10 = -2.0$　よって，$v_2 = -1.0$

[答] ① 8.0 kg・m/s，② -10 N・s，
③ -1.0 m/s（左向きに1.0 m/sの速度）

2 仕事と仕事率

▶仕事

物理学では，物体に力を加えて位置を移動させる（変位させる）ことを**仕事**という．水平な面の上にある物体に力を加え，物体を移動させたとき「力が仕事をした」という．

● 乳母車を押す子ども
乳母車を押す子どもは仕事をしている．

※3 仕事の量を仕事量という．仕事と仕事量は同じ意味として使われる．

力の向きと物体が変位した向きが同じ場合，仕事[※3]Wは次のように表される（図8-2A）．仕事の単位は〔N・m〕になるが，ジュール〔J〕という単位を用いる．

$$W = Fx$$
仕事〔J〕＝力〔N〕×変位〔m〕

力の向きと物体が変位した向きが異なる場合は，変位した向きにはたらく力の成分が物体を移動させる正味の力になるので，変位の向き

A 物体が移動した向きと力の向きが同じ（変位と力の向きが同じ）場合

B 物体が移動した向きと力の向きが異なる（変位と力の向きが異なる）場合

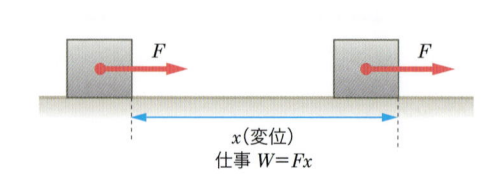

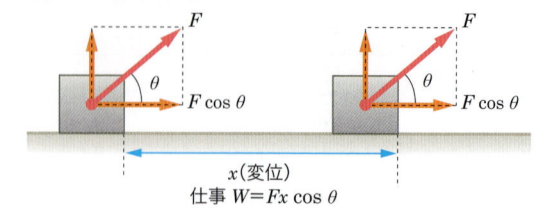

● 図8-2　仕事の定義

と力の向きのなす角度をθとすると，仕事Wは次のように表される（図8-2B）．

> **重要**
> $$W = Fx \cos \theta$$
> 仕事〔J〕= 物体が動いた向きの力の成分〔N〕×変位〔m〕

変位と力の向きが同じ場合は，変位と力のなす角度が0°になるので$\cos \theta = 1$となり，前ページの式$W = Fx$と同じになる．

次に，物体にはたらく力がそれぞれどのような仕事をしているのか，みていこう．

摩擦のある平面上の物体にひもを取り付け，右方向に張力Tを加えて物体をx移動させた．このとき，物体には，重力による力F_G，垂直抗力N，動摩擦力F，物体を引く張力Tがはたらく．これらの力がした仕事は，力と変位の向きによって異なる．張力Tは変位と向きが同じなので正の仕事，動摩擦力Fは変位と向きが反対なので負の仕事，重力F_Gと垂直抗力Nは向きが変位と垂直なので仕事は0になる（図8-3）．

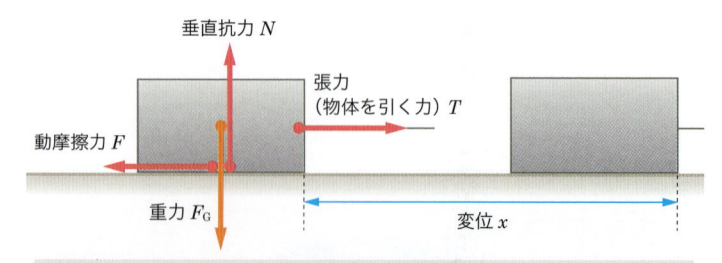

物体には，重力による力F_G，垂直抗力N，動摩擦力F，張力Tがはたらくが，それぞれの力のした仕事Wは，仕事の向きと変位の向きによって異なる．
張力Tのした仕事　⇒　力と変位が同じ向き　⇒　$W = Tx$（仕事は正）
動摩擦力Fのした仕事　⇒　力と変位が逆向き　⇒　$W = -Fx$（仕事は負）
重力F_Gがした仕事　⇒　力と変位が垂直　⇒　$W = 0$
垂直抗力Nがした仕事　⇒　力と変位が垂直　⇒　$W = 0$

● 図8-3　力の向き，変位の向きと仕事との関係

例題

2 質量10 kgの物体にひもを取り付け，重力に抗してゆっくりと真上に10 m引き上げた．このとき，物体を引き上げる力が行った仕事を求めなさい．ただし，重力加速度$g = 9.8$ m/s^2 とする．

解説 物体を真上に引き上げるためには，物体にかかる重力に抗して力F〔N〕を加える必要がある．ゆっくり引き上げたので，引き上げる力と重力による力は同じとすると，物体を引き上げる力の大きさは，$F_G = mg$ より[※4]

※4 第5章3参照．

$$F = 10 \times 9.8 = 98$$

力の向きと物体の移動した向きは同じなので，力の行った仕事は次のように計算できる．

$$W = Fx = 98 \times 10 = 9.8 \times 10^2$$

[答] 9.8×10^2 J

3 摩擦のある平面上に置かれた物体に，40 Nの力を加えて5.0 m移動させた．物体を移動する向きに対して，物体に加える力の向きが平面に対して60°傾いているとき，力が物体にした仕事を求めなさい．

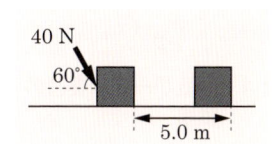

解説 $W = Fx\cos\theta$ になるので，

$$W = 40 \times 5.0 \times \cos 60°$$
$$= 40 \times 5.0 \times 0.5 = 1.0 \times 10^2$$

[答] 1.0×10^2 J

発展 1 運動量保存の法則

「2つ以上の物体が互いに力を及ぼしあっても，外部から力がはたらかなければ，全体の運動量は変わらない」ことを**運動量保存の法則**という．2つの物体の衝突を例に，運動量保存の法則を説明しよう．

摩擦のない直線上を質量m_Aの物体Aが右方向に速度v_{A1}で，質量m_Bの物体Bが右方向に速度v_{B1}（$v_{A1} > v_{B1}$）で運動している．$v_{A1} > v_{B1}$ なので，物体Aは物体Bと衝突し，互いに力を及ぼす．物体Aの衝突後の速度をv_{A2}，物体Bの衝突後の速度をv_{B2}とすると，運動量保存の法則は次の式で表される．

$$m_A v_{A1} + m_B v_{B1} = m_A v_{A2} + m_B v_{B2}$$

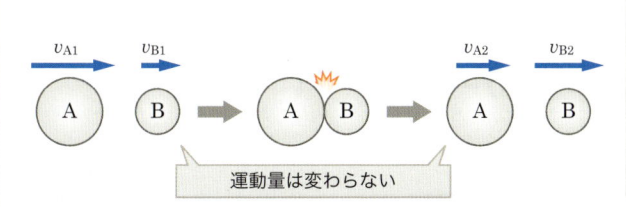

$v_{A1} > v_{B1}$ のとき，物体Aと物体Bは衝突し，衝突後の速度はv_{A2}とv_{B2}になる．このとき，外部から力がはたらかなければ，次の運動量保存の法則が成り立つ．

$$m_A v_{A1} + m_B v_{B1} = m_A v_{A2} + m_B v_{B2}$$

物体Aに対して物体Bが向かってくる場合（v_{B1}が負の場合）も運動量保存の法則は成り立つ．

発展図8-1 ● 2つの物体が衝突したときの運動量の変化

▶仕事率

単位時間（1秒間）あたりの仕事を**仕事率**という．W〔J〕の仕事をするのに，t〔s〕かかったとするときの仕事率Pは次の式で表される．仕事率の単位は，（仕事〔J〕）÷（時間〔s〕）なので〔J/s〕になるが，ワット〔W〕を用いる．

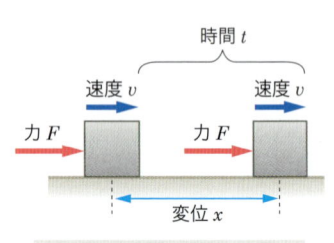

> **重要**
>
> $$P = \frac{W}{t}$$
>
> 仕事率〔W〕= 仕事〔J〕/ 時間〔s〕

速度 $v = \dfrac{x}{t}$，仕事 $W = Fx$ より
仕事率 $P = \dfrac{W}{t} = \dfrac{Fx}{t} = Fv$

● 図8-4　速度が一定の場合の仕事率

物体がF〔N〕の力を受けて，直線上を一定の速度v〔m/s〕でt〔s〕間にx〔m〕進むときは，$v = \dfrac{x}{t}$〔m/s〕となるので，仕事率Pは次のように表される（図8-4）．

> **重要**
>
> $$P = \frac{Fx}{t} = Fv$$
>
> 仕事率〔W〕= 力〔N〕× 変位〔m〕/ 時間〔s〕= 力〔N〕× 速度〔m/s〕

例題

4 質量4.0 kgの荷物を5.0秒間で10 m引き上げた．このときの仕事と仕事率を求めなさい．ただし，重力加速度$g = 10 \text{ m/s}^2$とする．

解説 引き上げる力と重力による力は同じ大きさとなるので，$F_G = mg$，$W = Fx$より

仕事は，$4.0 \times 10 \times 10 = 4.0 \times 10^2$ J

仕事率は，$\dfrac{4.0 \times 10^2}{5.0} = 80$ W

〔答〕仕事：4.0×10^2 J，仕事率：80 W

3　運動エネルギー

▶運動エネルギー

運動している物体Aが静止している物体Bに衝突すると，衝突された物体Bは動きだす．衝突の際に物体Bは物体Aから力を受け，その

力で物体Bが移動したので，物体Aは物体Bに対して仕事をしたことになる．また，物体Bが別の物体Cに衝突すると，物体Cが動き出すので，物体Bは物体Cに仕事したことなる（図8-5）．つまり，物体Bは物体Aから仕事する能力を得たことになる．

このような仕事をする能力（仕事に変化できるもの）を**エネルギー**とよび，運動している物体はエネルギーをもっている．

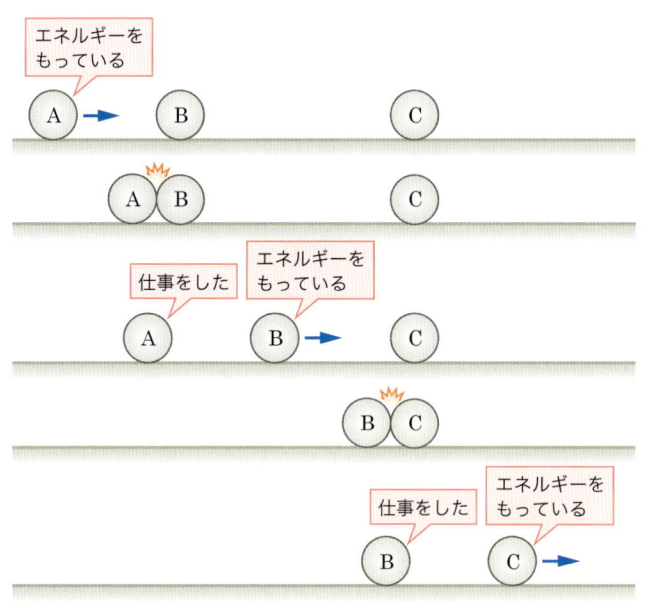

● 図8-5　物体がもつエネルギーと仕事の関係

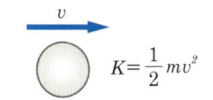

運動している物体がもつエネルギーを**運動エネルギー**という（図8-6）．物体の質量をm〔kg〕，速度をv〔m/s〕とすると，運動エネルギーKは，次の式で表される．運動エネルギーの単位はジュール〔J〕である．

速度v〔m/s〕で運動している質量m〔kg〕の物体は
$$K = \frac{1}{2}mv^2 \text{〔J〕}$$
の運動エネルギーをもっている．

● 図8-6　運動している物体がもつ運動エネルギー

重要

$$K = \frac{1}{2}mv^2$$

運動エネルギー〔J〕＝ $\frac{1}{2}$ × 質量〔kg〕×（速度〔m/s〕）^{2}

運動エネルギーは，質量が大きいほど，速度が速いほど大きくなる．

> **例題**

5 質量 1.0×10^3 kg の自動車が 72 km/h（1 時間に 72 km の速度）で走っているときにもつ運動エネルギーを求めなさい．

解説 72 km/h は $\dfrac{72 \times 10^3}{60 \times 60} = 20$ m/s なので，

$$K = \dfrac{1}{2}mv^2 = 0.5 \times 1.0 \times 10^3 \times (20)^2 = 2.0 \times 10^5$$

[答] 2.0×10^5 J

▶ 運動エネルギーと仕事

運動方程式（$ma = F$）から，運動している物体に力がはたらくと加速度が生じ，速度が変化することがわかる．質量 m〔kg〕の物体が速度 v_1〔m/s〕で運動しているとき，物体の運動している向きに一定の力 F〔N〕がはたらき x〔m〕移動したときの速度を v_2〔m/s〕とする（図8-7）．物体の加速度 a〔m/s^2〕は $a = \dfrac{F}{m}$ となるので，等加速度直線運動から導かれる関係式[※5]より次の関係が得られる．

$$v_2{}^2 - v_1{}^2 = 2ax = 2\left(\dfrac{F}{m}\right)x$$

Fx は仕事量になるので，運動エネルギーと仕事 W には次の関係があることがわかる（図8-7）．

$$\dfrac{1}{2}mv_2{}^2 - \dfrac{1}{2}mv_1{}^2 = Fx = W$$

この式は，物体の運動エネルギーの変化は，物体になされた仕事に等しいことを表している．

[※5] $v_2{}^2 - v_1{}^2 = 2ax$ の関係式の求め方：初速度 v_1〔m/s〕，加速度 a〔m/s^2〕で等加速度直線運動をしている物体が，t 秒間に x〔m〕変位し，速度が v_2〔m/s〕になったとき，以下の式が成り立つ（第4章5）．

$v_2 = v_1 + at$ … ①

$x = v_1 t + \dfrac{1}{2}at^2$ … ②

①，②式より，時間 t を消去して，速度と変位の関係を求める．①式より

$t = \dfrac{v_2 - v_1}{a}$ … ③

③式を②に代入すると，

$x = v_1 \dfrac{v_2 - v_1}{a} + \dfrac{1}{2}a\left(\dfrac{v_2 - v_1}{a}\right)^2$

$= \dfrac{2v_1 v_2 - 2v_1{}^2 + v_2{}^2 - 2v_1 v_2 + v_1{}^2}{2a}$

$= \dfrac{v_2{}^2 - v_1{}^2}{2a}$

よって，次の関係式が得られる．

$v_2{}^2 - v_1{}^2 = 2ax$

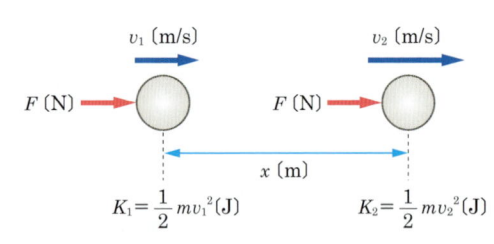

質量 m〔kg〕の物体に一定の力 F〔N〕が物体の移動する向きにはたらき，物体が x〔m〕移動し，速度が v_1 から v_2 に変化した．このときの運動エネルギーの変化は，この間に物体に加えた仕事量 $W = Fx$ と同じで，次の関係が成り立つ．

$$\dfrac{1}{2}mv_2{}^2 - \dfrac{1}{2}mv_1{}^2 = Fx = W$$

● 図8-7 運動エネルギーの変化と仕事との関係

4 位置エネルギー

▶ 重力による位置エネルギー

地上 h〔m〕の高さから質量 m〔kg〕の物体を自由落下させる．重力加速度を g〔m/s^2〕とすると，t 秒後の速度 v〔m/s〕と位置 y〔m〕

は次のように表される※6.

$$v = -gt \quad \cdots ①$$
$$y = h - \frac{1}{2}gt^2 \quad \cdots ②$$

①より $t = -\dfrac{v}{g}$ となり，②に代入すると，

$$y = h - \frac{1}{2}g\left(-\frac{v}{g}\right)^2 = h - \frac{1}{2g}v^2$$

よって，地面に落ちるとき（$y=0$）の速度の2乗は，$h = \dfrac{1}{2g}v^2$ より $v^2 = 2gh$（$v = \sqrt{2gh}$）となるので，運動エネルギーの式より次の式が得られる．

$$\frac{1}{2}mv^2 = mgh$$

この式は，地上 h〔m〕にある物体は，自由落下させると物体が地面に衝突するときの運動エネルギーに相当するエネルギーをもっていることを表している．このエネルギーは物体の高さ（位置）によって決まるので，**位置エネルギー**とよばれる（図8-8）．重力による位置エネルギー U は次の式で表される．h はある基準点からの高さである．

※6 第4章6参照.

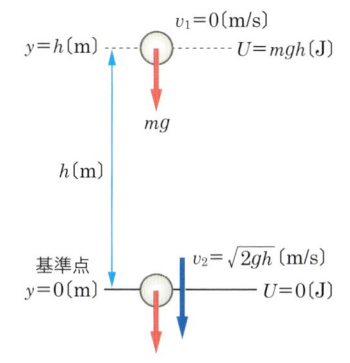

● 図8-8　重力がはたらく物体がもつ位置エネルギー

重力がはたらいているとき，基準点（位置エネルギー$v=0$）からh〔m〕の高さにある質量 m〔kg〕の物体は，mgh〔J〕の位置エネルギーをもっている．

重要
$$U = mgh$$
重力による位置エネルギー〔J〕＝質量〔kg〕×重力加速度〔m/s²〕×高さ〔m〕

例題

6 地面から 1.0 m，2.0 m，3.0 m の高さに 1.0 kg の物体がある．それぞれの高さの物体がもつ位置エネルギーを小数第1位まで求めなさい．ただし，重力加速度は 9.8 m/s² とする．

解説　位置エネルギー $U = mgh$ なので，

地上から1mの高さの位置エネルギーは，

$$1.0 \times 9.8 \times 1.0 = 9.8 \text{ J}$$

地上から2mの高さの位置エネルギーは，

$$1.0 \times 9.8 \times 2.0 = 19.6 \text{ J}$$

地上から3mの高さの位置エネルギーは，

$$1.0 \times 9.8 \times 3.0 = 29.4 \text{ J}$$

〔答〕　1 m：9.8 J，2 m：19.6 J，3 m：29.4 J

7 床から 1.0 m のところにテーブルがあり，その上に質量 5.0 kg の物体が載っている．また，床から 2.0 m のところに棚がある．重力加速度の大きさを 9.8 m/s² とするとき，次の問い

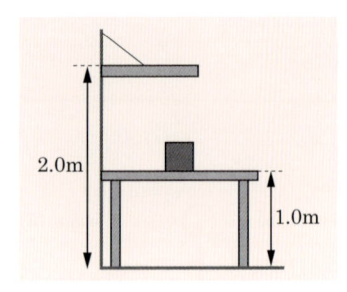

に答えなさい．
① 床の高さを基準とするとき，この物体がもつ重力による位置エネルギーを求めなさい．
② テーブルの高さを基準とするとき，この物体がもつ重力による位置エネルギーを求めなさい．
③ 棚の高さをを基準とするとき，この物体がもつ重力による位置エネルギーを求めなさい．

解説 ① 床を基準とすると，床に対するテーブルの高さは 1.0 m なので，位置エネルギーは，

$$U = mgh = 5.0 \times 9.8 \times 1.0 = 49$$

② テーブルを基準とすると，テーブルに対するテーブルの高さは 0 m なので，位置エネルギーは，

$$U = mgh = 5.0 \times 9.8 \times 0 = 0$$

③ 棚を基準とすると，棚に対するテーブルの高さは -1.0 m なので，位置エネルギーは，

$$U = mgh = 5.0 \times 9.8 \times (-1.0) = -49$$

〔答〕① 49 J，② 0 J，③ -49 J

▶ 弾性力による位置エネルギー

※7 第5章7参照．

弾性力[※7]による位置エネルギー U〔J〕は，ばねの伸びを x〔m〕，ばね定数を k〔N/m〕とすると次の式で表される（図8-9）．

重要

$$U = \frac{1}{2}kx^2$$

弾性力による位置エネルギー〔J〕＝ $\frac{1}{2}$ × ばね定数〔N/m〕×（ばねの伸び〔m〕)^2

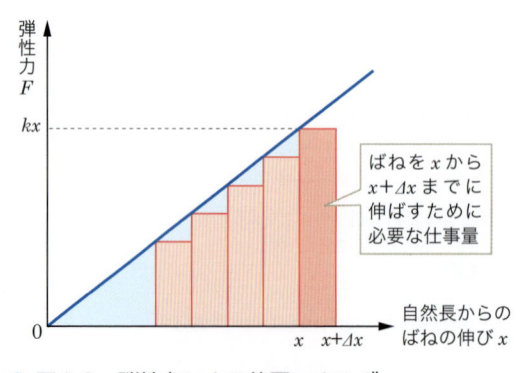

ばねを自然長から x(m)伸ばしたときの弾性力による位置エネルギーは，図の kx と 0 と x を結んだ三角形の面積

$$\frac{1}{2}kx^2$$

になる

● 図8-9　弾性力による位置エネルギー

5 力学的エネルギー保存の法則

重力がはたらいている場所で，地面から h [m] の高さに質量 m [kg] の物体を上げるために必要な仕事 W [J] は，重力加速度を g [m/s²] とすると，仕事の公式から $W = mgh$ になる※8．これは，地面から h の高さの物体がもつ位置エネルギー $U = mgh$ と等しい．

このように，力がした仕事が位置の差だけで決まってしまう力を**保存力**という．重力による力も弾性力による力も保存力である．保存力がはたらいて他の力がはたらかないときは，「位置エネルギーと運動エネルギーの和は一定」という，**力学的エネルギー保存の法則**が成り立つ．重力による力だけがはたらいているとき，力学的エネルギー保存の法則は次のように表される．

$$\frac{1}{2}mv_1^2 + mgh_1 = \frac{1}{2}mv_2^2 + mgh_2$$

全体のエネルギーを E，運動エネルギーを K，位置エネルギーを U とすると次のようになる．

※8 仕事 $W = Fx$
$F = F_G = mg$
$x = h$

> **重要**
>
> $$E = K + U$$
> 運動エネルギー〔J〕＋ 位置エネルギー〔J〕＝ 一定

● クレーン
クレーンによって高くもち上げられた荷物は，大きな位置エネルギーをもっている．
撮影：maxronnersjo
(https://commons.wikimedia.org/wiki/File:Crane_lifting_container.jpg?uselang=ja)

力学的エネルギー保存の法則を知っていると，エネルギーが保たれることを利用して問題を考えることができる．力学的エネルギー保存の法則が成り立たないときは，保存力以外の仕事がはたらいていることになる．保存力以外の力として最も重要なものは摩擦力である．摩擦力によって多くの力学的エネルギーが熱エネルギーとして失われる．

例題

⑧ 質量 1.0 kg の物体を 20 m の高さから自由落下させる．0秒，1秒，2秒後の位置エネルギーと運動エネルギーを計算せよ．ただし，重力加速度 $g = 10$ m/s² とする．

解説 0 m を基準点として，t [s] 後の速度 v [m/s] と位置 y [m] は次のようになる．

$$v = -gt, \quad y = h - \frac{1}{2}gt^2$$

よって，0秒後，1秒後，2秒後の速度は次のようになる．

0秒後の速度 $v_0 = -10 \times 0 = 0$ m/s
1秒後の速度 $v_1 = -10 \times 1 = -10$ m/s
2秒後の速度 $v_2 = -10 \times 2 = -20$ m/s

また，0秒後，1秒後，2秒後の位置は次のようになる．

$$0秒後の位置\ y_0 = 20\ \text{m}$$
$$1秒後の位置\ y_1 = 20 - \frac{1}{2} \times 10 \times 1^2 = 15\ \text{m}$$
$$2秒後の位置\ y_2 = 20 - \frac{1}{2} \times 10 \times 2^2 = 0\ \text{m}$$

これらの数値を運動エネルギーの公式 $K = \frac{1}{2}mv^2$, 位置エネルギーの公式 $U = mgh$ に代入すると下の表のようになる*9.

*9 表から，運動エネルギーと位置エネルギーの和は一定であることがわかる．

	運動エネルギー	位置エネルギー	運動エネルギーと位置エネルギーの和
0秒	0	200	0 + 200 = 200
1秒後	50	150	50 + 150 = 200
2秒後	200	0	200 + 0 = 200

単位は〔J〕

［答］0秒後：運動エネルギー 0 J　位置エネルギー 200 J,
1秒後：運動エネルギー 50 J　位置エネルギー 150 J,
2秒後：運動エネルギー 200 J　位置エネルギー 0 J

❾ **質量 1.0 kg のサッカーボールを真上に蹴り上げた．初速度を 30 m/s（108 km/h）とするとき，サッカーボールは何 m の高さまで達するか求めなさい．ただし，重力加速度 $g = 10\ \text{m/s}^2$ とする．**

解説 サッカーボールが到達する高さを h〔m〕とすると，力学的エネルギー保存の法則より，

$$\frac{1}{2} \times 1.0 \times 30^2 = 1.0 \times 10 \times h$$
$$450 = 10h$$

よって，$h = 45$ *10

*10 実際のサッカーボールでは，空気抵抗があるので 45 m まで上がらない．

［答］45 m

発展 2　すべてのエネルギーは保存される：エネルギー保存の法則

　摩擦のような保存力以外の力がはたらくと，力学的エネルギー保存の法則は成り立たない．力学的エネルギー保存の法則より普遍的な法則（より一般的に制限が少なくても成り立つ法則）として，「エネルギー保存の法則」がある．

　エネルギーには，運動エネルギーや位置エネルギーなどの力学的エネルギー以外にも，熱エネルギー，光エネルギー，電気エネルギー，化学エネルギーなど，さまざまなエネルギーがある．「さまざまなエネルギーは互いに移り変わることができ，すべてのエネルギーを合計すると，外から仕事が加わらなければエネルギーの和は一定に保たれる」ことをエネルギー保存の法則という．

　摩擦によって失われたようにみえるエネルギーは，別のエネルギーに変わっている．寒い日に手をこすると暖かくなったり，昔の人が木をこすり合わせて火を起こしたりしたように，摩擦によって失われたようにみえるエネルギーの多くは熱エネルギーに変化している．エネルギー保存の法則は，私たちの世界を成り立たせている重要な法則である．

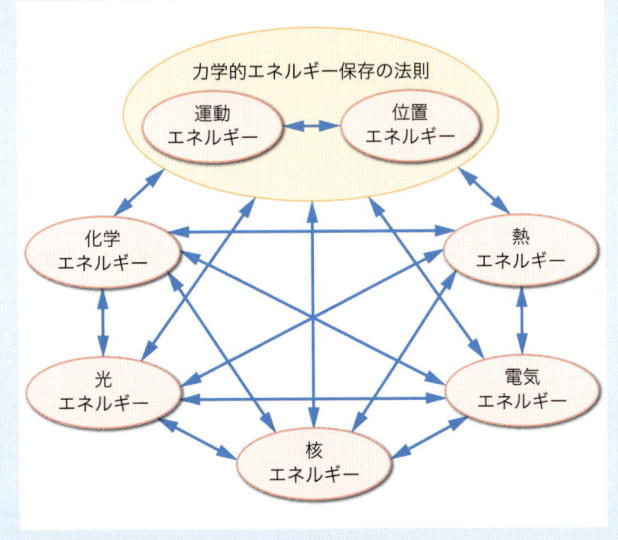

発展図 8-2 ● エネルギー保存の法則

章末問題

⇒解答は240ページ

1 次の文章のうち正しいのはどれか．
　①力は質量と速度の積である．
　②仕事は力と時間との積である．
　③ジュールは仕事の単位である．
　④ワットは仕事の単位である．
　⑤ニュートンは仕事率の単位である．

　　　　　　　　　　　　　　　　　　　［第43回国家試験問題（共通）を一部改変］

2 重量挙げの選手が100 kg重のバーベルを支えて5秒間静止した．このときの選手が行った仕事はいくらか求めなさい．

3 高さ5.0 m，傾斜が15°の坂道の頂上から質量2.0 kgのボールを転がす．摩擦がないとして，最初にボールがもっていた位置エネルギーと坂道を下り終わった最終のボールの速度を求めなさい．ただし，重力加速度は10 m/s^{2}とする．

4 上肢・体幹の機能改善のための作業療法としてサンディングがある．質量10 kgの重りを用いてサンディングをする．サンディングボードの角度を60°にするとき，重りが動き始めてからサンディングボード上で上方に50 cm移動させるときの仕事を求めなさい．ただし，動摩擦係数は0.40，重力加速度は10 m/s^2，sin60°= 0.87，cos60°= 0.50とする．

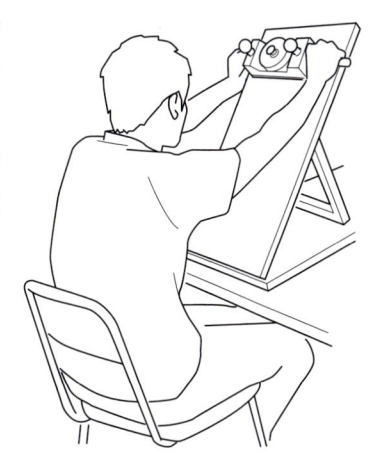

5 歩行時にヒトの重心は5 cm程度の上下動を繰り返す．この重心を上昇させたことによる位置エネルギーを利用して1歩進むと仮定する．体重60 kg重のヒトが1分間に100歩のペースで1時間歩くとき，どのくらいのエネルギーが必要になるか求めなさい．ただし，重力加速度は10 m/s^{2}とする．

9 温度と熱

学習目標
- セルシウス温度と絶対温度について説明できる
- 温度による物体の長さや体積の変化を計算できる
- 温度，熱，内部エネルギーについて説明できる
- 気体，液体，固体と温度との関係を，原子や分子の運動と関連づけて説明できる
- 熱の3つの伝わり方を説明できる

重要な公式

- 絶対温度 ＝ セルシウス温度 ＋ 273

$$T = t + 273$$

- 線膨張 ＝ 線膨張率 × もとの長さ × 温度の変化

$$\Delta L = \alpha L_0 \Delta T$$

- 体膨張 ＝ 体膨張率 × もとの体積 × 温度の変化

$$\Delta V = \beta V_0 \Delta T$$

- 熱容量 ＝ 質量 × 比熱

$$C = mc$$

- 熱量 ＝ 熱容量 × 温度変化 ＝ 質量 × 比熱 × 温度変化

$$Q = C\Delta T = mc\Delta T$$

重要な用語

熱運動 物質を構成している原子や分子が無秩序に運動すること

温度 原子や分子の熱運動の激しさの程度を表す量で，セルシウス温度〔℃〕と絶対温度〔K〕の2つの単位がある

セルシウス温度 水の融点（0 ℃）と沸点（100 ℃）を基準とし，その間を100等分した温度の単位．単位は〔℃〕

絶対温度 原子や分子の運動が止まる温度である，絶対零度（0 K）を基準とした温度の単位．単位は〔K〕

熱（熱量） 原子や分子の熱運動のエネルギーを表す量

カロリー 1グラム〔g〕の水の温度を1 ℃上昇させるのに必要な熱量（1 cal = 4.2 J）．単位は〔cal〕

内部エネルギー 物体を構成する原子や分子のもつ熱運動のエネルギーと，原子や分子のもつ位置エネルギーの総和

位置エネルギー 物体を構成している原子や分子の間にはたらく力によるエネルギー

比熱 物質1 gを1 K上昇させるのに必要な熱量

熱容量 ある物体の温度を1 K上昇させるのに必要な熱量

熱量保存の法則 熱のやりとりが2つの物体の間でのみ行われるとき，高温の物体が失った熱量は低温の物体が得た熱量に等しい

潜熱 固体，液体，気体の間で状態が変化するために必要な熱

伝導 物体の高温部分から低温部分に物体を伝わって熱が移動すること

対流 気体や液体の全体的な移動に伴って熱が運ばれること

放射（輻射） 熱が光（電磁波）として移動すること

> 第9章では，物質を構成する原子や分子の振る舞いと温度や熱との関係について学習する．温度は物質を構成する原子や分子の運動の激しさを表す量である．温度によって物質がどのように変化するかを知っていると，温度にかかわるさまざまな現象を理解することができる．物理療法では身体を温めたり，冷やしたりするが，その作用も身体を構成する原子や分子の運動の激しさの変化がもとになっている．

！臨床

1　温度と運動

　第1章のCOLUMN1で説明したように，私たちのまわりのすべてのものは原子や分子などの小さな粒子でできており，それらは絶えず振動したり，動き回ったりして，無秩序に運動している．このような運動を**熱運動**という．

　容器に入った水の中にインクをたらすと，インクは徐々に拡がって水全体がインクの色に薄く染まる．これは，インクの粒子に，熱運動をしている水の分子が衝突し，インクの粒子をさまざまな方向に移動

COLUMN 1　ブラウン運動

　1827年に，ブラウン（1773～1858）は顕微鏡による観察で，花粉を砕いた微粒子を水に浮かべると，微粒子が無秩序に動く現象を発見した．この現象をブラウン運動という．最初，ブラウンは，花粉は生物に由来しているので，生物的な力によって花粉の一部である微粒子が運動していると考えた．しかし，生物由来でない鉱物の微粒子でも同じ現象が観察され，生物的な力による運動ではないことを確認した．

　その後，1905年に，アインシュタインが水の分子の運動によりブラウン運動がみられることを理論的に証明した．当時はまだ分子や原子の存在が確かめられておらず，1913年にペランが実験的にその結果を実証し，原子論を確立させた．ブラウン運動は原子論の証明につながる重要な発見であった．

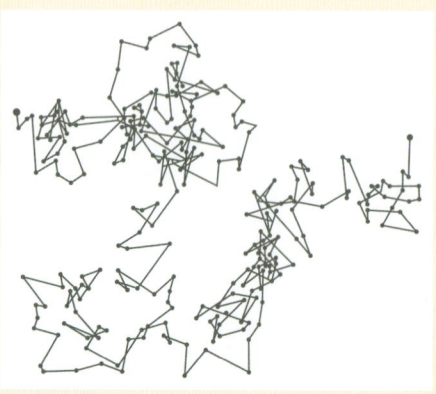

コラム図9-1 ● ブラウンの発見した微粒子の運動（ブラウン運動）
〔「原子」（ジャン・ペラン/著　玉虫文一/訳，岩波書店，1978)より引用〕

させるために起きる現象である（図9-1）．また，高温の物体に触れるとやけどをするのは，高温の物体を構成する原子や分子の激しい運動により，皮膚を構成する原子や分子がさまざまな方向に激しく動かされ，皮膚の構造が破壊されることによって起きる現象である．

温度は物質を構成する原子や分子の熱運動の激しさを表している．つまり，温度が高いほど原子や分子の熱運動は激しくなる．私たちは物に触れると暖かく感じたり，冷たく感じたりする．この感覚は，皮膚に物体が触れたときに物体の表面から皮膚に熱運動が伝わり，皮膚にある温度の受容器を刺激し，感覚神経を興奮させるために生じる．

2 温度を表す単位

気温，体温，冷蔵庫などの温度を表すとき，私たちは〔℃〕という単位を用いる．〔℃〕は**セルシウス温度**（セ氏温度）とよばれ，圧力が1気圧（1.013×10^5 Pa）のときに氷が溶ける温度（融点）を0℃，水が沸騰するときの温度を100℃として，その間を100等分した単位である．

温度には，**絶対温度**というもう1つの単位がある．温度は原子や分子の熱運動の激しさを表す量なので，温度を下げていくと熱運動の激しさが減り，最後に原子や分子の動きが止まってしまう温度にいきつく．熱運動がないので，このときの温度が最低の温度と考えられるため，**絶対零度**とよばれる．絶対温度は絶対零度を0とする温度の単位で，ケルビン〔K〕で表す．

絶対温度の1目盛りの間隔はセルシウス温度と同じで，セルシウス温度 t〔℃〕と絶対温度 T〔K〕には次の関係がある（図9-2）．

> **重要**
> $$T = t + 273$$
> 絶対温度〔K〕＝セルシウス温度〔℃〕＋273 [※1]

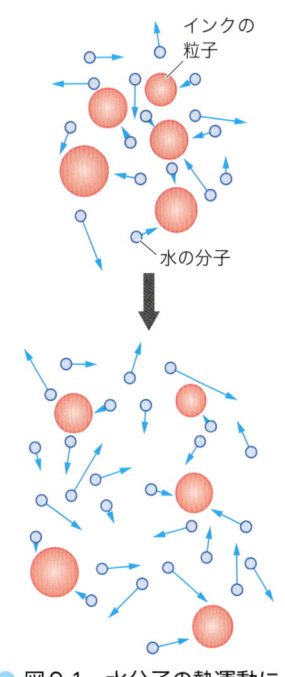

● 図9-1 水分子の熱運動による微粒子の拡散

インクの粒子に，熱運動によって水の分子がさまざまな方向から衝突することで，インクの粒子が移動し，水の中に拡散していく．このような現象をブラウン運動という（注：実際の水分子は，もっとたくさん存在している）．

※1　正確には，$T = t + 273.15$

図9-2 のグラフ:

- 太陽の表面温度（～6000℃, ～6273 K）
- 鉄の融点（1538℃, ～1811 K）
- 鉛の融点（327℃, 601 K）
- 水の沸点（100℃, 373 K）
- ヒトの体温（36℃, 309 K）
- 日本の最高気温（2013年高知）（41℃, 314 K）
- 水の融点（0℃, 273 K）
- 日本の最低気温（1902年旭川）（−41℃, 232 K）
- 窒素の沸点（−196℃, 77 K）
- ヘリウムの沸点（−269℃, 4 K）

$$T = t + 273$$

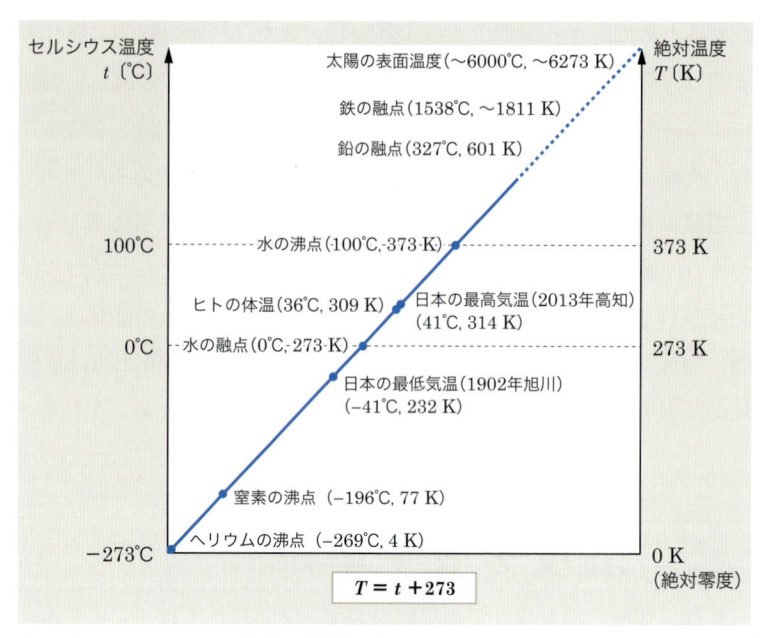

● 図9-2　セルシウス温度と絶対温度の関係

例題

1 氷の溶ける温度，水の沸点を絶対温度で表しなさい．

解説 氷の溶ける温度は0℃なので，絶対温度は 0 + 273 = 273
水の沸点は100℃なので，絶対温度は 100 + 273 = 373

［答］氷の溶ける温度：273 K，水の沸点：373 K

2 絶対温度で 300 K，200 K をセルシウス温度で表しなさい．

解説 $t = T - 273$ となるので，
300 − 273 = 27
200 − 273 = −73

［答］300 K：27℃，200 K：−73℃

3　物体の熱膨張

　温度が上昇すると，物体を構成する原子や分子の熱運動が激しくなる．そのため，ほとんどの物体では原子や分子間の距離が長くなり，物体の長さや体積が増加する．これを**熱膨張**という．

▶ 固体の線膨張

　温度の上昇により固体の長さが変化することを**線膨張**という．ある

物体のもとの長さをL_0〔m〕，温度変化をΔT〔K〕，線膨張率をα〔/K〕とすると，線膨張ΔL〔m〕は次のように表される（図9-3）．

> **重要**
>
> $$\Delta L = \alpha L_0 \Delta T$$
>
> 線膨張〔m〕＝ 線膨張率〔/K〕× もとの長さ〔m〕× 温度変化〔K〕

線膨張率は1 Kの温度変化によって物質の長さが変化する割合を示し，物質によって異なる（表9-1）．

● 図9-3 温度の上昇による固体の長さの変化

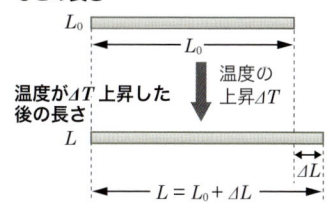

温度の変化をΔT，線膨張をΔL，線膨張率をαとすると，$\Delta L = \alpha L_0 \Delta T$ の関係が成り立つ．

固体の温度が上昇すると，固体の長さが変化する．このときの長さの変化量を線膨張という．

● 表9-1 さまざまな物質の線膨張率

物質名	線膨張率〔/K〕
鉄	1.2×10^{-5}
金	1.4×10^{-5}
銅	1.7×10^{-5}
氷（0℃）	5.1×10^{-5}
ゴム	1.1×10^{-4}
ダイヤモンド	1.1×10^{-6}
硬質ガラス	8.5×10^{-6}

例題

3 20 mの鉄製のレールがある．レールの温度が10 K上がるとレールはどのくらい長くなるか求めなさい．

解説 表9-1より鉄の線膨張率αは1.2×10^{-5} /Kなので，

$$\begin{aligned}
\Delta L &= \alpha L_0 \Delta T \\
&= 1.2 \times 10^{-5} \times 20 \times 10 \\
&= 2.4 \times 10^{-3} \text{ m}
\end{aligned}$$

〔答〕2.4 mm

4 20 mの鉄製のレールを使用する鉄道がある．最低気温が－20℃，最高気温が30℃の地域で列車を走らせるとき，レール間の間隔は最低でどのくらい必要か計算しなさい．

解説 レール1本分の線膨張を考えればよい．温度差は50 Kなので線膨張は，

$$\begin{aligned}
\Delta L &= \alpha L_0 \Delta T \\
&= 1.2 \times 10^{-5} \times 20 \times 50 \\
&= 1.2 \times 10^{-2} \text{ m}
\end{aligned}$$

〔答〕30℃のときレールが接するとして1.2 cm

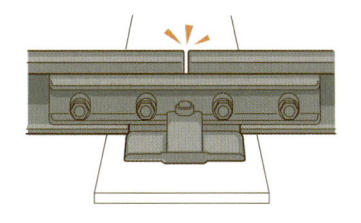

9 温度と熱

▶液体と固体の体膨張

線膨張と同じように，物体の温度が上がるとほとんどの物体で体積が増加し，その変化を**体膨張**という．ある物体のもとの体積を V_0 〔m³〕，温度変化を ΔT 〔K〕，体膨張率を β 〔/K〕とすると，体膨張 ΔV 〔m³〕は次のように表される．

> **重要**
> $$\Delta V = \beta V_0 \Delta T$$
> 体膨張〔m³〕= 体膨張率〔/K〕× もとの体積〔m³〕× 温度変化〔K〕

例題

5 1辺の長さが L 〔m〕の立方体がある．単純に立方体の縦，横，高さ方向の線膨張によって立方体の体膨張が決まると仮定する．この物体の線膨張率 $\alpha = 0.01$ 〔/K〕とするとき，体膨張率はいくらになるか求めなさい．

解説 もとの体積を $V = L^3$ 〔m³〕として，立方体の縦，横，高さ方向がそれぞれ線膨張率 $\alpha = 0.01$ 〔/K〕で膨張すると考える．1 Kの温度上昇による線膨張によって，縦，横，高さは $L(1+\alpha)$ 〔m〕になるので，1 Kの温度上昇による体膨張 ΔV 〔m³〕は次の式で表される．

$$\Delta V = [L(1+0.01)]^3 - L^3 = (1.0303 - 1)L^3$$
$$\fallingdotseq 0.03L^3 = 0.03V$$

体膨張率を β 〔/K〕とすると $\Delta T = 1$ より $\Delta V = \beta V$ なので，

$$\beta = \frac{\Delta V}{V} = \frac{0.03V}{V} = 0.03$$

〔答〕0.03 /K

一般的に線膨張率が小さいときは，体膨張率 β は線膨張率 α の約3倍になる[※2]．

※2 本章章末問題❶参照．

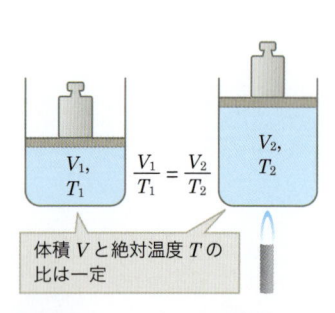

▶気体の体膨張

温度が上昇すると気体の分子の熱運動が激しくなり，気体の体積も増加する．圧力が一定のとき，一定量の気体の体積 V は絶対温度 T に比例する．これを**シャルルの法則**という（図9-4）．シャルルの法則は，温度が比較的高く，気体の密度が小さいときに成り立つ．

$$\frac{V}{T} = 一定$$
シャルルの法則

$\dfrac{V_1}{T_1} = \dfrac{V_2}{T_2}$

体積 V と絶対温度 T の比は一定

● 図9-4 シャルルの法則

例題

6 シャルルの法則がすべての温度の範囲で成り立つと仮定したとき，0 ℃から 1 ℃に温度が上がると体積はどのくらい増加するか求めなさい．

解説 シャルルの法則では気体の体積は絶対温度に比例するので，0 ℃のときの体積を V_0，1 ℃のときの体積を V_1 とすると次の式が成り立つ．0 ℃ = 273 K，1 ℃ = 274 K より，

$$\frac{V_0}{273} = \frac{V_1}{274}$$

よって，

$$V_1 = \frac{274}{273} V_0 = \left(1 + \frac{1}{273}\right) V_0$$

したがって V_1 は V_0 の $\frac{1}{273}$ 倍分増加したことになる．

[答] 0 ℃から 1 ℃温度が上がると体積は $\frac{1}{273}$（≒ 0.0037）倍分増加する

4 温度・熱・内部エネルギー

▶ 熱と熱量の単位

温度は物体を構成している原子や分子の熱運動の激しさを表す．より正確には，温度は無数にある原子や分子の運動エネルギーの平均値と比例する．**熱**は物体を構成する原子や分子の熱運動のエネルギーを表し，その量を**熱量**という．

発展1 理想気体の状態方程式

気体の温度，体積，圧力の関係を表したものが理想気体の状態方程式である．理想気体の状態方程式を知っていると，気体の温度が変化すると体積や圧力はどのように変化するか，気体の体積が変化すると温度や圧力はどのように変化するかなどを予測できる．

気体の分子密度が低く，分子の占める体積や分子間にはたらく力が無視できる気体を理想気体という．通常の温度では，多くの気体を理想気体とみなすことができる．

理想気体の温度を T [K]，体積を V [m³]，物質量を n [mol]，圧力を P [Pa] とすると，次の関係が成り立つ．

$$PV = nRT$$

R は気体定数とよばれる定数で，$R = 8.31$ [J/(mol・K)] である．この式を，理想気体の状態方程式という．状態方程式には，圧力が一定のときに気体の体積が温度に比例すること（シャルルの法則）も含まれている．また，理想気体の状態方程式から，気体の温度が一定なら圧力と体積は反比例の関係にあること（ボイルの法則），気体の体積が一定なら温度と圧力は比例の関係にあることがわかる．

※3　1000 calは1〔kcal〕または1〔Cal〕と表す．

熱量の単位はエネルギーと同じジュール〔J〕である．熱量を表す単位として，カロリー〔cal〕という単位も用いられる．1 cal[※3]は1グラム〔g〕の水を1℃上昇させるのに必要な熱量で，〔cal〕と〔J〕の間には次の関係がある．

$$1 〔cal〕 = 4.2 〔J〕$$

▶内部エネルギー

物体を構成している原子や分子は熱運動によるエネルギーのほかに，原子や分子の間にはたらく力（分子間力）による位置エネルギーをもっている．この熱運動のエネルギーと位置エネルギーの総和を物体の**内部エネルギー**とよぶ．

内部エネルギーは，微視的（ミクロ）に物体を構成する原子や分子のレベルでみたときのエネルギーであり，これまで学習してきた物体を全体として巨視的（マクロ）にみたときの運動エネルギーや重力による位置エネルギーとは異なる（図9-5）．

● 図9-5　微視的な内部エネルギーと巨視的な力学的エネルギー

多数の原子や分子から構成される物体全体の巨視的な運動のようす（左）と，物体内部の微視的な原子や分子の熱運動や分子間力による運動のようす（右）．もし，物体全体が静止して力学的なエネルギーが0の状態でも，物体の内部では原子や分子が運動しているので内部エネルギーは0ではない．

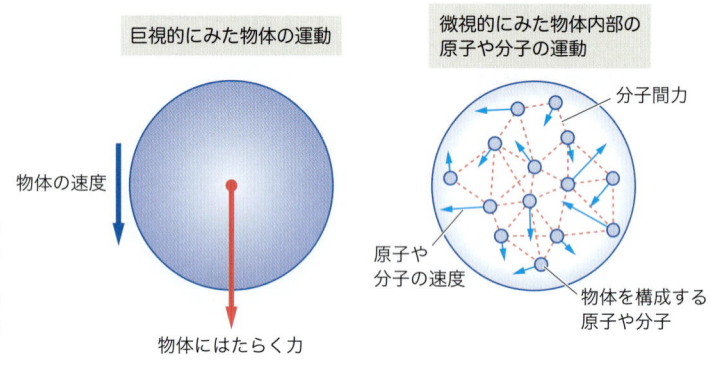

物体の内部エネルギーを増加させるためには，物体に熱を加えるか，物体に仕事をしてエネルギーを与える必要がある．このとき，物体の内部エネルギーの増加$\varDelta U$は，物体に加えた熱量（物体が吸収した熱量）Qと物体にした仕事量（物体にされた仕事量）Wの和に等しくなる．これを**熱力学第一法則**という．熱力学第一法則は，熱と仕事に関する現象についてのエネルギー保存則である．

$$\varDelta U = Q + W$$

内部エネルギーの増加〔J〕＝物体に加えた熱量〔J〕＋物体にした仕事量〔J〕

5 比熱と熱容量

▶熱の移動と熱平衡

　温度の高い物体と温度の低い物体を接すると，温度の高い物体の温度は下がり，温度の低い物体の温度は上がって最終的に同じ温度になる．これは温度の高い物体から温度の低い物体に熱が移動するために，高温の物体は熱を失って温度が下がり，低温の物体は熱を受け取って温度が上がることによる．そして，物体間の温度差がなくなると温度が一定になり，正味の熱の移動がなくなる．この状態を**熱平衡**という（図9-6）．

　このように熱のやり取りが2つの物体の間だけで行われるとき，高温の物体が失った熱量は低温の物体が得た熱量に等しくなる．これを**熱量保存の法則**という．熱量保存の法則は，2つの物体全体を考えると，熱量は一定に保たれることを表している．

● **アイスティ**
入っている氷はやがて溶けて水になり，一定の温度になる．

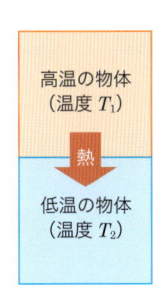

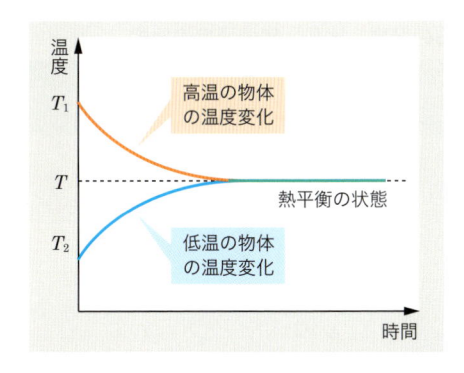

● 図9-6　熱平衡
高温の物体と低温の物体を接しておくと，高温の物体から低温の物体に熱が移動し，物体間の温度差がなくなり一定の温度になる．この状態を熱平衡という．

発展 2　物はひとりでに温まらない：熱力学第二法則

　私たちの生活において，熱を加えないで物が温まったり，水に拡散したインクが再び水の中で凝集したりすることはない．熱は温度の高い物体から温度の低い物体に向かって移動し，水に落としたインクは水の中に均一に拡散していく．これらは，自然界の変化はエネルギーが与えられないかぎり，定まった方向に起こることを表している．

　熱力学第二法則は「まわりに何の変化も起こさないで，低温の物体から高温の物体に熱を移すことはできない」などと表され，自然界の物体はいずれ熱平衡の状態に移っていくことを意味している．エネルギーを供給しないで動き続けることができる機械はつくれないこと，私たちが永遠に生きられないことも，熱力学第二法則から導きかれる．また，熱力学第二法則は，私たちが経験する時間が過去から未来へと一方向に進むことにも関係している．

9　温度と熱　117

> **例題**
>
> **7** 温度が30℃の物体Aと温度が50℃の物体Bを接したとき，熱はどのように移動するか．また，物体Aの温度と物体Bの温度はどのように変化するか．ただし，熱は物体Aと物体Bが接した部分だけを通して移動する．
>
> **解説** 物体Aより物体Bの温度が高いので，熱は物体Bから物体Aの向きに移動する．そのため，物体Aの温度は上がり，物体Bの温度は下がる．

▶比熱

物質1gを1K上昇させるのに必要な熱量を**比熱**という．比熱の単位は〔J/(g・K)〕で，水の比熱は4.2 J/(g・K)である[※4]．比熱は物質によって異なり，比熱が大きな物質は温まりにくく，冷めにくい．一般に金属は比熱が小さく，水や温熱療法に用いるパラフィン[※5]は比較的比熱が大きい（表9-2）．

※4 比熱の単位には〔J/(g・K)〕や〔J/(kg・K)〕が用いられる．このテキストでは用いられることの多い〔J/(g・K)〕で説明しているが，国際単位系（SI）では比熱の単位は〔J/(kg・K)〕になるので，単位に注意してほしい．

!臨床

※5 固形パラフィンと流動パラフィン：常温で固体のパラフィンを固形パラフィン，液体のパラフィンを流動パラフィンという．温熱療法のパラフィン浴では，融点43〜45℃の固体パラフィンに流動パラフィンを100:3の割合で混ぜて，50〜55℃に加温して使用する．

● 表9-2 物質の密度，比熱，熱伝導率の比較

物質名	密度〔g/cm³〕	比熱〔J/(g・K)〕	熱伝導率〔W/(m・K)〕
金	19.3	0.129	318
銅	8.9	0.385	401
水蒸気（100℃）	6.0×1.4^{-4}	1.85	0.024
水（25℃）	1.00	4.18	0.58
氷	0.92	2.06	2.2
ヘリウム	1.8×10^{-4}	5.19	0.14
水素	9.0×10^{-5}	14.30	0.17
流動パラフィン	0.88	2.18	0.13
固形パラフィン	0.82	2.9	0.24
木材（乾燥状態）	0.3〜0.7	1.3〜2.9	0.10〜0.25
ポリエチレン	0.91〜0.96	2.3	0.33〜0.50
ポリプロピレン	0.90〜0.91	1.9	0.12

物体を加熱すると，熱エネルギーを得て，物体を構成する原子の運動が激しくなる．運動が激しくなった原子や分子は隣にある原子や分子と衝突して，衝突した微粒子に運動エネルギーを与える．このようにして熱は移動する（熱伝導[※6]）．

※6 後述7「熱の伝わり方」参照．

金属の比熱が小さく熱伝導率が高いのは，金属の中にある**自由電子**の振る舞いが関係している．ふつう，電子は原子と強く結びついてい

て原子から飛び出すことはあまりない．しかし，金属では電子と原子核との結びつきが弱く，原子間を移動しやすい電子が存在する．これを**自由電子**という（図9-7）．金属を加熱すると，この自由電子がすばやく熱エネルギーを得て，激しく原子に衝突することで原子をより速く振動させる．

自由電子は，これから学習する電流[※7]にも関係している．電流は電子の移動によって起こり，金属を電流が流れやすいのは自由電子が金属内を移動しやすいことによる．

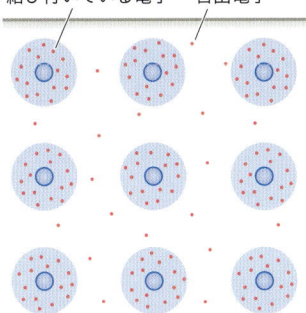

● 図9-7　金属内の自由電子
金属は，原子核との結び付きが弱く，エネルギーを得て移動しやすい自由電子が多い．そのため，熱伝導率が高く，電流も流れやすいといった性質をもつ．

[※7] 第12章3参照.

▶ **熱容量**

ある物体を1K上昇させるのに必要な熱量を，その物体の**熱容量**といい，単位はジュール毎ケルビン〔J/K〕で表される．物体の質量がm〔g〕で，比熱がc〔J/(g・K)〕のとき，物体の熱容量C〔J/K〕は次のように表される．

> **重要**
> $$C = mc$$
> 熱容量〔J/K〕= 質量〔g〕× 比熱〔J/(g・K)〕

また，熱容量C〔J/K〕の物体の温度をΔT〔K〕上昇させるのに必要な熱量Q〔J〕は，次のように表される．

> **重要**
> $$Q = C\Delta T = mc\Delta T$$
> 熱量〔J〕= 熱容量〔J/K〕× 温度変化〔K〕

例題

8 フライパンの物を炒める部分は金属で，取っ手の部分は木材やプラスチックでできているのはなぜか．

解説 フライパンの物を炒める部分は，熱を物体に与えて温度を上げることが目的なので比熱が小さく熱伝導率が高い金属の方が効率的である．取っ手の部分は手でもつ部分なので，熱が伝わりにくいように比熱が大きく熱伝導率の低い木材やプラスチックの方が適している（表9-2参照）．

9 20℃の水100 Lを40℃まで温めるには何Jの熱量が必要か求めなさい．ただし，水の密度を1.0 g/mL，水の比熱を4.2 J/(g/K)とする．

解説 100 Lの水の質量mは100 L = 100 × 10³ mLより100 × 10³ × 1.0 = 1.0 × 10⁵ g，温度変化ΔTは40 − 20 = 20 K

なので，必要な熱量を Q 〔J〕とすると，水の比熱 $c = 4.2$ J/(g・K) より

$$Q = mc\varDelta T = 1.0 \times 10^5 \times 4.2 \times 20 = 8.4 \times 10^6$$ 〔答〕8.4×10^6 J

6 物質の変化と温度

▶物質の三態

氷（固体の水）に熱を加えて温めると液体の水になり，さらに熱を加えると沸騰して水蒸気（気体の水）になる．通常の温度では固体である鉄や金のような金属も，熱を加えていくと溶けて液体になり，さらに熱を加えて温度が上がると気体になる．

温度が上がり固体が液体に変化することを**融解**，液体が気体に変化することを**蒸発（気化）**という．反対に温度が下がり気体が液体になることを**凝縮**，液体が固体になることを**凝固**という．また，固体から直接気体になることを**昇華**，気体から固体になることを**凝結**（昇華）[※8]という．このように，物質には固体，液体，気体の3つの状態があり（固相，液相，気相の3相ともいう），これを**物質の三態**という（図9-8）．

※8 液体を経ずに，物質が固体から気体，または気体から固体になることを，両方とも昇華という．

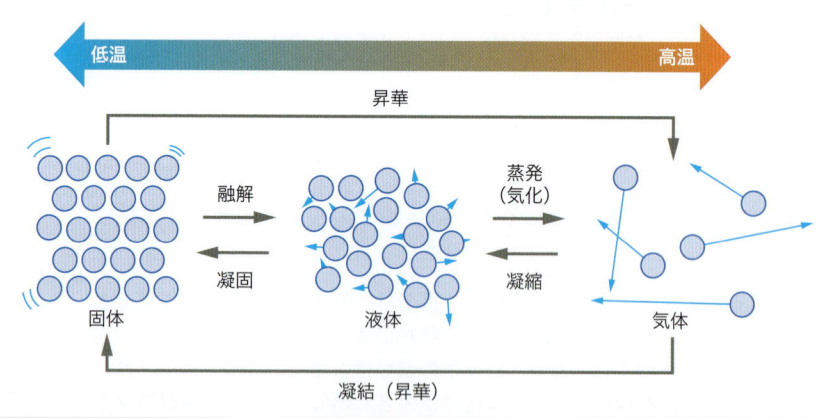

● 図9-8
温度による物質の状態変化：物質の三態

固体は，原子や分子が短い距離で強く力を及ぼしあうので，一定の位置で振動している．

液体は，原子や分子間にはたらく力より熱運動が大きくなり，原子や分子がある程度移動できる．

気体では，熱運動がさらに激しくなり，原子や分子間にはたらく力から自由になり，さまざまな方向に移動できる．

▶潜熱

物質に熱を加えて，固体から液体，液体から気体に変化する過程と

温度との関係をみると，熱を加えても温度の変化がない期間がある．この期間は物質が固体から液体，液体から気体になるときに一致する（図9-9）．このときに加えた熱は，固体や液体を構成する原子や分子同士の結合を弱めたり，切ったりするために使われる．

物質の融解に必要な熱量を**融解熱**，物質の蒸発に必要な熱量を**蒸発熱**（または**気化熱**）という．このような物質の状態の変化に必要な熱量を**潜熱**という．潜熱の単位には，ジュール毎グラム〔J/g〕が用いられる※9．

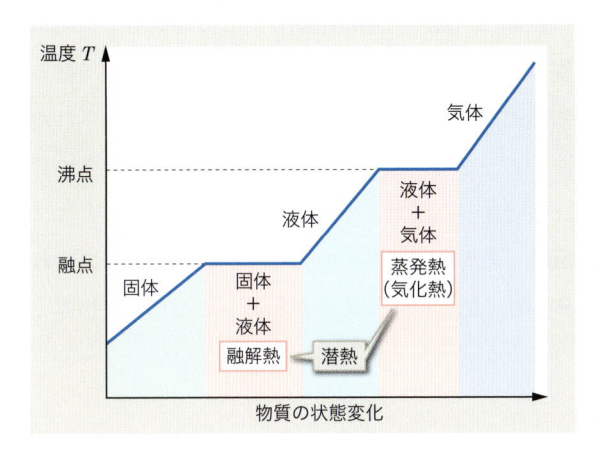

※9 物質1gの状態を変化させるのに必要な熱量を表している．

● 図9-9　温度による物質の状態変化
物質に熱を加えて温度を上昇させていくと，固体から液体，液体から気体へと物質の状態が変化する．このとき，熱を加えていっても温度が上昇しない期間がある．このとき，物質に加えられた熱は，状態の変化に使われる．この物質の状態変化に必要な熱を潜熱という．

例題

⑩ 水の融解熱は 3.3×10^2 J/g，蒸発熱は 2.2×10^3 J/gである．0℃の氷 1.0 kg を 0℃の水に変化せるときと，100℃の水 1.0 kg を 100℃の水蒸気に変化させるとき，どちらの方が多くの熱量が必要か．

解説　1.0 kg の同量の水で比較しているので，潜熱が大きいほど多量の熱を必要とする．融解熱より蒸発熱の方が大きいので，100℃の水 1.0 kg を 100℃の水蒸気に変化させるときの方が多くの熱量を必要とする．

⑪ 0℃の氷 1.0×10^3 g を 30℃の水に温めるために必要な熱量を求めなさい．ただし，水の比熱は 4.2 J/(g・K)，融解熱は 3.3×10^2 J/g とする．

解説　0℃の氷 1.0×10^3 g を 30℃の水に温めるために必要な熱量は，0℃の氷 1.0×10^3 g を 0℃の水にするための熱量と，0℃の水 1.0×10^3 g を 30℃に温めるために必要な熱量の和になる．

したがって，氷の質量〔g〕× 融解熱〔J/g〕＋ 水の質量〔g〕× 水の比熱〔J/(g・K)〕× 温度変化〔K〕より

$$1.0 \times 10^3 \times 3.3 \times 10^2 + 1.0 \times 10^3 \times 4.2 \times (30-0)$$
$$= 3.3 \times 10^5 + 1.26 \times 10^5 = 4.56 \times 10^5 \fallingdotseq 4.6 \times 10^5$$

［答］4.6×10^5 J

7 熱の伝わり方

▶伝導

　熱の伝わり方には伝導，対流，放射（輻射）の3つがある．金属製の棒の一方を手で握り，もう一方をバーナーで加熱すると，手で握っている部分が徐々に熱くなってくる．これは，バーナーで加熱された金属の原子が熱エネルギーを得て激しく振動し，その振動がつぎつぎと隣の原子に伝り，手で握った部分まで達し温度が上昇することによる．このように，**伝導**（または熱伝導）は物体の中を熱が徐々に伝わる現象である（図9-10）．伝導によって熱が伝わるためには，物体と物体が直接触れ合うことが必要である．

● 図9-10　伝導による熱の移動
バーナーで熱せられると，温度が上昇し，物体内の原子の振動が激しくなる．その振動が次々と隣の原子に伝わることで，熱が移動するのが伝導である．

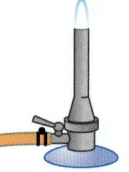

　物質の熱伝導の程度を表す量が**熱伝導率**で，一般に金属などの比熱が小さい物質ほど熱伝導率が高く，熱が速く伝わる（表9-2）．

▶対流

　対流（または移流）は，気体や液体の熱の伝わり方である．水の動きがわかるように，色のついた微粒子を入れた水を容器に入れ，容器の一部をガスバーナーで加熱すると，微粒子が容器内を循環するようすが観察できる（図9-11）．気体や液体に熱が加わり温度が上昇すると，気体や液体は熱膨張を起こし，密度が小さくなる．そのため，温度が高い部分はまわりの気体や液体より軽くなり，その部分が丸ごと

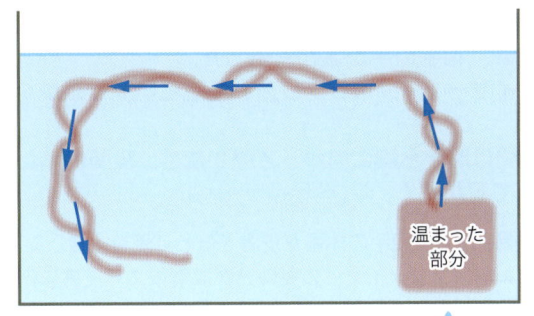

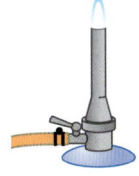

● 図9-11 対流による熱の移動
熱せられて軽くなった気体や液体（流体）部分が上昇し，再び冷えて下降することで，流体の流れがみられる．この流体の流れに伴って，熱も移動する．このような熱の伝わり方を対流という．

上昇していく．気体や液体の部分が丸ごと移動するときに，その部分の熱も一緒に移動するのが対流である．このように，対流では気体や液体の動きを仲立ちにして熱が移動する．

▶ **放射**

放射（**輻射**）は，光（電磁波）を仲立ちとして熱が移動する（図9-12）．高温の物体の熱エネルギーが電磁波のエネルギーとして放射され，放射された電磁波のエネルギーが低温の物体に吸収されて熱エネルギーとなることで，低温の物体の温度が上昇する．

電磁波は真空中でも伝わるので，宇宙空間に放射された太陽の熱エネルギーが地球上に伝わり，さまざまな生命活動の源になっている．

● 図9-12 放射による熱の移動
放射による熱の伝導は，電磁波によって熱のエネルギーが伝わる．

例題

⑫ 容器に入っている水の表面近くに熱を加えて水を温めたとき，どのような対流が起こるか．

解説 水面近くの水を温めても，温まった水は上には移動できないので対流は生じない．

⑬ クーラーを使用するとき，クーラーを次のうちのどこに設置すると効率よく部屋の温度が低くなるか．
①床の上　②天井と床の中間の高さ　③天井

解説 冷やされた空気は密度が高くなり下降する．そのため，クーラーは部屋の高いところに設置した方が，対流により冷気が部屋全体にいきわたるので，天井にクーラーを設置すると効率よく部屋の温度が低くなる．　　　　　　[答] ③

9 温度と熱　123

❹ 次の現象は，伝導，対流，放射のどれに相当するか答えなさい．
① 握手をしたとき，相手の手が温かく感じた．
② キャンプファイヤーで，火から少し遠い場所にいても暖かく感じる．
③ 海岸では，昼間は海から陸に向かって風が吹き，夜間は陸から海に向かって風が吹く．

解説 ① 伝導．握手をした相手の体温が皮膚を伝わり暖かく感じる．
② 放射．キャンプファイヤーの炎の光が放射により皮膚に伝わり暖かく感じる．
③ 対流．水より土の方が比熱が小さく温まりやすいので，日中は太陽からの放射による熱で温度が上昇し，上向きの気流が起こる．そこに海からの空気が流れ込むので，海から陸に向かって風が吹く．夜は陸の温度が冷えやすく，海の温度は冷えにくいので，陸から海に向かって風が吹く．

[答] ①伝導，②放射，③対流

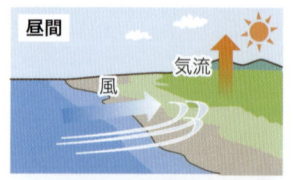

COLUMN 2 温熱療法

温熱療法は，温めることで生じる生体の反応を利用して，疼痛（とうつう）の軽減，組織の伸張性の改善，代謝の亢進，痙縮（けいしゅく）の抑制などをはかる治療法である．生体を温める方法として，本章章末問題❺にあるような，渦流浴，ホットパック，パラフィン浴，赤外線などがある．

【①渦流浴】
水治療法（すいちりょうほう）の1つであるが，温熱作用もある．浴槽に温水を入れ，水流を起こして温水を循環させ，浴槽内で四肢を温めたり，温まった状態で運動したりする．温熱作用に加えて，水流や気泡によるマッサージ作用もある．

【②ホットパック】
保温性の高い物質を保温槽などで温め，患部を覆って加温する．電気で加熱するものもある．

【③パラフィン浴】
保温槽に固形パラフィンと流動パラフィンを入れ，適度に混合して溶かし，身体に層状に塗布して加温する．

【④赤外線】
温熱作用の高い赤外線を患部に照射し，患部表面付近（1 cm程度まで）を加温する．

【⑤極超短波（マイクロ波）】
2450 MHzの電磁波を用いて，電気的ネルギーを熱エネルギーに変換する．身体内部（深さ3〜5 cm）まで加温することができる．

COLUMN 3 物理療法でも使われるエネルギー熱変換

熱の放射では，電磁波のエネルギーが熱エネルギーに変換され，物体に熱が吸収されて物体の温度が上昇するので，電磁波から熱へのエネルギー形態の変換が起きている．物理療法では，超短波，極超短波，赤外線などの電磁波を用いて生体内で熱を発生させる．また，超音波も生体内で超音波のエネルギーが熱エネルギーに変換し，熱を発生して生体の温度を上昇させる．

このように，熱以外のエネルギー形態を仲立ちとして，生体内に熱を発生させることをエネルギー熱変換という．

章末問題

⇒解答は241ページ

1 線膨張率の値が小さいとき，体膨張率が線膨張率の約3倍になるのはなぜか．物体が立方体として答えなさい．

2 100℃の水 1.0×10^3 g を，すべて100℃の水蒸気にするために必要な熱量を求めなさい．ただし，水の蒸発熱を 2.2×10^3 J/g とする．

3 20℃の水 200 g と 50℃の水 100 g を混ぜたときの温度（℃）を求めなさい．

4 魔法瓶は図のような構造になっている．この図から，魔法瓶に液体を入れておくと温度が保たれる理由を考えなさい．

- 栓
- ガラスまたは金属製の二重の壁．内側に，光が反射しやすい銀の膜がある
- 真空の層

5 次の温熱療法に使用する機器の熱の伝わり方は，主に伝導，対流，放射のどれに相当するか答えなさい．
①渦流浴　②ホットパック　③パラフィン浴　④赤外線

［第39回国家試験問題（理学療法）を一部改変］

10 波の運動

学習目標

- 波は媒質の振動が伝わっていく現象であることを説明できる
- 波の振幅，周期，振動数，速度の意味と，それらの関係について説明できる
- 横波と縦波の違いについて説明できる
- 音の性質について説明できる
- 光の性質について説明できる

重要な公式

- 振動数 = $\dfrac{1}{\text{周期}}$

$$f = \dfrac{1}{T}$$

- 波の速度 = 振動数 × 波長

$$v = f\lambda$$

- 合成波の変位 = 波Aの変位 + 波Bの変位

$$y = y_A + y_B$$

重要な用語

周期 連続する波のような周期的な運動において，1つの繰り返しに要する時間

振動数 周期的な運動が単位時間に繰り返される数

振幅 振り子や波の，基準の位置からの振れ幅

波の速度 単位時間あたりに波が進む距離

横波 波の進む向きと波の変位の方向が垂直な波（光，水面の波など）

縦波 波の進む向きと波の変位の向きが同じ波（音など）

重ね合わせの原理 波が重なるとき，合成波の変位は重なった波の変位の和になるという波の性質

波の干渉 波が重なるとき，重ね合わせの原理によって波が強くなる場所と弱くなる場所が生じる現象

波の反射 波が壁などに衝突し，進んできた向きと反対向きに進む現象

波の屈折 異なる媒質の境界で波の進む向きが変化し，曲がる現象

波の回折 波が波の進行を妨げる障害物の隙間を通過した後，障害物のかげの方向に回り込む現象

第10章では波について学習する．波という言葉からすぐに思い浮かぶのは，水面を伝わる波だろう．波は水面を広がっていくが，水自体が波の伝わる向きに移動するのではなく，その場所の水面は主に上下に振動しているだけである．波の理解には，その場所での振動のようすと，振動が周囲に伝わるようすの2つのことを理解する必要がある．

波は物理療法で用いられる，超音波や電磁波の性質を理解するためにも重要である．また，波のような周期的な運動は，心臓の拍動，呼吸，歩行のような周期的な運動を理解するための基礎としても役に立つ．

1 波の動きと特徴

水面を棒の先で叩くと，棒で叩いた場所を中心に，水面の振動が，輪が広がるように周囲に伝わっていく（図10-1）．このように，ある場所で生じた振動が周囲に伝わっていく現象を**波**という．棒で叩いた場所のように波が発生する位置を**波源**，水のように波を伝えるものを**媒質**，波の盛り上がった部分を結んだ線を**波面**という．

水面に浮かんでいる枯れ葉や木切れなどの動きを観察すると，波が来ても枯れ葉はほぼその場で上下しているだけで，波の伝わる向きに

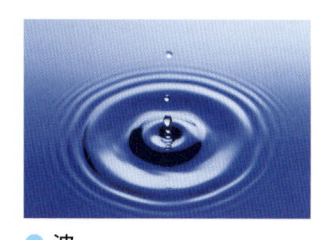

● 波
落下した水滴によって生じた波．

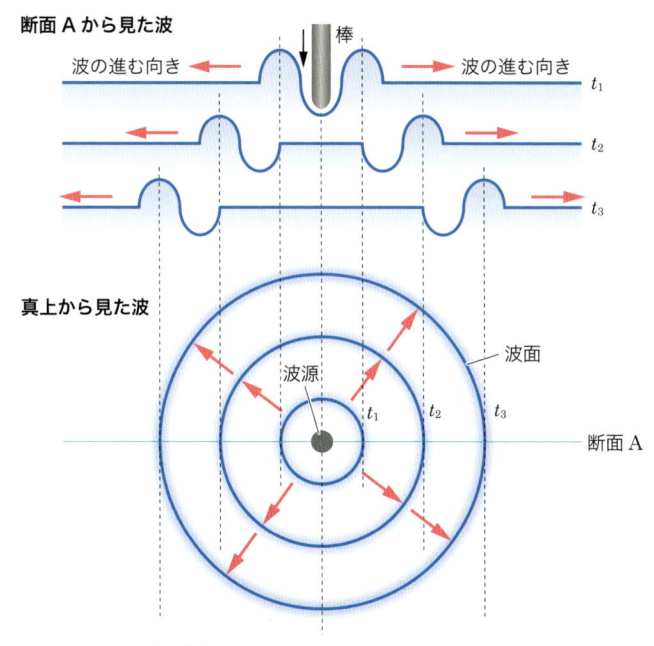

● 図10-1 波が水面を伝わり，広がっているようす
波源から生じた波は，輪が広がるように水面を伝わっていく．t_1, t_2, t_3は時刻の変化を表す．

10 波の運動 | 127

移動していないことがわかる（図10-2）．このように，波はある基準点を中心に媒質が上下に振動しているだけで，媒質自体は波の伝わる向きに移動しない．

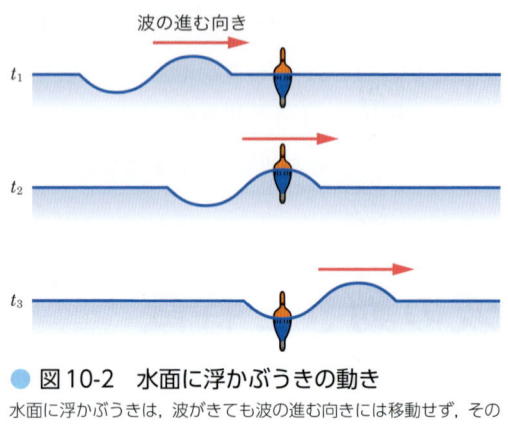

● 図10-2 水面に浮かぶうきの動き
水面に浮かぶうきは，波がきても波の進む向きには移動せず，その場で上下に動くだけである．

　水面を棒の先で1回だけ叩くと，1つの波が水面を広がっていく．このような1つの波を**パルス波**という．一方，一定の時間間隔で連続的に水面を叩くと連続した波が得られる．このような連続した波を**連続波**という（図10-3）．

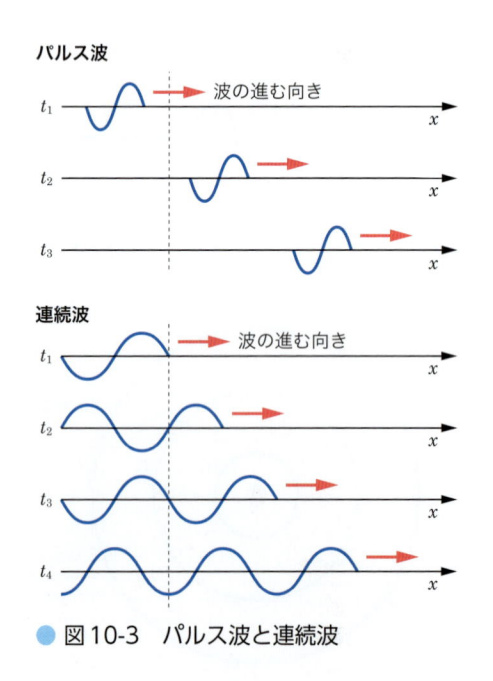

● 図10-3 パルス波と連続波

2 波の要素

　波の形を**波形**といい，理想的な波形を**正弦波**という※1．ある時刻における正弦波は図10-4のような波形になる．正弦波は，基準線に対して上下に同じ幅で振動し，その振動が一定の速度で媒質を伝わるものを指す．なお，基準線からの媒質の高さの変化を**変位**という．波形のもっとも高いところを**山**，もっとも低いところを**谷**という．

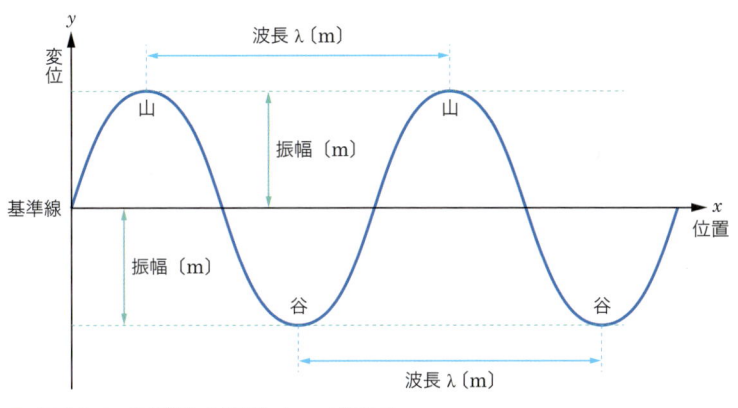

※1　132ページ発展1参考．

● 図10-4　正弦波の波形（y-xグラフ）

　波の特徴を表現するための要素として，振幅，波長，振動数，周期，速度がある．**振幅**は変位の最大値と基準線との距離，または変位の最小値と基準線との距離である．言い方を変えると，振幅は山と谷との差の半分になる．振幅の単位はメートル〔m〕である．

　連続波では同じ波形が繰り返し現れる．繰り返す1つの波形の長さ，または1つの山から次の山，1つの谷から次の谷までの距離を**波長**という．波長は λ（ラムダ）という文字で表され，単位はメートル〔m〕である．

　単位時間（1秒間）に媒質が振動する回数を**振動数**とよび，単位はヘルツ〔Hz〕である※2．振動数は**周波数**ともよばれる．そして媒質が1回振動する時間を**周期**という※3．周期を T〔s〕とすると，振動数は周期の逆数になるので，振動数 f〔Hz〕と周期 T との間には次の関係が成り立つ．

※2　振動数は単位時間に媒質中の1つの位置を通過する波の数と等しい．

※3　媒質が1回振動する間に，波は1波長分だけ移動するので，周期は波が1波長分進むのに要する時間でもある．

> **重要**
> $$f = \frac{1}{T} \quad \text{または} \quad T = \frac{1}{f}$$
> 振動数〔Hz〕= $\frac{1}{\text{周期〔s〕}}$ または 周期〔s〕= $\frac{1}{\text{振動数〔Hz〕}}$

※4 波の速度(速さ):
波の速度は,大きさと向きをもつベクトル量である.厳密には,「波の速度」は波の進む向きも含めて表すとき,「波の速さ」は波の速度の大きさだけを表すときに用いる.波の速度は波の伝搬速度ともよばれる.

波が単位時間に進む距離を**波の速度（速さ）**※4 という．振動数 f〔Hz〕の波は1秒間に1波長 λ〔m〕の f 倍の距離を進むので，波の速度は次の式で表される．

> **重要**
> $$v = f\lambda$$
> 波の速度〔m/s〕= 振動数〔Hz〕× 波長〔m〕

振動数と周期の関係を用いると，波の速度は次のように表すこともできる．

> **重要**
> $$v = \frac{\lambda}{T}$$
> 波の速度〔m/s〕= $\frac{\text{波長〔m〕}}{\text{周期〔s〕}}$

例題

❶ 次の文章の（　）のなかに適当な語句を入れなさい．
媒質のある位置で波を観察したところ，その位置を1秒間に5つの波の山が通過した．この波の振動数は（　①　）Hzである．振動数が大きく（高く）なると周期は（　②　）なる．波の速度が一定のとき，波長が長くなると振動数は（　③　）なる．

［答］①5，②短く，③小さく（または低く）

❷ 振動数が 12 Hz，波長が 2.0 m の波の速度を求めなさい．

解説 $v = f\lambda$ より
$$12 \times 2.0 = 24$$
［答］24 m/s

❸ 速度が 340 m/s の波の波長が 6.8 cm であった．この波の振動数と周期を求めなさい．

解説 $v = f\lambda$ より
$$f = \frac{v}{\lambda} = \frac{340}{6.8 \times 10^{-2}} = 5.0 \times 10^3$$

$T=\dfrac{1}{f}$ より

$$T=\dfrac{1}{5.0\times 10^3}=2.0\times 10^{-4}$$

[答] 振動数：5.0×10^3 Hz, 周期：2.0×10^{-4} s

3 波の y-x グラフと y-t グラフ

　横軸が媒質の位置 x，縦軸が変位 y を表すグラフを，**波の y-x グラフ**という．y-x グラフは，ある時刻における波形を表し，グラフから波長と振幅を読みとることができる（図10-4）．横軸が時間 t，縦軸が変位 y を表すグラフを**波の y-t グラフ**という．y-t グラフは，媒質のある位置における波の変位の時間による変化を表し，グラフから振幅，周期，振動数[※5]を読みとることができる（図10-5）．

※5 振動数は周期の逆数をとることで求められる．

　波の速度は波長と振動数，または波長と周期から計算するので，波の速度を求めるためには y-x グラフと y-t グラフの両方が必要になる．一方，波の速度が与えられると，波の速度を求める式 $v=f\lambda$ を用いて y-x グラフから周期や振動数を，y-t グラフから波長を計算することができる．

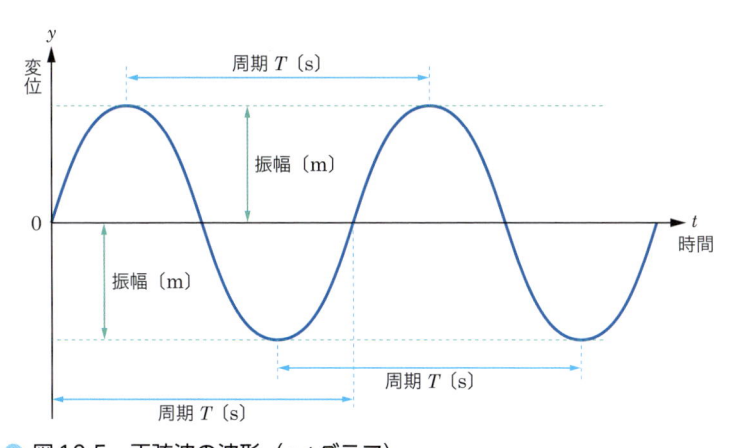

● 図10-5　正弦波の波形（y-t グラフ）

> 例題
>
> **4** 下のy-xグラフから，波の振幅と波長を求めなさい．

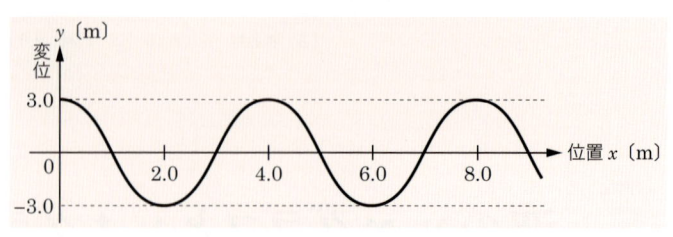

（y-xグラフ：y軸 変位 y〔m〕，最大3.0，最小-3.0；x軸 位置 x〔m〕，0〜8.0，波長4.0m）

> 解説　振幅は0から変位の最大値までの距離なので，3.0 m

発展 1　正弦波の式

波を正弦波で表すと，波に関係する現象をより深く理解することができる．また，正弦波は波以外のさまざまな周期的な現象を数的に扱うときにも，とても役立つ．少し面倒かもしれないが，ぜひ，チャレンジしてほしい．

【ラジアンと度】

角度を表す単位には度数法による度〔°〕と弧度法によるラジアン〔rad〕がある．ラジアンは，円弧の長さが半径に等しいときに，中心角が1〔rad〕になるように定めた角度の表し方である（発展図10-1）．円の半径をA，円周率をπとすると，円周は$2\pi A$となるので，360°はラジアンでは2π radになる．ラジアンと度の関係は次の式で変換される．

$$1 \text{ rad} = \frac{360}{2\pi}° = 約57.3°$$

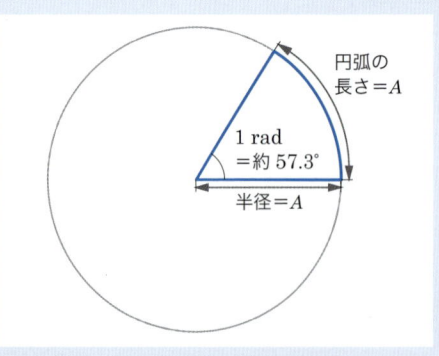

発展図10-1　ラジアンの度の関係
角度をラジアン単位で表すと，中心角が1 rad（度数法で約57.3°）のとき，対応する円弧の長さは半径Aと等しくなる．中心角が2π rad（度数法で360°）のときは，円弧の長さは円周の$2\pi A$になる．

また，度数法の度とラジアンの主な対応関係は**発展表10-1**のようになる．

発展表10-1　度とラジアンの対応表

度〔°〕	ラジアン〔rad〕	度〔°〕	ラジアン〔rad〕
30	$\frac{\pi}{6}$	150	$\frac{5\pi}{6}$
45	$\frac{\pi}{4}$	180	π
60	$\frac{\pi}{3}$	270	$\frac{3\pi}{2}$
90	$\frac{\pi}{2}$	360	2π
120	$\frac{2\pi}{3}$		

【等速円運動と単振動】

半径A〔m〕の円周上を周期T〔s〕で等速円運動（円周上を一定の速度で回転する運動）している物体を考える．半径Aの円周上の点Pと中心Oを結ぶ線分OPと基本軸とのなす角度θは，単位時間あたりの角度の変化である角速度ω〔rad/s〕を用いると次のように表される．

$$\theta = \omega t \quad \left(\omega = \frac{2\pi}{T}\right)$$

点Pのy軸方向の成分yは原点Oを中心に往復運動（単振動）を行う．三角関数を用いてyの時間による変化を表すと次のようになる（発展図10-2）．

波長は，1つの山から次の山まで距離なので，4.0 m

[答] 振幅：3.0 m，波長：4.0 m

❺ 下のy-tグラフから，波の振幅，周期，振動数を求めなさい．また，波の速度を 10 m/s とするとき，波長を求めなさい．

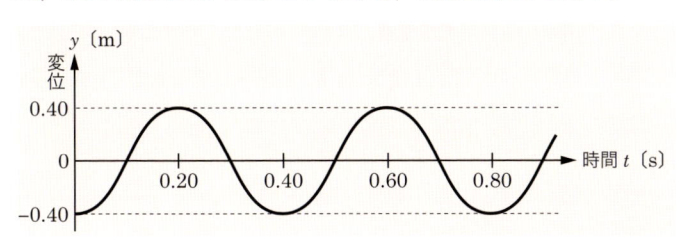

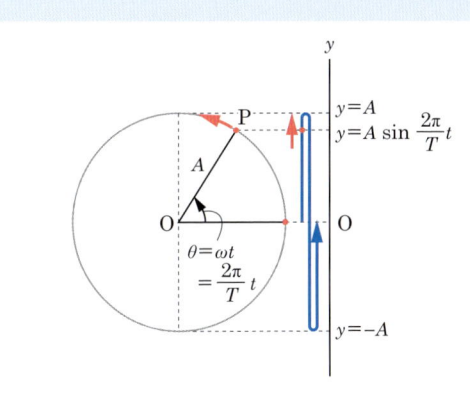

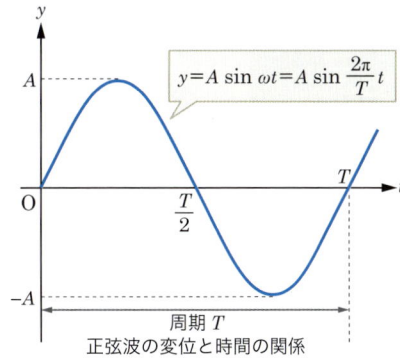

発展図 10-2 ● 等速円運動と正弦波の関係

$$y = A \sin \omega t = A \sin \frac{2\pi}{T} t$$

【正弦波の式】

原点Oにおける単振動の変位が，波としてx軸の正の向きにv [m/s] の速度で進むとする．原点Oからx [m] 離れたQの位置まで振動が伝わるのに要する時間は$\frac{x}{v}$ [s] なので，Qにおける振動の変位y [m] は，$\frac{x}{v}$ [s] 前の原点Oにおける変位と同じになる（**発展図10-3**）．したがって，原点Oからx離れた位置Qにおける時刻tの変位yは，波長をλ [m] として次の式で表される．

$$y = A \sin \frac{2\pi}{T} \left(t - \frac{x}{v} \right) = A \sin 2\pi \left(\frac{t}{T} - \frac{x}{\lambda} \right)$$

この式は正弦波の式とよばれ，波を数的に扱うときの基本となる式である．$\frac{2\pi}{T}\left(t-\frac{x}{v}\right)$や$2\pi\left(\frac{t}{T}-\frac{x}{\lambda}\right)$は円運動の中心角に相当し，時刻$t$での位置$x$における位相（波のずれ）を表す．sinは周期が$2\pi$ radなので，位相が2π radごとに変位が等しくなる．

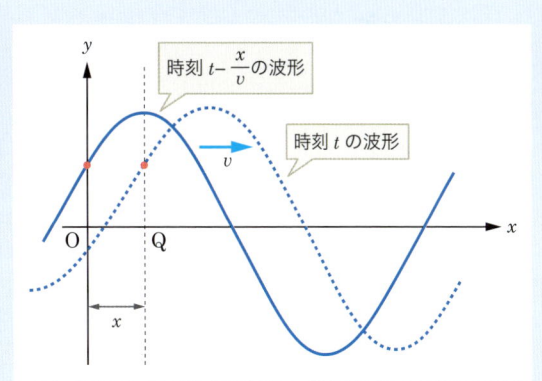

x軸の正の向きに速度v [m/s] で進む波はx [m] 進むのに$\frac{x}{v}$ [s] 要する．そのため，原点Oからx [m] 離れた位置Qにおける変位y [m] は，$\frac{x}{v}$ [s] 前の原点の変位と同じになる．

発展図 10-3 ● 速度vで進む波における変位の変化

10 波の運動 | **133**

解説 振幅は 0.40 m
周期は 1 つの振動に要する時間なので，0.40 s
振動数 f は周期の逆数なので，$f=\dfrac{1}{T}=\dfrac{1}{0.40}=2.5$ Hz
波長 λ は波の速度を v とすると $v=f\lambda$ なので，
$$\lambda=\dfrac{v}{f}=\dfrac{10}{2.5}=4.0 \text{ m}$$

［答］振幅：0.40 m，周期：0.40 s，振動数：2.5 Hz，波長：4.0 m

4 横波と縦波

● 木もれ日
光は横波である．

　滑らかな平面の上に置いた長いひもの一端をもち，ひもの方向に対して垂直方向に左右に動かすと，ひもの端で起きた振動が波としてひもの方向に伝わっていく．このような，波が進む方向と変位（この場合はひもの左右の振動）が垂直な波を**横波**という（図10-6）．横波の代表例は光である．

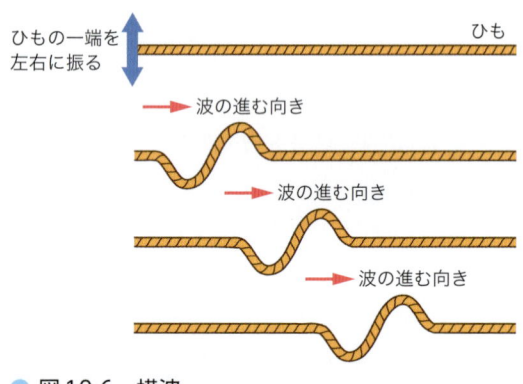

● 図10-6　横波
横波は波の進む向きと変位の方向が垂直である．

● トランペット
音は縦波である．

　次に，滑らかな平面の上に置いた長いばねの一端をばねの方向に押すと，ばねの縮みがばねの方向に伝わっていく．このとき，ばねの 1 つの位置に着目すると，最初にばねが縮み，つぎにばねが伸びることがわかる．つまり，ばね上の 1 点は，縮みが伝わる方向と同じ方向に，基準の位置を中心に変位（ばねの場合は伸び縮み）している．このような，波が進む方向と変位の方向が同じ波を**縦波**という（図10-7）．縦波の代表例は音である．縦波は，そのままでは図で表しにくいので，変位を 90°回転させて横波のように表す（図10-8）．

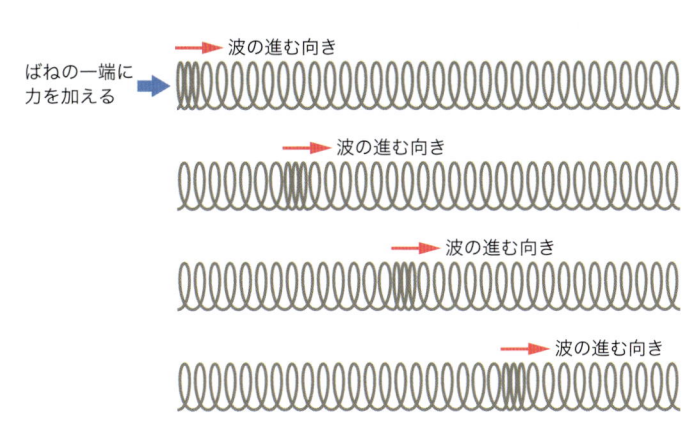

● 図 10-7　縦波

縦波では波の進む向きと変位の方向が平行である．また，縦波は媒質が密なところ（ばねでは縮まる部分）と疎なところ（ばねでは伸びる部分）がつぎつぎに生じ，媒質を伝わるので粗密波ともいう．

1 縦波では媒質の位置が基準の位置から波の進む方向に変位している

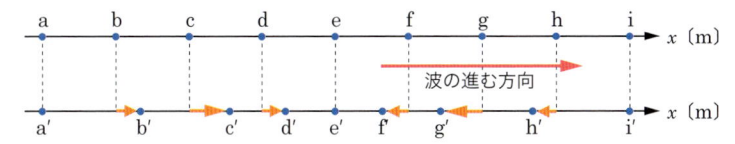

2 基準の位置からの変位について，x 軸の正の向きの変位を y 軸の正の向きに，x 軸の負の向きの変位を y 軸の負の向きに置き換えて，横波にする

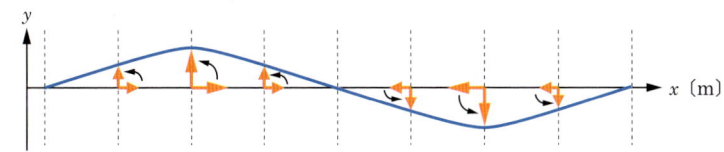

● 図 10-8　縦波を横波のように表す方法

例 題

6 横波と縦波の違いについて説明しなさい．

解説　横波は媒質の振動が波の進行方向に垂直な波，縦波は媒質の振動が波の進行方向に平行な波である．

7 音の速度を 340 m/s，振動数を 3.4×10^3 Hz とし，光の速度を 3.0×10^8 m/s，振動数を 5.0×10^{14} Hz とするとき，音と光の波長を求めなさい．

解説　$v = f\lambda$ より，$\lambda = \dfrac{v}{f}$ となるので，

音の波長は，$\dfrac{340}{3.4 \times 10^3} = 0.10$

光の波長は，$\dfrac{3.0 \times 10^8}{5.0 \times 10^{14}} = 6.0 \times 10^{-7}$

［答］音の波長：0.10 m，光の波長：6.0×10^{-7} m または 600 nm

10　波の運動 | 135

5 波の特性

▶重ね合わせの原理

　2つの物体が衝突すると，反発して別々の方向に運動したり，衝突が激しければ物体が割れてしまったりする．2つの波が反対方向から進んできて衝突するとどうなるだろうか．

　図10-9のように，波Aと波Bが反対向きに進行して重なるとき，波Aと波Bが重なったときの波の変位は，ちょうどそのときの波Aと波Bの変位を合計したものになる．そして，波Aと波Bの重なりがなくなると，何もなかったかのように重なる前の向きに進行する．

　また，基準線の上下に振動する同じ波形の波が衝突すると，2つの波の山が重なった瞬間に波の高さはもとの2つの波の2倍になり，2つの波の谷と谷が重なった瞬間に波の深さはもとの2つの波の谷の深さの2倍になる．1つの波の山と，衝突するもう1つの波の谷が重なる瞬間に変位は0になる．そして，波の重なりがなくなると，2つの波は何もなかったようにもとの波形のまま反対方向に進んでいく．

　このように，波が重なったときに波の変位が単純に2つの波の和になることを**重ね合わせの原理**といい，重ね合わせによってできた波を**合成波**という．

> **重要**
> $$y = y_A + y_B$$
> 合成波の変位 ＝ 波Aの変位 ＋ 波Bの変位

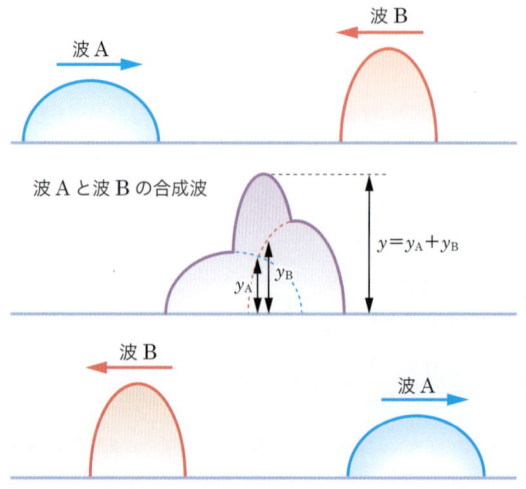

● 図10-9 重ね合わせの原理
2つの波が重なるとき，合成波の変位yはそれぞれの波の変位の和（$y_A + y_B$）になる．重なりがなくなれば，何ごともなかったように重なる前の速度で進んでいく．波が互いに影響を受けず進行することを波の独立性という．

例題

8 波Aと波Bが右図のように重なったときの合成波の波形を図に描きなさい．

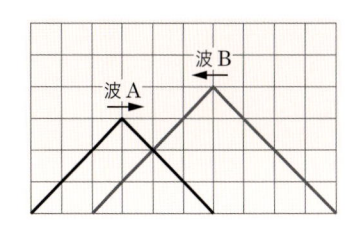

解説 重ね合わせの原理から，波Aと波Bの波の変位の和を作図すると次のような合成波が得られる．

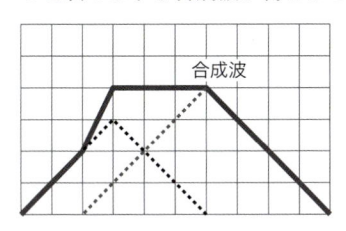

▶ 波の干渉

　水面の別の場所を，棒で同時に同じ間隔でたたくと，それぞれを波源として2つの波ができ，それぞれの波が水面を広がり衝突する．このとき，重ね合わせの原理によって「水面が大きく振動する位置」と「水面が全く振動しない位置」ができる．このように，波が重なるときに振動を強め合ったり，弱め合ったりする現象を**波の干渉**という（図10-10）．

● 図10-10　波の干渉
同じ波を2つの波源から発生させたときの波の干渉のようす．山と山，谷と谷が重なる位置では媒質の変位が大きくなり，大きな振動がみられる．一方，山と谷が重なる位置では変位が打ち消し合ってほとんど振動しない．

発展2　波のエネルギー

　波が伝わっていくと媒質が振動を始めるので，波はエネルギーをもっているといえる．波の強さは，波の進む向きに垂直な単位面積を単位時間に通過するエネルギー量で表される．

　波がもつエネルギーがどのようなものか，求めてみよう．物質中を伝わる正弦波のエネルギーによって，媒質中の小さな部分（質量 m）が単振動をすると考える．このときの運動エネルギーを K，位置エネルギーを U とすると，力学的エネルギー保存の法則から全体のエネルギー $E = K + U$ は一定に保たれる．単振動の振幅を A，振動数を f，単振動を等速円運動の振動方向の成分とみなしたときの角速度を ω とする．力学的エネルギー保存の法則より，質量 m の小さな部分が最大速度 $v_{max} = A\omega$ で振動するとき，位置エネルギー $U = 0$ となるので，エネルギーについて次の式が成り立つ．

$$E = K + U = \frac{1}{2}mv_{max}^2 + 0 = \frac{1}{2}m(A\omega)^2$$

$$= \frac{1}{2}mA^2(2\pi f)^2 = 2\pi^2 mf^2 A^2$$

$$\left(K = \frac{1}{2}mv^2,\ \omega = \frac{2\pi}{T} = 2\pi f\right)$$

　この式から，波の強さは振動数と振幅それぞれの2乗に比例し，振動数と振幅が大きいほど波のエネルギーが大きく，強い波になることがわかる．

▶ 波の反射と透過

　ある媒質中を進む波が，波の進む向きに対して垂直な別の媒質との境界に達すると，波の一部は境界を越えて別の媒質に入り，一部は境界で進行してきた向きと反対向きに，同じ速さで進行する．前者を**波の透過**，後者を**波の反射**という．境界に対して進行する波を**入射波**，境界を越えて進行する波を**透過波**，境界からはね返った後の波を**反射波**という（図10-11A）．

　波の進行する向きが境界に対して垂直でない場合は，境界に対する垂線（法線）と入射波がなす角度（入射角）と，法線と反射波がなす角度（反射角）が等しくなる（図10-11B）．入射波，反射波，透過波とも，振動数は変化しない（同じである）．

　私たちが鏡で自分の姿を見ているときは，私たちの身体に当たった光の反射波が入射波として鏡に当たり，鏡に当たった後の反射波が目に入り，脳の中で自分の身体像として認知されている．

● 鏡

▶ 波の屈折

　波の速度は媒質の種類や状態によって変わる．異なる媒質中や同じ媒質でも状態（温度など）が異なる媒質中を進行するとき，その境界で波の進行方向が変化する．このような現象を**波の屈折**という．媒質の境界に向かってくる波を入射波，媒質内を進行する波を**屈折波**（透過波）という．境界の法線と入射波のなす角度を入射角，法線と屈折波のなす角度を**屈折角**という[※6]．

　媒質Aから媒質Bに波が進行するとき，媒質Aでの波の速度をv_A，媒質Bでの波の速度をv_B，媒質Aでの波の波長をλ_A，媒質Bでの波の波長をλ_B，入射角をα，屈折角をβとすると次の**屈折の法則**が成り立つ（図10-12）．

※6　屈折波の速度が入射波の速度より遅いとき，屈折角は入射角より小さくなる．

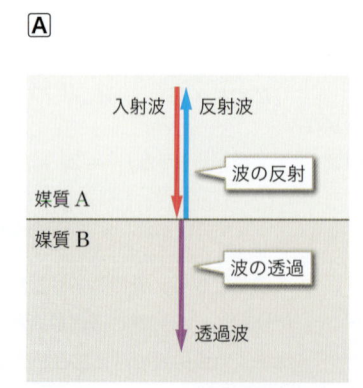

● 図10-11　波の反射と透過

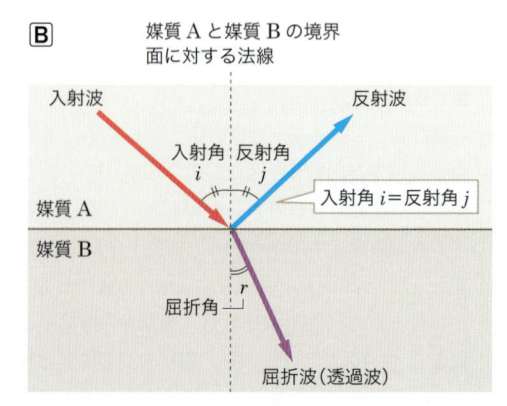

● 図10-12 波の屈折
媒質Aに対する媒質Bの屈折率n_{AB}は，媒質Bに対する媒質Aでの波の速度の比を表す．波の振動数は媒質Aと媒質Bで変わらないので，媒質Aに対する媒質Bの屈折率は，媒質Bに対する媒質Aでの波長の比でもある（屈折の法則）．

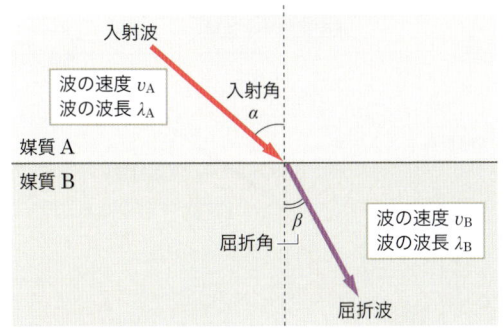

$$\frac{\sin \alpha}{\sin \beta} = \frac{v_A}{v_B} = \frac{\lambda_A}{\lambda_B} = n_{AB}$$

この式のn_{AB}を，波が媒質Aから媒質Bに進行するときの屈折率，または媒質Aに対する媒質Bの屈折率という．波の振動数は媒質によって変化しないので，媒質Aに対する媒質Bの屈折率が1より大きいとき，媒質Bの中を進む波の速度は遅くなり，波長は短くなる[※7]．

※7 屈折角βは入射角αより小さくなる．

例題

9 媒質Aに対する媒質Bの屈折率が1より小さいとき，媒質Aから媒質Bに進行する波の振動数，周期，波長，速度はどのように変化するか答えなさい．

解説 波の振動数は媒質によって変化しない．よって，周期は振動数の逆数なので周期も変化しない．
屈折の法則から$n_{AB} = \dfrac{v_A}{v_B} = \dfrac{\lambda_A}{\lambda_B}$なので，$v_B = \dfrac{v_A}{n_{AB}}$，$\lambda_B = \dfrac{\lambda_A}{n_{AB}}$となる．$n_{AB} < 1$なので，波長は長くなり，速度は速くなる．

[答] 振動数・周期：変化しない，波長：長くなる，速度：速くなる

10 水面から水底にある物体をのぞき込むと，実際の水の深さより浅いところにあるように見える．このことを波の屈折を用いて説明しなさい．ただし，光は，水に対する空気の屈折率は$n = 0.77$とする．

解説 水に対する空気の屈折率は0.77なので，屈折の法則より，入射角より屈折角が大きくなるので，水中から空気中に光が進行するときは図のように屈折する．そのため，実際の深さよ

り浅い位置に物体があるように見える．

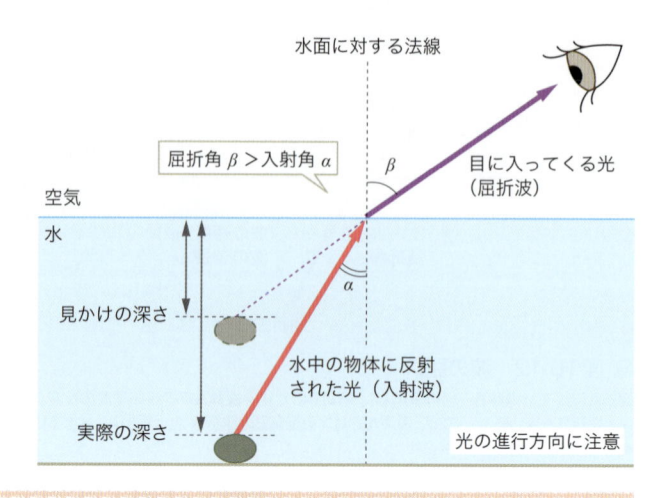

▶波の回折

図10-13のように，波が進行を妨げる障害物の間を通過した後，障害物のかげの方向に回り込む現象を**波の回折**という．波の回折は，障害物に挟まれた隙間が波長の長さより短いと強く表れる．壁のかげに立つと部屋の中のようすは見えないが，部屋の中の話声は聞こえるのは，音は光に比べて波長が長く[※8]，回折によって部屋の中の音が壁のかげにまわり込むからである．

※8 聞こえる音の波長：0.02〜20 m，可視光線の波長：400〜800 nm

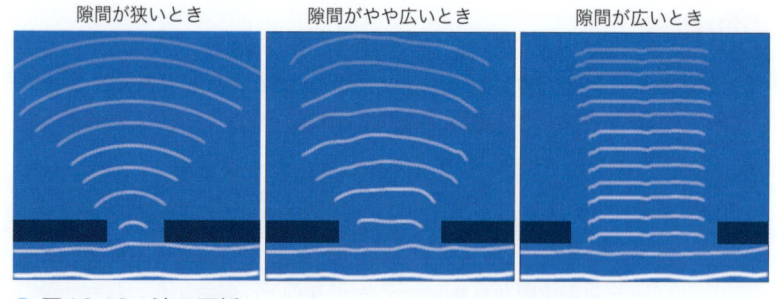

● 図10-13　波の回折
波が隙間や障害物のかげの部分にまわり込む現象を回折という．回折は，波の波長に対して隙間が狭いときに強く現れる．

例題

⑪ 声が小さくても低音の「ひそひそ話」の方が，壁のかげなどから聞こえやすいのはなぜか答えなさい．

解説　低音の音は振動数が低く（小さく），波長が長いので，回折によって壁のかげにまわり込みやすいため．

発展3　ホイヘンスの原理

波の回折はなぜ起こるのだろうか？次の3つの原理（ホイヘンスの原理）を用いて説明することができる（発展図10-4）．

【ホイヘンスの原理】
① 波面上の各点が新しい波源になる．
② 新しい波源を中心に半径 λ の円形の波（素元波）が生じる．
③ 素元波の重なった部分が波全体の新しい波面になる．

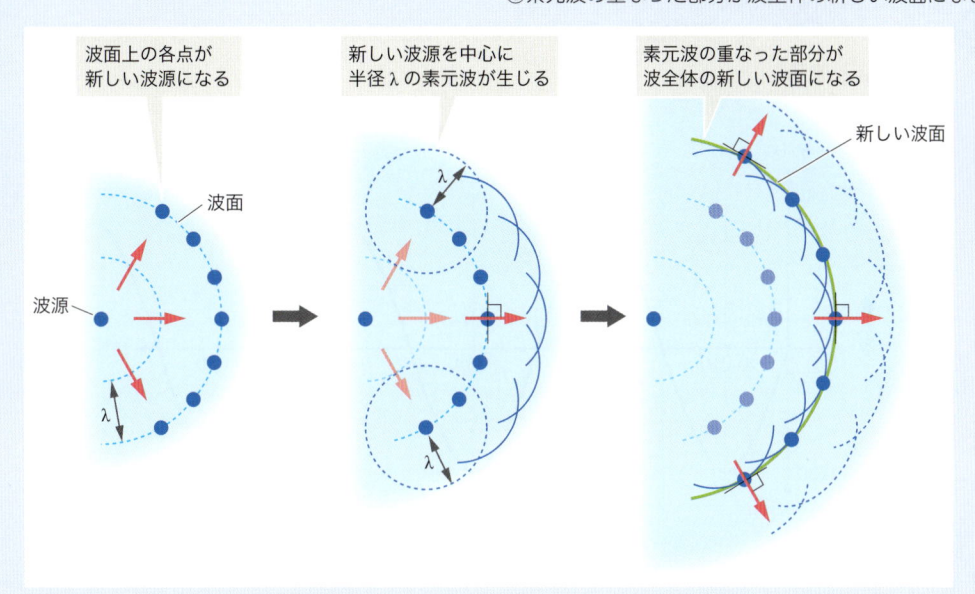

発展図10-4 ● ホイヘンスの原理

【ホイヘンスの原理による回折の説明】
　障壁の間を波が進むと，障壁のかげの部分に波が回り込む回折が起きる．この現象は，障壁の隙間の部分に新しい波源が生じ，そこから素元波が発生すると考えると理解しやすい．隙間の中央部を進む波面は平行に進むが，隙間の端に発生した素元波は円を描いて広がるため，障壁の後ろに回り込む．素元波の波長が長いと，回折も強く現れる．

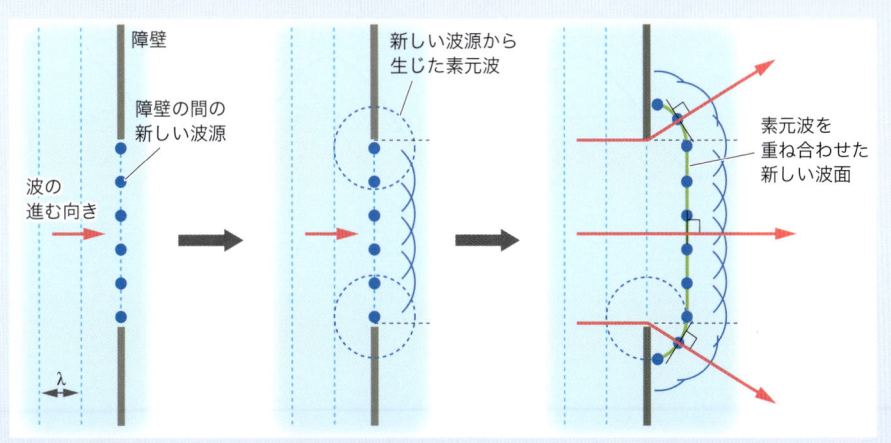

発展図10-5 ● ホイヘンスの原理による回折のようす

10　波の運動　|　141

章末問題

⇒解答は242ページ

1 波によって媒質が1.0 s間に20回振動したとき，次の①，②に答えなさい．
①波の振動数と周期を求めなさい．
②波の伝わる速度が4.0 m/sのとき，この波の波長を求めなさい．

---

2 図のy–tグラフから，波の振幅，周期，振動数，波長を求めなさい．ただし，波の速度は100 m/sとする．

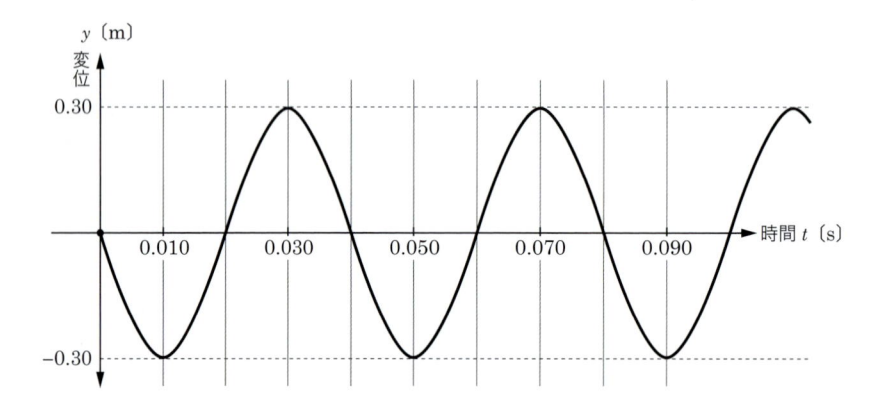

---

3 図の実線はある時刻における波形を表し，破線はある時刻から0.10秒後の波形を表す．x軸の正の向きに波が進み，y軸が媒質の変位とするとき，次の①〜⑤の値を求めなさい．
①波の振幅　②波の波長　③波の伝わる速度　④波の振動数　⑤波の周期

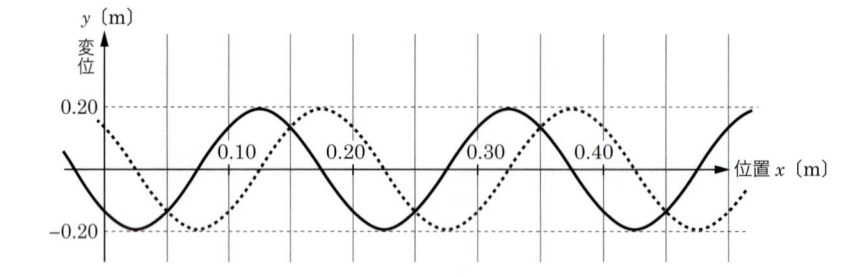

4 次の図のような2つの波の山と谷が重なるとどのような合成波になるか答えなさい．

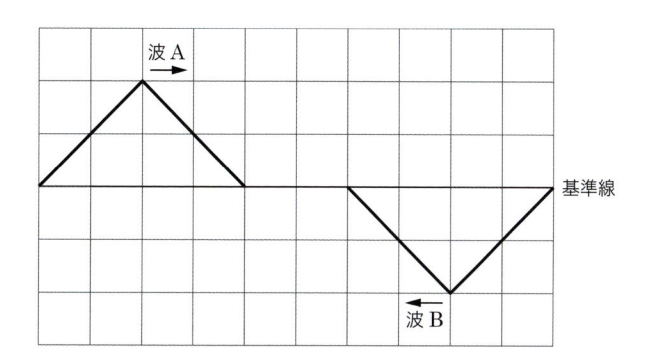

5 次の①〜③について，反射，回折，屈折，干渉のどれに相当するか答えなさい．
①防波堤の内側にも波が回り込む．
②防波堤に波が当たり，戻っていく．
③防波堤に2つの狭い水門があり，水門を通った波が場所によって大きくなったり，小さくなったりする．

11 音と光

学習目標

- 音の三要素を説明できる
- 音の性質について説明できる
- ドップラー効果について説明できる
- 光の種類について説明できる
- 光の強さと距離，光の強さと角度の関係について説明できる

重要な公式

● 観測者に聞こえる振動数 = $\dfrac{音速 \pm 観測者の速度}{音速 \pm 音源の速度}$ × 音源の振動数

$$f = \dfrac{V \pm v_o}{V \pm v_s} f_0$$

($V \pm v_o$：観測者が音源に近づくとき＋，遠ざかるとき－
$V \pm v_s$：音源が観測者に近づくとき－，遠ざかるとき＋)

重要な用語

音（音波） 空気中を伝わる縦波

音速 媒質中を伝わる音の速度

音の三要素 音の性質を決める，音の高さ，音の大きさ，音色の3つのこと

ドップラー効果 音源や観測者が動くことによって，観測者が聞く音の振動数が変化する現象

可視光線 ヒトの目で色として見ることができる光

赤外線 可視光線より波長の長い光

紫外線 可視光線より波長の短い光

偏光 一定の方向に振動する光

全反射 屈折率が大きい媒質から小さい媒質に光が入るときに，入射光が境界面を透過せず，すべて反射する現象

逆2乗の法則 光の強さは光源からの距離の2乗に反比例する

ランバートの余弦の法則 光の強さは，光の進行する向きと光が当たる面の法線とがなす角度の余弦（cos）に比例する

第11章では，波の代表である音と光について学習する．音は縦波※1で，空気やさまざまな物質を媒質として伝わる．光は第14章で説明する電磁波で，横波の代表である．物理療法では，音波である超音波，光である赤外線や紫外線などを用いるので，理学療法士や作業療法士にとって音や光の理解は重要である．

※1　第10章4参照．

1 音

音は媒質中を伝わる縦波で，**音波**ともよばれる．私たちが「音」として聞いているのは，空気中を伝わる音波である．音が伝わるためには波の振動を伝える媒質が必要で，真空中では伝わらない．

太鼓の音を例に考えてみよう．太鼓をバチで叩くと太鼓に張ってある革の部分がへこみ，そして革の弾性力で反対方向に膨らむ．このとき，太鼓の革は周囲にある窒素分子や酸素分子などの空気の分子を押すことになり，空気が圧縮されて密度が高くなる．圧縮された空気は隣の空気を押し，玉突きのように圧縮された空気が波として伝わる．革の弾性力で革の部分がへこむと空気は太鼓の向きに引き寄せられ密度が低くなる．このように，音源の振動が空気の分子の動きとして伝わっていくのが音の正体である（図11-1）．

密度が高いところ（密なところ）と密度が低いところ（疎なところ）が交互に現れて媒質中を進むので，音は**疎密波**ともよばれる．媒質中を伝わる音の速度を**音速**という．

音も波なので，音の速度 v〔m/s〕，振動数 f〔Hz〕，波長 λ〔m〕には，$v = f\lambda$ の関係※2が成り立つ．音の伝わる速度は媒質の種類や状態によって決まっている（表11-1）．空気中の音速 V〔m/s〕は温度が上昇すると速くなり，温度 t〔℃〕によって次の式のように変化する．

$$V = 331.5 + 0.6t$$

音速〔m/s〕= 331.5〔m/s〕+ 0.6〔(m/s)/℃〕× 温度〔℃〕

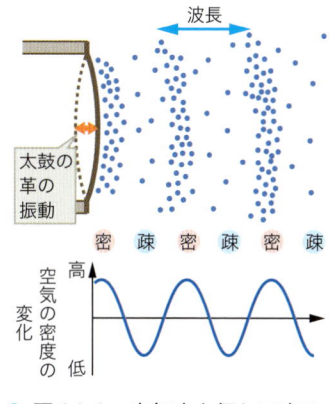

● 図11-1　空気中を伝わる音のようす

※2　第10章2参照．

● 表11-1 さまざまな媒質中の音の速度（音速）

媒質	密度 〔kg/m³〕	音速 〔m/s〕	音響インピーダンス* 〔10⁶ kg/m²·s〕	減衰係数* 〔dB/(cm·MHz)〕
空気（0℃）	1.29	331.5	0.0004	10〜12
水（35℃）	1000	1480	1.48	0.002
血液	1030	1570	1.62	0.2
脂肪	920	1450	1.35	0.6〜0.8
筋	1070	1550〜1630	1.65〜1.74	1.5〜2.5
骨	1380〜1810	2730〜4100	3.75〜7.38	3〜10
脳	1040	1540	1.60	0.2

注：数値は参考値（文献により異なるため）
＊音響インピーダンス，減衰係数についてはCOLUMN2を参照

例題

❶ 晴れた日の日中，地面に近いところと上空では，音速はどのようになるか答えなさい．また，晴れた日の次の日の夜明け前ではどのようになるか答えなさい．

解説 日中は地面が太陽により温められるので，上空より地面に近いところの温度が高い．音速は温度が上昇すると速くなるので，地面に近いところの方が速くなる．反対に，夜明け前は地面の温度が低くなっているので，地面に近いところの音速が遅くなる．地面からの高さによって音速が異なるので，音は直進しないで屈折する．

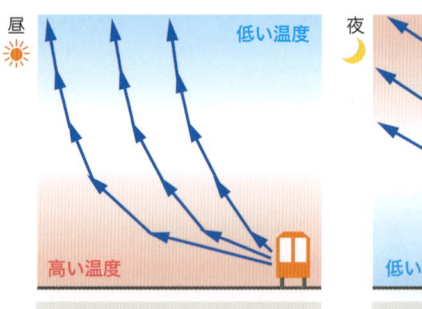

日中は地面に近いところの温度が高く，上空に行くに従って温度が下がるので，地面に近いところの音速が速く，音は上方に曲がりやすくなる．

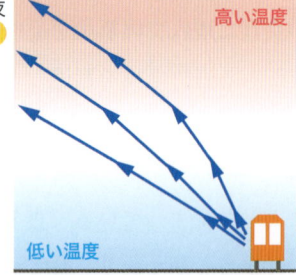

夜間は地面に近いところの温度が低く，上空に行くに従って温度が上がるので，上空の音速が速く，音は横方向に曲がりやすくなる（電車の音が遠くまで聞こえる）．

❷ 温度が15℃のときの音速を求めなさい．また，振動数100 Hzの音と，振動数10000 Hzの音の波長を求めなさい．

解説 15℃のときの音速は，

$$331.5 + 0.6 \times 15 = 340.5 \text{ m/s}$$

よって，振動数100 Hzの音の波長は$v=f\lambda$より

$$\lambda=\frac{V}{f}=\frac{340.5}{100}=3.405\fallingdotseq 3.4\text{ m}$$

振動数10000 Hzの音の波長は

$$\lambda=\frac{V}{f}=\frac{340.5}{10000}=3.405\times 10^{-2}\fallingdotseq 3.4\times 10^{-2}\text{ m}$$

[答] 15℃のときの音速：340.5 m/s,
振動数100 Hzの音の波長：3.4 m,
振動数10000 Hzの音の波長：3.4×10^{-2} m

2 音の三要素

ヒトの声やトリのさえずりなど，自然界にはさまざまな音がある．音の性質には，**音の高さ**，**音の大きさ**，**音色**の3つの要素がある．

▶音の高さ

音の高さは音の振動数によって決まり，振動数が低い（小さい）ほど低音，高い（大きい）ほど高音として聞こえる．ヒトが聞き取れる音の振動数の範囲は20〜20000 Hzで，バス歌手の声の振動数は100 Hz，ソプラノ歌手の声の振動数は1000 Hz程度である．20000 Hz以上の振動数の音波を超音波という（図11-2）．超音波は波長が短いために直進性[※3]がよく，水中や生体組織内でのエネルギーの損失

🩺 **臨床**

※3 直進性：
波が進行する向きを変えずにまっすぐに進むことを直進性という．波の進行する途中に障害物があると，回折により波の進行方向が曲がる（第10章5）．回折は波の波長が長いほど大きくなるので，波長が短い波（振動数が大きい波）の方が直進性は強くなる．

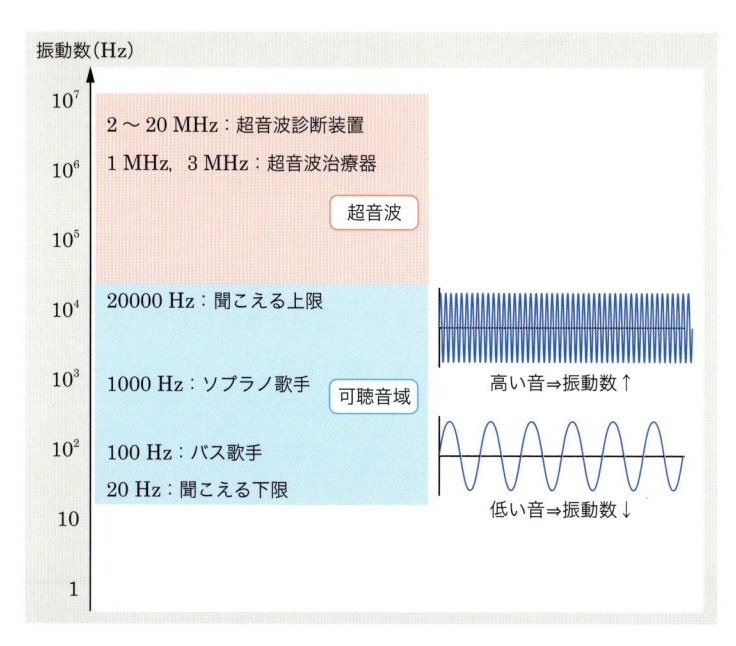

● 図11-2 音の振動数による分類と音の高低

※4 超音波治療器：
超音波導子から発生する1 MHzまたは3 MHzの超音波が生体に伝わると，生体組織が力学的に振動し，熱の発生による温熱作用や，振動によるマイクロマッサージ作用が得られる．これを治療に応用するのが超音波治療器で，代謝の促進，痛みの軽減，痙縮の軽減，軟部組織の伸展性の改善，組織の治癒の促進などの効果がある．

※5 第10章発展2参照．

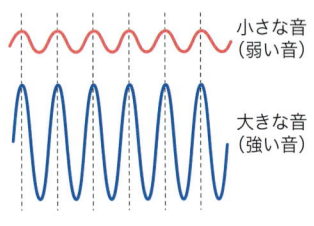

● 図11-3 音の大きさと振幅の関係
振動数が同じとき，振幅が大きいほどエネルギーが大きく，大きな音として聞こえる．

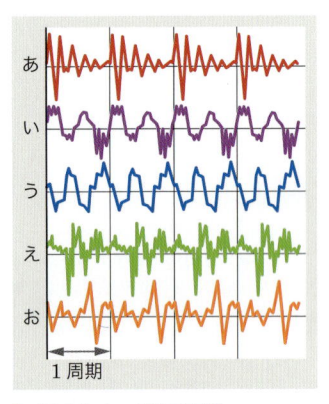

● 図11-4 声の波形
音の違いは波形の違いに現れる．また，音の波形は，さまざまな波形が組み合わさった形になっている．〔沖電気工業株式会社ホームページ (https://www.oki.com/jp/rd/ss/speech.html) をもとに作成〕

が比較的少ないので，超音波診断装置や物理療法の超音波治療器※4として用いられる．

▶ **音の大きさ**

音の大きさは耳に聞こえる音の強弱であり，音のエネルギーと関係している．音のエネルギーも波と同じように振幅の2乗と振動数の2乗に比例する※5ので，音の振幅が大きいほど，また音の振動数が大きいほど音のエネルギーは大きく，大きな音として聞こえる．同じ振動数であれば振幅が大きいほど大きな音として聞こえる（図11-3）．

▶ **音色**

私たちは音を聞いただけで，どの楽器の音か，誰の声かを聞き分けることができる．このような耳に聞こえる音の多様性を音色とよび，音色の違いは波形の違いとして表すことができる（図11-4）．

3 音のドップラー効果

救急車が近づいてくるときはサイレンの音が高く聞こえるが，救急車が過ぎ去るとサイレンの音が急に低くなる．このように，音が発生する場所である音源や，音を聞く観測者が動くことによって，観測者が聞く音の振動数が変化する現象を**ドップラー効果**という．

音源が，静止している観測者に向かって近づいてくる場合を考えてみよう．音源も観測者も静止しているとき，振動数 f_0〔Hz〕で音源から発した音は，音速を V〔m/s〕とすると1秒間に V〔m〕進む．V〔m〕の距離に波が f_0 個あるので，波長 λ_0〔m〕は $\lambda_0 = \dfrac{V}{f_0}$ になる．

観測者が静止していて，音源が観測者に向かって速度 v〔m/s〕で近づいてくるとき，空気は全体としては静止しているので，音速 V〔m/s〕は変わらない．音が1秒間に V〔m〕進む間に音源は v〔m〕進むので，$V-v$〔m〕の中に f_0 個の波が含まれるようになる．このときの波長 λ は次の式で表される（図11-5）．

$$\lambda = \frac{V-v}{f_0}$$

音源が速度 v〔m/s〕で近づく場合の波長〔m〕= $\dfrac{\text{音速〔m/s〕}-\text{音源の速度〔m/s〕}}{\text{音源の振動数〔Hz〕}}$

よって，観測者に聞こえる音の振動数 f〔Hz〕は $f = \dfrac{V}{\lambda}$ の関係から

音源，観測者とも静止している状態

音源：
波長 λ_0 [m]
振動数 f_0 [Hz]

観測者（音を聞いている人）

観測者に聞こえる振動数：
$f = f_0$

1 秒間に音が進む距離：
V [m]
(1 秒後の音の先端の距離)

音源が静止している観測者に近づいてくる状態

音源は観測者に速度 v [m/s] で近づくが，音自体の速度 V [m/s] は変わらないので，1 秒後の音の先端の位置は変わらない

この間の波長：$\lambda = \dfrac{V-v}{f_0}$ [m]

音源の速さ：v [m/s]

観測者に聞こえる振動数：
$f = \dfrac{V}{V-v} f_0$

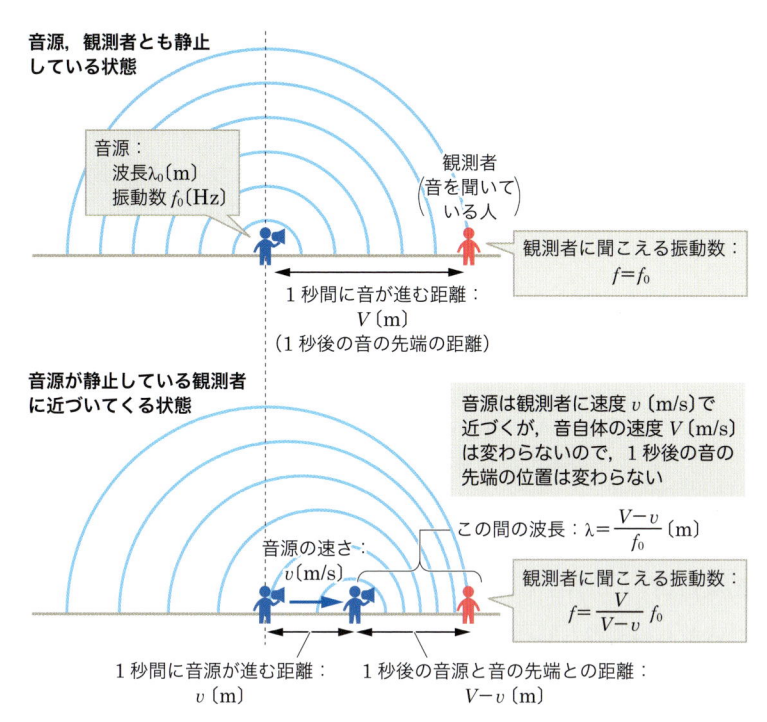

1 秒間に音源が進む距離：v [m]

1 秒後の音源と音の先端との距離：$V-v$ [m]

● 図 11-5　音源が静止している観測者に近づくときのドップラー効果

次の式で表される．

$$f = \frac{V}{\lambda} = \frac{V}{V-v} f_0$$

音源が観測者に近づくときの観測者に聞こえる振動数 [Hz]
$= \dfrac{\text{音速 [m/s]}}{\text{音速 [m/s]} - \text{音源の速度 [m/s]}} \times \text{音源の振動数 [Hz]}$

発展 1　音の強さの単位

　音の強さを表す量として音圧レベル（L_p，単位はデシベル [dB]）が用いられる．音圧レベルは，振動数 1000 Hz の正弦波でヒトが聞き取れる最低の音の圧力 P_0（2×10^{-5} Pa）を基準に次の式で表される．

$$L_p = 20 \log_{10} \frac{P}{P_0} \text{ [dB]}$$

　P は測定した音の圧力を表している．$P = P_0$ のとき $\log_{10} \dfrac{P}{P_0} = 0$ （$10^0 = 1$ なので $\log_{10} 1 = 0$）となる．

　音の圧力が 10 倍になると音圧レベルは 20 dB 増加する．ヒトがふだん聞いている会話の音の圧力は 0.1 Pa 程度であり，音圧レベルの式に当てはめると，$20 \log_{10}(5.0 \times 10^3) \fallingdotseq 74$ dB になる．飛行機のエンジンのそばでは音圧レベルが 120 dB を超え，耳が痛くなる．0 dB は 10^{-12} W/m^2 のエネルギーに相当する．0 dB は，平均的な成人男性が聞きとれる最小の音圧レベル（最小可聴音）である．

11　音と光 | 149

この式から，V は $V-v$ より大きいので，観測者に聞こえる音の振動数 f は f_0 より大きくなり，高い音として聞こえることがわかる．

音源が，静止している観測者から遠ざかって行く場合は，音が 1 秒間に進む距離が観測者から見ると $V+v$〔m〕となり，観測者に聞こえる音の振動数 f は，次のように表される．

$$f = \frac{V}{V+v} f_0$$

音源が観測者から遠ざかるときの観測者に聞こえる振動数〔Hz〕
$= \dfrac{\text{音速〔m/s〕}}{\text{音速〔m/s〕} + \text{音源の速度〔m/s〕}} \times \text{音源の振動数〔Hz〕}$

この式から，V は $V+v$ より小さいので，観測者に聞こえる音の振動数 f は f_0 より小さくなり，低い音として聞こえることがわかる．

音源も観測者も同一線上を動く場合のドップラー効果は，音源から観測者の向きを正として，音速を V，音源の振動数を f_0，音源の速度を v_s，観測者の速度を v_o とすると，観測者に聞こえる音の振動数 f は次のように表される（図11-6）．

COLUMN 1 超音波診断装置

超音波診断装置は X 線のような人体に対する悪影響がほとんどないので，理学療法や作業療法のなかでも，運動器疾患の評価などに利用されている．

超音波診断装置では，皮膚の表面に超音波を照射するとともにはね返ってきた超音波を探知できるプローブを当て，身体内部のようすを描出する．超音波が生体の中を進む速さはわかっているので，超音波が出てから戻ってくるまでの時間から，皮膚の表面から超音波が反射した筋の境界や骨までの距離がわかる．超音波が強く反射される部分が強く光るようにコンピュータで画像処理をすると，コラム図11-1 のような画像が得られる．

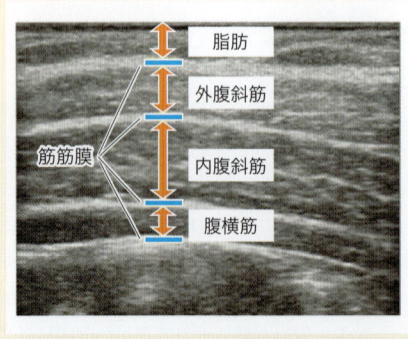

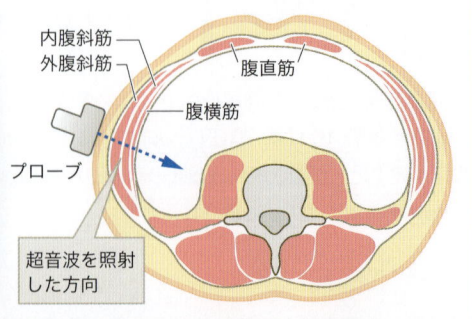

コラム図11-1 ● 超音波診断装置で見た腹部筋群（腹横筋，外腹斜筋，内腹斜筋）

COLUMN 2 　超音波の特性（減衰，分解能，音響インピーダンス）

　超音波を診断や治療に応用するとき，減衰，分解能，音響インピーダンスなどの特性が重要になる．

【減衰】

　減衰は，音波が媒質内を通過するときにエネルギーが減少することをいう．減衰は，音波と媒質の分子との衝突による拡散やエネルギーの吸収などによって起こる．超音波のエネルギーの減衰は，

　　減衰量＝減衰係数×通過距離×振動数

の関係があり，減衰係数の高い媒質，長い距離，大きい振動数ほど減衰が大きい．波長でみると，短い波長ほど減衰が大きくなり，媒質で吸収されるエネルギーは増加する．

　　超音波の減衰量〔dB〕= 0.7〔dB/(cm・MHz)〕
　　　　　　　　　　×通過距離〔cm〕×振動数〔MHz〕

　＊超音波のdB計算の基準は水中で1 μPa
　　0.7〔dB/(cm・MHz)〕：生体の平均減衰係数

【分解能】

　分解能は近接する2点を識別できる能力で，分解能が高いほど精密な測定ができる．波の分解能は波長程度であり，波長の短い波ほど分解能は高い．超音波の分解能には，深さ方向（距離分解能），左右方向（方位分解能）などがある．

　距離分解能は，超音波のパルス幅によって決まる．超音波診断装置では，連続する波を1つのかたまりとして照射する．このひとかたまりの波をパルス波とよび，パルス波を構成する波の数を波数，パルス波の長さをパルス幅という．パルス幅は1つの波の波長と波数の積に等しい．波数をn，波長をλとすると，距離分解能は，

$$距離分解能 = \frac{n\lambda}{2}$$

で表される．超音波診断装置では，5波長程度のパルス幅が用いられる．超音波診断装置の振動数は2〜20 MHzなので，超音波の生体中の速度を1500 m/sとすると，パルス幅は0.4〜4 mm，距離分解能は0.2〜2 mm（5波長分の値）程度になる（コラム図11-2）．

　波長と振動数は反比例の関係にあるので，振動数の大きい超音波ほど分解能は高くなる．しかし，分解能を上げようとして振動数を増加させると，減衰が大きくなって深部まで見ることができなくなる．

【音響インピーダンス】

　音響インピーダンスは，音圧を媒質粒子の速度に相当する量で割ったもので，媒質の密度と媒質中の音の速度との積に等しい．音響インピーダンスは，同じ圧を媒質にかけて音波を発生させたとき，波が速やかに伝わっていく程度を表している．音響インピーダンスが高いと，大きな圧をかけないと波が速く伝わらないので，音響インピーダンスは音が伝わることに対する抵抗と考えることができる．

　音響インピーダンスの差が大きい媒質を音波が通過するときは反射が大きく，次の媒質に入るエネルギーが減衰する．水の音響インピーダンスは空気の音響インピーダンスの4000倍くらいあるので，水中にいる人に声をかけても音は水面でほとんど反射してしまい，水中のヒトには聞こえない．反対に音響インピーダンスの差が小さいと，音波はあまり反射をせずに媒質の境界を通過するので，エネルギーの減衰が少ない．

　超音波診断装置や超音波治療器を使用するときに，プローブと皮膚の間に塗る超音波用クリーム（ゲル）は，生体に近い音響インピーダンスをもつ物質でつくられており，音響インピーダンスの差を小さくする役割を果たしている．

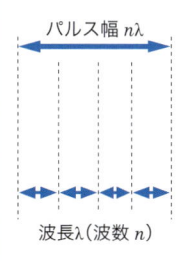

距離分解能 = $\frac{n\lambda}{2}$

生体中の超音波の速度を1.5×10^3 m/s，超音波の振動数を3.0 MHzとすると，
波長$\lambda = \frac{1.5 \times 10^3}{3.0 \times 10^6} = 0.5 \times 10^{-3}$ m
となり，パルス幅が4波長分のときの距離分解能は，
$\frac{4\lambda}{2} = 2\lambda = 1.0 \times 10^{-3}$ m = 1.0 mm になる．

コラム図11-2
超音波の距離分解能（振動数3.0 MHz，波長4のとき）
超音波の距離分解能はパルス幅で決まる．照射される超音波のn個の波を連ねたパルス幅の超音波では，波長λの$\frac{n}{2}$倍の距離分解能になる．

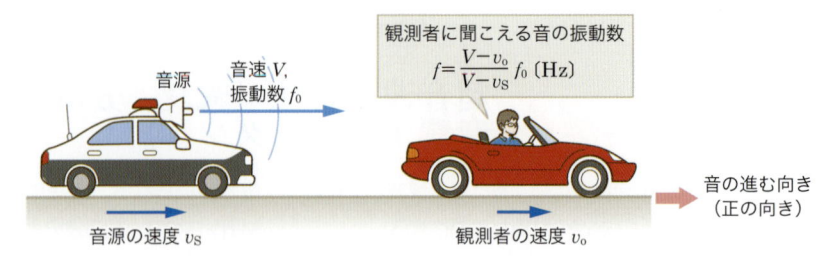

● 図11-6　音源も観測者も同一線上を同じ向きに動くときのドップラー効果

重要

$$f = \frac{V \pm v_o}{V \pm v_s} f_0$$

観測者に聞こえる振動数(Hz) = 音速(m/s)±観測者の速度(m/s)※6 / 音速(m/s)±音源の速度(m/s) ×音源の振動数(Hz)

※6　分子の「音速±観測者の速度」は，観測者が音源に近づくとき＋，遠ざかるとき−．
分母の「音速±音源の速度」は，音源が観測者に近づくとき−，遠ざかるとき＋．

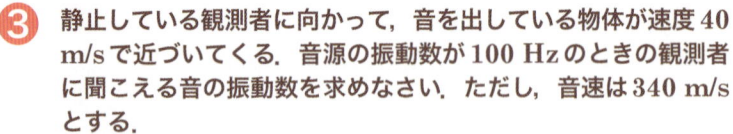

ドップラー効果は音だけなく，すべての波にみられる現象である．ドップラー効果を利用すると，観測される振動数の違いから物体の速度を計算することができる．

例題

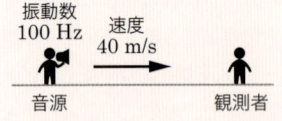

3 静止している観測者に向かって，音を出している物体が速度 40 m/s で近づいてくる．音源の振動数が 100 Hz のときの観測者に聞こえる音の振動数を求めなさい．ただし，音速は 340 m/s とする．

解説　物体が近づいてくるので，観測者に聞こえる音の振動数は，

$$f = \frac{V}{V-v} f_0 = \frac{340}{340-40} \times 100 = 113.33\cdots$$

［答］113 Hz

4　光

▶光の種類

　私たちが見ることのできる光を**可視光線**という．可視光線の波長は，おおよそ 380 nm（紫）〜780 nm（赤）である．可視光線より波長が長い光を**赤外線**，可視光線より波長が短い光を**紫外線**という（図11-7）．紫外線は赤外線より振動数が大きいのでエネルギーが大きい．生体に対して赤外線は温熱作用，紫外線は化学的作用をもたらす．光は横波で，第13章5で学習する電磁波である．光は音や水面の波と異なり，媒質のない真空中でも伝わることができる．

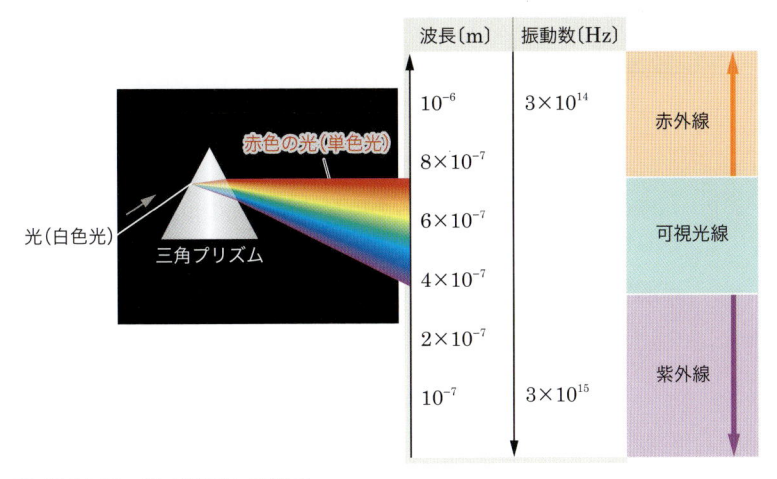

● 図11-7 光の波長と振動数

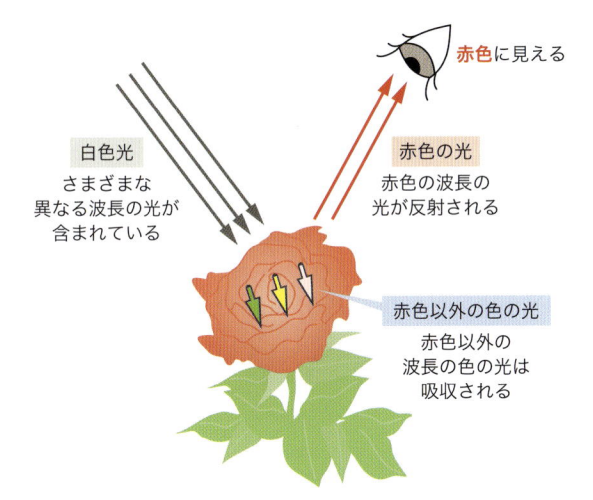

● 図11-8 色の見え方
バラの花が赤色の波長の光を反射し，その他の色の波長の光を吸収すると，赤色に見える

▶ 光の色

　太陽光線をプリズムに通すと，赤から紫の色の光に分かれる．光の色は光の波長（または振動数）によって決まり，太陽光線にはさまざまな波長の光が混ざっていて，特定の色としては感じない．このような光を**白色光**という．また，単一の波長からなる光を**単色光**という（図11-7）．

　私たちは，黄色いバナナ，赤いバラの花などのように，物体に特有の色を感じることができる．太陽の光は白色光なのに，私たちが特別な色を識別できるのはなぜだろうか．バラの花が赤く見えるのは，バラの花が赤色の光を反射し，その他の色の光を吸収しているからである．光の波長で説明すると，物体が特定の波長の光を反射し，他の波

長の光を物体が吸収すると，私たちはその特定の波長の光を物体の色として認識する（図11-8）．

例題

4 バラの葉の色が緑に見えるのはなぜか．光の反射と吸収から説明しなさい．

解説 バラの葉が緑色の光を反射し，その他の色の光を吸収しているから．

5 光の性質

光も，音やその他の波のように，振動数，波長，速度によって特徴づけられる．また，光にも波と同じように反射，屈折，干渉，回折，ドップラー効果などの現象が起きる．ここでは，光の性質として重要な事項と，理学療法・作業療法と関連性の深い事項についてみていこう．

▶光の速度

真空中の光の速度は 3.00×10^8 m/s で，あらゆる波のなかで最も速い．光が真空中から物質に入ると，光の速度は遅くなり波長が短くなるが，振動数は変わらない．

COLUMN 3　青色ダイオードの開発とノーベル賞

ヒトの網膜には，桿体細胞と錐体細胞という光を受容する細胞がある．このうち，色を受容するのは錐体細胞である．錐体細胞は赤，緑，青の3つの色だけに反応する．他の光の色は，この3つの色の組み合わせでつくることができるので，赤，緑，青を光の三原色という．

2014年のノーベル物理学賞は青色ダイオードの発明で，赤﨑 勇，天野 浩，中村修二の3名の日本人の科学者に授与された．これは，すでに開発されていた赤色，緑色に加えて青色ダイオードが発明されたことにより三原色のダイオードがそろい，ダイオードの利用が大きく広がった功績によるものである．

コラム図11-3 ● 赤，緑，青の光の三原色と色の合成

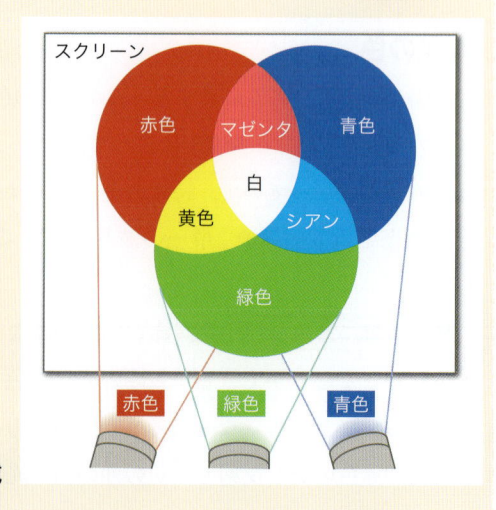

自然光はさまざまな向きに振動する光を含んでいる

偏光板は細いスリット状になっており，スリットの向きに振動する光だけを通す

偏光板を通過した光は1つの向きにだけ振動する偏光の性質をもつ

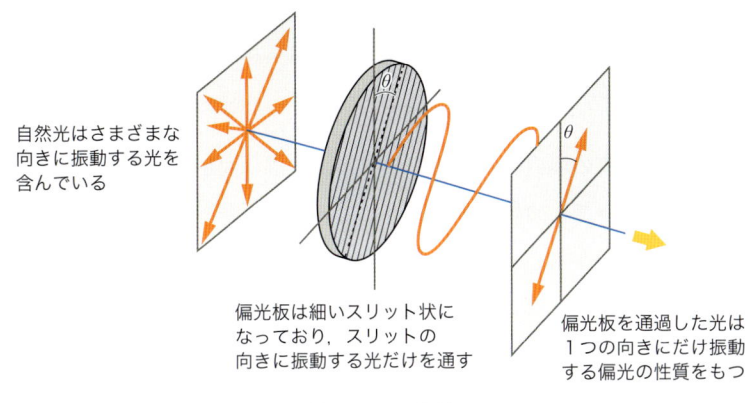

● 図11-9　偏光板を通過した後にできる偏光

▶ 偏光

　光が横波であることを示す現象に**偏光**がある．光を非常に細かい縞の入ったスリットとしてはたらく偏光板に通すと，偏光板の縞と平行な方向に振動する光だけが偏光板を通過する．このような，一方向だけに振動する光を偏光という（図11-9）．偏光板を使うと，物体に当たりさまざまな方向に反射した光のうち1つの方向に振動する光だけが目に入るので，物体をはっきり見ることができる．偏光は，乱反射を抑える偏光メガネ，偏光顕微鏡[7]などに応用されている．

※7　偏光顕微鏡：
偏光顕微鏡は，2枚の偏光板をもつ光学顕微鏡である．偏光板の間に岩石や生物の組織などの薄い（0.02〜0.03mm）資料を置き，可視光を透過させて観察する．資料の光学的な特徴によって，岩石や組織の構造をはっきりと見ることができる．

例題

5 自然光を1番目の偏光板に通し，その後ろに1番目と同じ向きをもつ2番目の偏光板，さらに1番目の偏光板と90°の角度をもつ3番目の偏光板を置いた．2番目の偏光板を通過した後と，3番目の偏光板を通過した後の光の強さはどうなるか答えなさい．

解説　1番目の偏光板を通過した光は，1つの方向に振動する偏光になる．2番目の偏光板は1番目と同じ向きなので，光の強さは変わらない．3番目の偏光板は1番目の偏光板と直交（90°）するので，偏光方向の振動がブロックされ光は通過できず光の強さは0になる．

1番目の偏光板

2番目の偏光板（1番目の偏光板と同じ向き（平行））

3番目の偏光板（1番目の偏光板と直交する向き）

光

通る　通る　通らない

光を1番目の偏光板に通すと，偏光板の向きに振動する偏光が得られる．次に，最初の偏光板と同じ向きの2番目の偏光板を置くと，振動の向きが同じなので光は偏光板を通過する．最後に1番目の偏光板と直交する3番目の偏光板を置くと，偏光は通過できなくなる．

11　音と光　155

[答] 2番目の偏光板を通過後は同じ強さ．3番目の偏光板を通過後は0になる．

▶全反射

異なる媒質の境界に光が進行すると，一部は反射光となり，一部は透過光となって次の媒質の中へ進行する．屈折率が大きい媒質から小さい媒質に光が入るときに，屈折角βは入射角αより大きくなる．入射角αを大きくしていくと，屈折角βが90°となる．屈折角が90°以上になると屈折光はなくなり，入射光は境界面を透過せず，入射光は

COLUMN 4　光の速度の不思議

光はこの世界で最も速く伝わる．そして，物体の速度が光の速度に近づくと，常識では考えられないような不思議な現象が起こる．

速度 v [m/s]で走っているトラックの上から，トラックの進行方向に向かってトラックの速度と同じ速度でボールを投げると，道路に立っている人（静止している人）から見たボールの速度は，トラックの速度とトラックから投げたボールの速度（トラックに乗っている人から見たボールの速度）の和になり，$2v$ [m/s]になる．一方，トラックの進む向きと反対の向きに，同じ速度でボールを投げると，道路に立っている人から見たボールの速度は0になる（コラム図11-4）．

ところが光の速度に近づいてくると，この関係が崩れてくる．光の速度 c [m/s]の半分の速度 $v = 0.5c$ [m/s]で運動しているロケットから，ロケットの進む方向に光を照射する．静止している人から見ると，光の速度は $c + 0.5c = 1.5c$ となるはずである．ところが，光の速度は $1.5c$ にならず，光の速度 c のままである．また，ロケッ

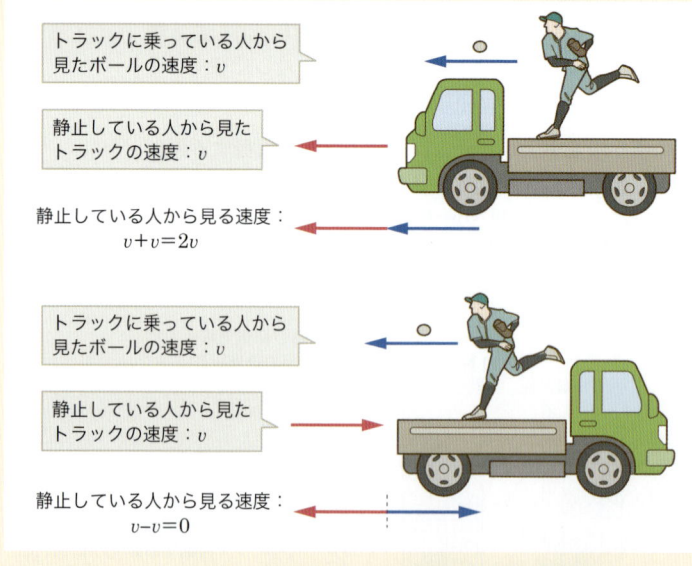

コラム図11-4 ● ふだんの生活における相対的な速度の関係
ふだんの生活の範囲では，静止している人から見たボールの速度は，静止している人から見たトラックの速度とトラックに乗っている人から見たボールの速度の和と差で計算できる．

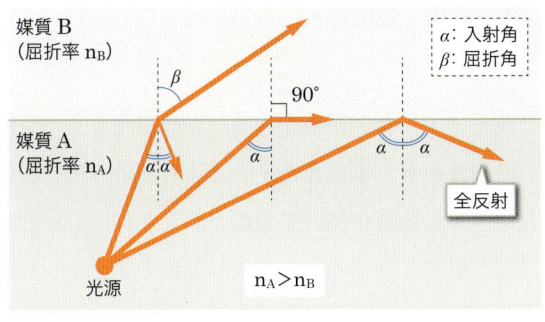

● 図11-10　全反射
媒質Aの屈折率が媒質Bの屈折率より大きいとき，入射角が大きくなると，入射光が媒質Bとの境界ですべて反射される全反射が起きる．

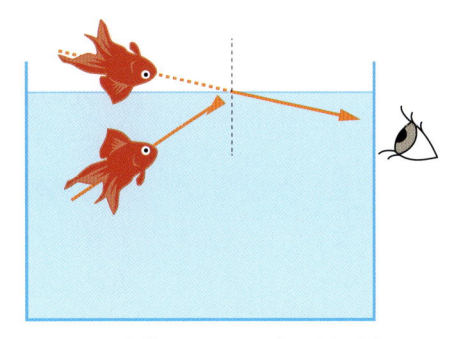

● 図11-11　水槽でみられる全反射の例
水槽の横から，斜め上方向に金魚をみると，水面で全反射を起こして，外の風景は見えないが，水面に鏡で映したような金魚が見える．

トの進む向きと反対向きに出た光の速度も，静止している人から見ると，$c-0.5c=0.5c$にならず光の速度cのままである（コラム図11-5）．これは，光の速度は観測者と光源との相対的な速度に関係なく，常に一定であることを表している．これを「光速度不変の原理」という．

この不思議な現象を説明する理論が，アインシュタインが考案した相対性理論である．相対性理論では，一定の速度で運動していても光の速度が変わらないことから，光速に近づくと時間がゆっくり進んだり，空間の長さが縮んだりするなどの不思議な結果が出てくる．相対性理論は光速度不変の原理が破れないようにつくられているが，実際に実験をすると相対性理論で予測されるような実験結果が出るので，自然は相対性理論が成り立つようにできていると考えられている．

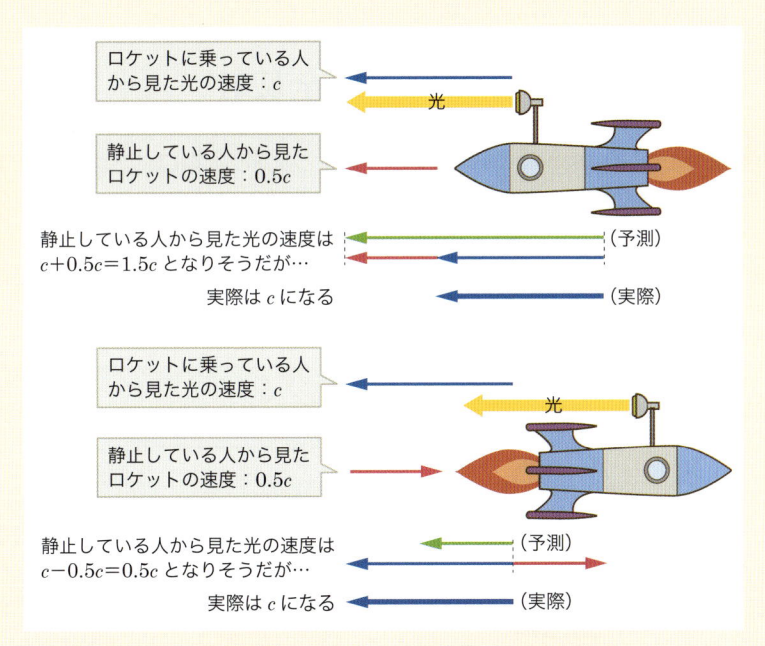

コラム図11-5　● 光の速度に近いときの相対的な速度の関係
光の速度は，ロケットに乗っている人から見ても，静止している人から見ても同じになる．これを光速度不変の原理という．光速度不変の原理が成り立つためには，ロケットに乗って観測している人の時間が遅く進んだり，距離が縮んだりする必要がでてくる．

すべて反射される．この現象を**全反射**という（図11-10，図11-11）．

▶ 光の散乱

　光が小さな粒子に当たると，さまざまな方向に反射が起きる．これを**光の散乱**という．光の波長より小さな粒子による散乱は，波長が短い青色ほど散乱されやすく，波長が長い赤色ほど散乱されにくい．散乱により，部屋に日光が射すと部屋の中のほこりがよく見えたり，晴れた日に太陽光が大気を通過するときに散乱を起こし，空が青く見えたりする．また，日差しの強いときは，散乱された紫外線により，日かげにいても強い紫外線にさらされる．

例題

6 夕焼けや朝焼けで空が赤く見える理由を，色の見えるしくみと大気による散乱から説明しなさい．

解説 夕焼けや朝焼けのとき，太陽は低い位置にあるので，光が大気を斜め方向に進むため通過する大気の層が厚くなり，大気による散乱の影響が大きくなる．青い光は散乱されやすいので，赤い光が多く地上に達する．そのため，赤い光線が多く目に入るので赤く見える．

COLUMN 5　光ファイバーと全反射

　全反射を利用したものに，光通信や内視鏡で使われる光ファイバーがある．内視鏡のチューブの部分には多数の光ファイバーが入っている．内視鏡で使われる光ファイバーは，直径が10〜20 μmの屈折率が大きい細長い特殊なガラスやプラスチックをコアとして，そのまわりにグラッドとよばれるコアよりも屈折率の小さいガラスやプラスチックの層があり，光が全反射を繰り返して伝わる．そのため，ファイバーの入った管が曲がっても，光がファイバー内を伝わることができる．

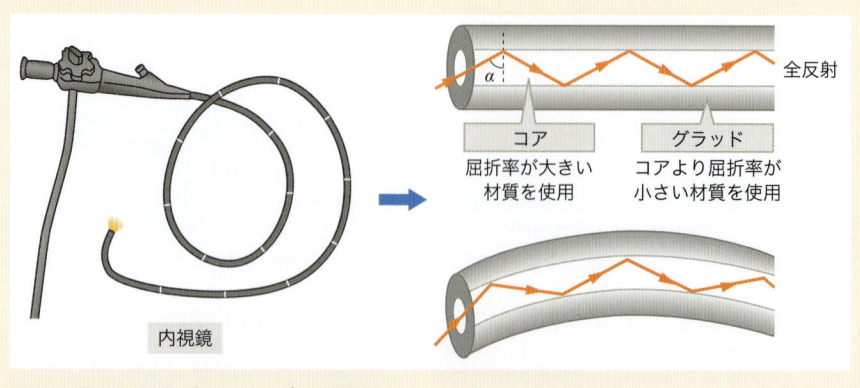

コラム図11-6 ● 光ファイバーの構造

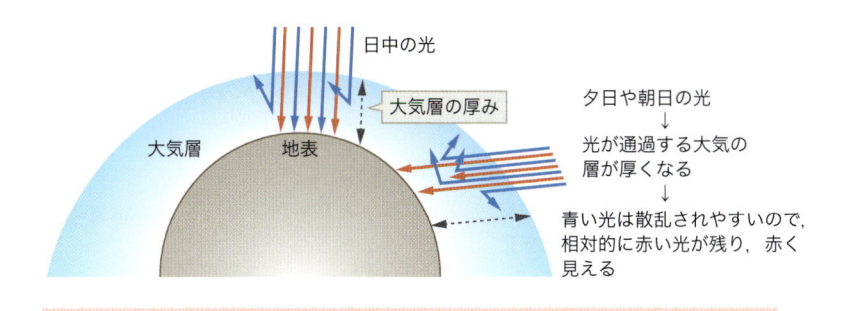

6 光の強さ

　光の強さは，波と同じように振動数が大きいほど，または波長が短いほど強くなる．紫外線は赤外線よりエネルギーが大きく，日焼けによる炎症や発がん作用など生体に及ぼす作用も強い．

　また，光の強さは光を発する光源からの距離や，光が物体の表面に当たる角度によって変化する．

　光源からの距離が d 〔m〕の位置での光の強さは，距離の2乗に反比例して弱くなる．この関係は波の一般的な特性でもあり，**逆2乗の法則**とよばれる．また，光源から光が進む方向が，物体の表面（照射面）と垂直な方向（法線）に対して θ の角度をもっているとき，光の強さは $\cos\theta$ に比例して弱くなる．この関係は，**ランバート (Lambert) の余弦の法則**とよばれる（図11-12）．物理療法で赤外線やマイクロ波を使用するときは，光源と照射部位までの距離，光源と照射部位の角度関係を考えて，適度な強度になるように調節する必要がある．

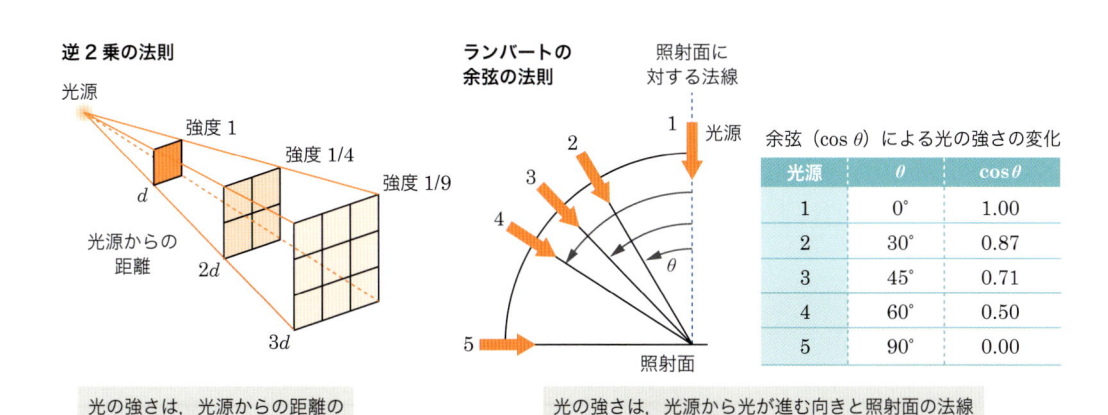

余弦（$\cos\theta$）による光の強さの変化

光源	θ	$\cos\theta$
1	0°	1.00
2	30°	0.87
3	45°	0.71
4	60°	0.50
5	90°	0.00

光の強さは，光源からの距離の2乗に反比例して弱くなる

光の強さは，光源から光が進む向きと照射面の法線とのなす角の余弦（cos）に比例して変化する

● 図11-12　光の強さに関する逆2乗の法則とランバートの余弦の法則

例題

7 光源から 2 m の位置の光の強さは，光源から 4 m の位置の光の強さの何倍になるか．

解説 光の強さは光源からの距離の2乗に反比例するので，光源から 2 m の位置での光の強さを E，光源から 4 m の位置での光の強さを E′ とすると，次の関係が成り立つ．

$$\frac{E}{E'} = \frac{\frac{1}{2^2}}{\frac{1}{4^2}} = \frac{16}{4}$$

よって，4E ＝ 16E′ から，E ＝ 4E′

［答］4 倍

発展 2　光の強さからみた逆2乗の法則とランバートの余弦の法則

　光の強さは，波の強さと同じように，光の進む向きに垂直な単位面積を単位時間に通過するエネルギー量で表される（第10章発展2参照）．これを，逆2乗の法則とランバートの余弦の法則にあてはめてみよう．

　光源からの距離を d とすると，光源を中心とする球面の面積は $4\pi d^2$ になり，距離 d の2乗に比例して増加する．光源から発した光が一定とすると，通過する面積が広がった分だけ単位面積あたりを通過するエネルギー量は減少する．つまり，光の強さは距離の2乗に反比例する．この関係が逆2乗の法則である（発展図11-1）．

　次に，物体の面に垂直な方向（法線）と角度 θ をなす光源からくる光は，光が物体を照射する面積が $\cos\theta$ の逆数に比例して増加する．そのため，単位面積あたりの光のエネルギー量は，$\cos\theta$ の逆数の逆数，つまり $\cos\theta$ に比例する．これがランバートの余弦の法則である（発展図11-2）．

　逆2乗の法則もランバートの余弦の法則も，光の強さを「光の進む向きに垂直な単位面積を単位時間に通過するエネルギー量」ととらえると，同じような考え方で理解することができる．

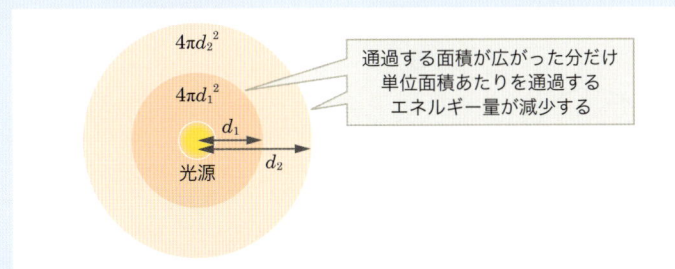

発展図11-1　逆2乗の法則

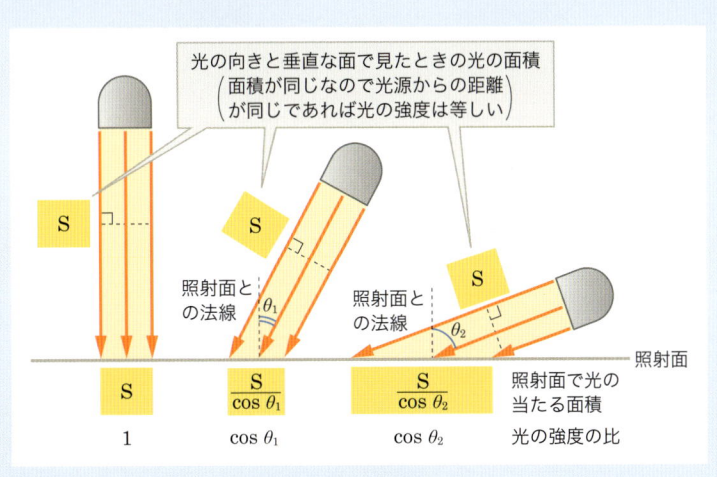

通過する面積が広がった分だけ単位面積あたりを通過するエネルギー量が減少する

発展図11-2　ランバートの余弦の法則

ランバートの余弦の法則は，光が照射面に斜めに入ることによるエネルギー密度（強度）の低下と考えることができる．

章末問題

⇒解答は242ページ

1 超音波治療器に用いられる超音波の振動数には，1.0 MHzと3.0 MHzのものがある．身体の中を伝わる超音波の速度を水と同じ1.5×10^3 m/sとするとき，それぞれの振動数の超音波の波長を求めなさい．

2 静止している観測者に向かって音を出している物体が近づいてくる．音源の振動数が300 Hzのとき，観測者に聞こえる音の振動数が340 Hzだった．この物体の近づいてくる速度を求めなさい．ただし，音速は340 m/sとする．

TRY!

3 図BのX点に照射される極超短波強度は図Aの何％か．
① 62.5％　② 50％　③ 37.5％　④ 25％　⑤ 12.5％

[第40回国家試験問題（理学療法）]

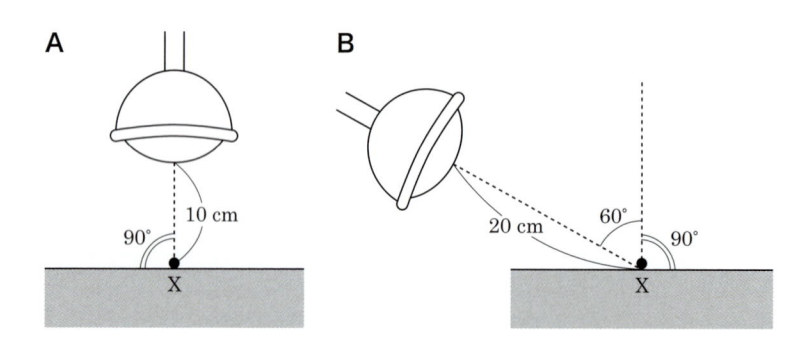

A　90°　10 cm　X

B　20 cm　60°　90°　X

ポイント⇒逆2乗の法則とランバートの余弦の法則の2つの影響を考える必要がある．

❹ 光は空気中から水に入ると速度が遅くなり，音は空気中から水に入ると速度が速くなる．光の入射角と音の入射角が同じとき，屈折角はどちらが大きくなるか答えなさい．

ポイント⇒第10章5「波の特性」を復習しよう．

❺ 超音波診断装置や超音波治療器を使用するとき，超音波を発振するプローブと皮膚の間にゲル（ゼリー状の半流体）を塗る．ゲルを塗る目的は何か答えなさい．

12 電気と力

学習目標
- 原子の基本的な構造について説明できる
- 静電気力について説明できる
- 電場について説明できる
- 静電誘導について説明できる
- 電位について説明できる
- コンデンサーについて説明できる

重要な公式

- 静電気力 = クーロン定数 × $\dfrac{\text{Aの電気量} \times \text{Bの電気量}}{(\text{AB間の距離})^2}$

$$F = k\dfrac{q_A q_B}{r^2}$$ クーロンの法則

- 静電気力 = 電気量 × 電場

$$F = qE$$

重要な用語

電気素量 電子1個または陽子1個のもつ電気量の絶対値．電気量の単位はクーロン〔C〕

電気量保存の法則 電子が移動して帯電が生じても、全体としての電気量は変わらない

電荷 物体がもつ電気．電気と同じもの

帯電 電子が移動して、物体の電気量が正または負にかたよること

クーロンの法則 2つの電荷の間にはたらく力は、電気量の積に比例し、距離の2乗に反比例する

静電気力 静止している電気の間にはたらく力．クーロン力ともいう

斥力 反発し合う力

電場 電荷が置かれると静電気力が生じる空間．ベクトル量であり、単位はニュートン毎クーロン〔N/C〕

- 点電荷による電場の強さ ＝ クーロン定数 × $\dfrac{\text{点電荷の電気量}}{(\text{距離})^2}$

$$E = k\dfrac{q}{r^2}$$

- 静電気力による位置エネルギー ＝ 電気量 × 電位   ● 電位差 ＝ 電場 × 距離

$$U = qV \qquad\qquad V = Ed \text{（一様な電場の場合）}$$

- 点電荷のまわりの電位 ＝ クーロン定数 × $\dfrac{\text{電気量}}{\text{距離}}$

$$V = k\dfrac{q}{d}$$

- コンデンサーの電気量 ＝ 電気容量 × 電位差

$$Q = CV$$

- コンデンサーの静電エネルギー ＝ $\dfrac{1}{2}$ × 電気量 × 電圧

$$U = \dfrac{1}{2}QV$$

電気力線 正の電荷から負の電荷に向かう，電気力を説明するための仮想的な線

静電誘導 帯電した物体が近づくことによって，導体の表面に電荷が現れる現象

電位差（電圧） 2点間の電位の差．電場の中で1Cの電荷を2点間の距離だけ移動させるのに要する仕事量と等しい．単位はボルト〔V〕

導体 電気をよく通す物体

誘電分極 帯電した物体が近づくことによって，不導体の表面に電荷が現れる現象

コンデンサー 電気を蓄えることができる装置

不導体 電気を通しにくい物体．誘電体，絶縁体ともよばれる

電位 ある位置において，1Cの電荷がもつ位置エネルギー．電場の中で，1Cの電荷を基準点からある位置に移動させるのに要する仕事量と等しい．単位はボルト〔V〕

電気容量 コンデンサーが蓄えることのできる電気量の大きさを表す量．単位はファラド〔F〕

私たちのまわりは，テレビ，冷蔵庫，洗濯機，パソコンなど，電気を利用した機器であふれている．電気のエネルギーは，光，熱，力などに変換され生活に役立っている．また，私たちの思考や行動の源である脳や神経のはたらきも，電気的な活動に担われている．電気についての理解は生活を営むうえで，また，自然現象やヒトの生きているしくみをより深く理解するためにも重要である．理学療法や作業療法の生体への作用も，突き詰めていくと，神経や筋の膜の電気活動など，生体の電気的な活動の変化によることが多い．

1 電気の間にはたらく力

電気には正と負の2種類の電気がある．物体のもつ電気を**電荷**という．電気と電荷は同じものである．静止している電荷の間には**静電気力**という力がはたらく．静電気力の性質を知ることで，電気について理解することができる．まず電気が生じるしくみを学んでから，静電気力の性質をみていこう．

▶原子の構造

電気を理解するためには，物体を構成する原子の基本的な構造について知る必要がある．もっとも基本的な原子のイメージは，「原子の中央に**陽子**と**中性子**が集まった**原子核**があり，原子核のまわりに**電子**が動きまわっている」というものである（図12-1）．陽子は正（＋）の電荷をもち，電子は負（－）の電荷をもつ．この陽子の正の電荷と電子の負の電荷が，電気に関係するさまざまな現象のもとになっている．中性子は電気をもたず電気的に中性で，中性子と陽子，中性子と電子との間には静電気力がはたらかない．

原子の中の陽子の数と電子の数は等しく，1個の原子では，正の電荷と負の電荷が打ち消し合って電気的に中性になっている．多数の原子から構成される物体も，物体全体の正の電荷と負の電荷が同じ量で，均等に分布していれば電気的に中性であり，物体に電気的な力ははたらかない．電気について考えるときは，物体のもつ正の電荷と負の電荷の過不足が重要になる．

▶イオン

原子から電子が出たり，反対に原子に電子が入ったりすると，正の電荷と負の電荷に過不足が生じ，**イオン**になる．原子から電子が出た

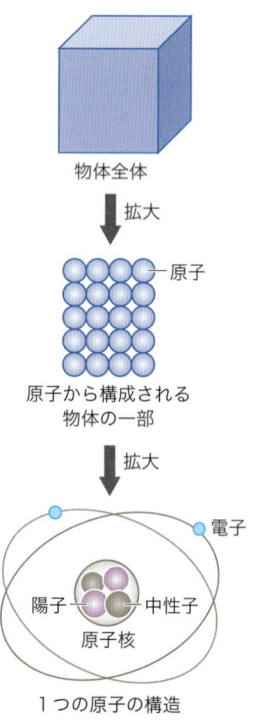

●図12-1　原子の基本的な構造
物体（物質）は原子で構成され，原子は原子核（陽子と中性子）と電子で構成されている．

ときは負の電荷が不足するので**陽イオン**，原子に電子が入ったときは負の電荷が過剰になるので**陰イオン**になる（図12-2）．電荷の量を電気量といい，電気量の単位はクーロン〔C〕である．電子1個のもつ電気量はとても小さく，-1.6×10^{-19} Cである．電子1個がもつ電気量は基本的な電気量になるので，その電気量の大きさ（絶対値）を**電気素量** e という．

例題

❶ 陽子1個の電気量を求めなさい．

解説 原子の陽子数と電子数は等しいので，陽子の電気量は電子の電気量と同じ量で符号が反対になる．したがって，陽子1個の電気量は，$+1.6 \times 10^{-19}$ Cである． 〔答〕 $+1.6 \times 10^{-19}$ C

❷ 水素原子は1つの陽子のまわりに1つの電子がまわっている構造をもつ．水素分子は水素原子2個が結合してできている．電気素量を 1.6×10^{-19} C[※1] として，次の問いに答えなさい．
① 1つの水素分子に含まれる負の電気量の合計はいくらか．
② 1つの水素分子に含まれる正の電気量の合計はいくらか．
③ 水素分子1gには，3.0×10^{23} 個の分子が含まれている．水素分子1gに含まれる負の電気の総量はいくらか．

解説 ① 水素分子には2個の電子が含まれるので，負の電気量は
$$2 \times (-1.6) \times 10^{-19} = -3.2 \times 10^{-19}$$
② 水素分子には2個の陽子が含まれるので，正の電気量は
$$2 \times (+1.6) \times 10^{-19} = +3.2 \times 10^{-19}$$
③ 水素分子1gには 3.0×10^{23} 個の分子が含まれ，水素分子1個には2個の電子が含まれるので，負の電気の総量は
$$3.0 \times 10^{23} \times 2 \times (-1.6) \times 10^{-19} = -9.6 \times 10^{4}$$

〔答〕① -3.2×10^{-19} C，② $+3.2 \times 10^{-19}$ C，③ -9.6×10^{4} C

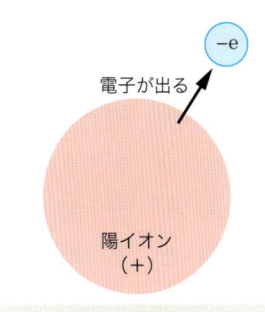

電気的に中性な原子から電子が放出されると，負の電荷が不足するので陽イオンになる

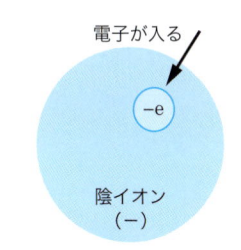

電気的に中性な原子に電子が取り込まれると，負の電荷が過剰になるので陰イオンになる

● 図12-2 電子の出入りとイオンの関係

※1 電気素量は絶対値なので，正（＋）と負（－）のどちらもとりうる．

▶摩擦によって起こる，電子の移動による物体の帯電

2つの物体をこすり合わせると，1つの物体を構成している原子の電子が，もう1つの物体に移動する．電子が出ていった物体は，負の電荷が減るので正の電気が過剰になる．一方，電子を受け取った物体は，負の電荷が増えるので負の電気が過剰になる．このように，電子が移動して物体に電気の過不足が生じた状態を**帯電**という（図12-3）．

帯電した物体を**帯電体**という．帯電体を近づけると，正と正，負と負のように，同じ符号の帯電体には互いに反発する力がはたらく．この反発する力を**斥力**（せきりょく）という．一方，正と負，負と正のように，反対の

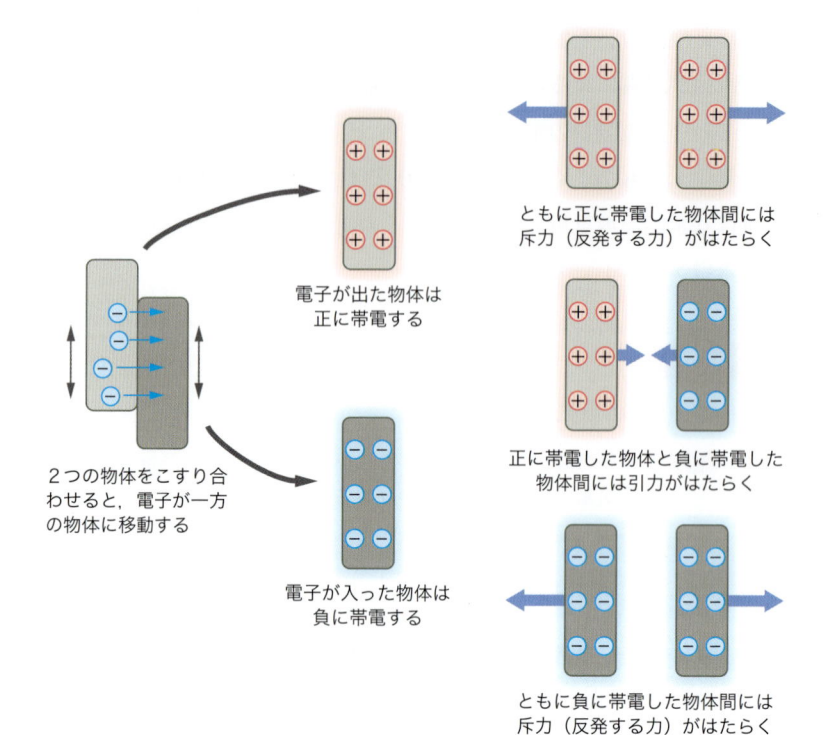

● 図12-3 摩擦による帯電と帯電体にはたらく力

符号をもつ帯電体を近づけると，たがいに引き合う力である**引力**がはたらく（図12-3）．微粒子が電気を帯びたものを**点電荷**とよぶ．微粒子の体積はとても小さいので，点電荷は電気をもつ点とみなして計算をすることができる．

帯電は，電子が移動することによって起こるので，2つの物体を合わせた全体の電子の数は変わらない．このように，電子が移動しても全体としての電気量（または電子の数）が変わらないことを**電気量保存の法則**という．

例題

❸ 物体Aと物体Bを接触させてこすり，ふたたび離したところ，物体Aは正に，物体Bは負に帯電した．このとき，次の問いに答えなさい．
① 電子が出たのは，物体Aか物体Bか．
② 物体Aに帯電した電気量が 3.2×10^{-9} C であったとき，2つの物体間を移動した電子数は何個か．ただし，電気素量は 1.6×10^{-19} C とする．

解説 ① 電子は負の電荷をもつので，電子が物体に入ると負に帯電する．よって，電子は物体Aから出て，物体Bに入った．

② 物体間を移動した電子がもつ電気量は，物体Aに帯電した

電気量と等しいので
$$\frac{3.2 \times 10^{-9}}{1.6 \times 10^{-19}} = 2.0 \times 10^{10}$$

[答] ①物体A, ②$2.0 \times 10^{10}$個

▶静電気力

同符号の電荷の間には斥力, 異なる符号の電荷の間には引力がはたらく. この電気的な力を**静電気力**または**クーロン力**という. q_A [C] の電荷Aと q_B [C] の電荷Bが, r [m] 離れて位置しているとき, 電荷Aと電荷Bの間にはたらく静電気力 F [N] は次の式で表される. この関係は**クーロンの法則**[※2]とよばれる (図12-4).

※2 2つの電荷の間にはたらく静電気力は, 電気量の積に比例し, 距離の2乗に反比例する.

> **重要**
> $$F = k\frac{q_A q_B}{r^2}$$
> 静電気力 [N] ＝ クーロン定数 [N・m²/C²] × $\dfrac{\text{Aの電気量 [C]} \times \text{Bの電気量 [C]}}{(\text{AB間の距離 [m]})^2}$

kはクーロン定数とよばれる比例定数で, 真空中や空気中では 9.0×10^9 [N・m²/C²] である.

発展1 静電気力と万有引力を比べてみると

静電気力は電荷をもつ2つの物体の間にはたらく力, 万有引力は質量をもつ2つの物体の間にはたらく力 (第5章発展1参照) である. 水素原子の原子核と電子の間には静電気力による引力がはたらき, 万有引力による引力もはたらいている. この2つの力の大きさを比較してみよう.

電子1個の電気量は電気素量の -1.6×10^{-19} C で, 電子1個の質量は 9.1×10^{-31} kg である. 水素の原子核は陽子1つなので, 電気量は $+1.6 \times 10^{-19}$ C となり, 質量は陽子の質量から 1.7×10^{-27} kg である. また, クーロン定数は $k = 9.0 \times 10^9$ [N・m²/C²], 万有引力定数は $G = 6.7 \times 10^{-11}$ [N・m²/kg²] である. 原子核と電子の距離は, 原子の半径程度の 10^{-10} m として計算する.

・水素の原子核と電子の間にはたらく静電気力
$$F_q = 9.0 \times 10^9 \times \frac{(-1.6 \times 10^{-19}) \times (1.6 \times 10^{-19})}{(10^{-10})^2}$$
$$\fallingdotseq -2.3 \times 10^{-8} \text{ [N]}$$

・水素の原子核と電子の間にはたらく万有引力
$$F_G = 6.7 \times 10^{-11} \times \frac{(1.7 \times 10^{-27}) \times (9.1 \times 10^{-31})}{(10^{-10})^2}$$
$$\fallingdotseq 1.0 \times 10^{-47} \text{ [N]}$$

静電気力と万有引力の大きさの比をとると,
$$\frac{F_q}{F_G} = \frac{2.3 \times 10^{-8}}{1.0 \times 10^{-47}} = 2.3 \times 10^{39}$$

となり, 静電気力がいかに大きいかわかる. 化学的な反応は原子や分子のレベルで行われる原子や電子の運動に基づいているので, 化学反応や生命現象を分子レベルで理解する場合には, 万有引力はほとんど関係なく, 電気的な力が重要になる.

一方, 星の運動などでは, 星の質量はきわめて大きく, 星全体が強く帯電するようなことはないので, 万有引力が重要になる.

12 電気と力 | 169

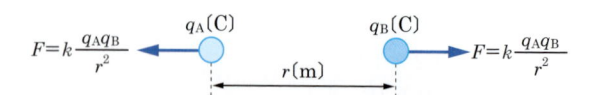

$$F = k\frac{q_A q_B}{r^2}$$ ← q_A(C) q_B(C) → $F = k\frac{q_A q_B}{r^2}$

r (m)

2つの電荷 q_A と q_B が距離 r の位置にあるとき，それぞれの電荷は $F = k\dfrac{q_A q_B}{r^2}$ の力を受ける．

● 図12-4　クーロンの法則

力の向きは，正の電荷と正の電荷，または負の電荷と負の電荷のときは斥力，正の電荷と負の電荷のときは引力となる．2つの電荷の間にはたらく力は，大きさが同じで向きが反対なので，作用反作用の法則が成り立っている．

例題

4 電荷 q_A と q_B が 1 m 離れているときの静電気力を F 〔N〕とする．次のように電気量や電荷間の距離が変化すると，静電気力はどうなるか答えなさい．
① 電荷間の距離が 2 m になったとき
② 電荷間の距離が 0.5 m になったとき
③ q_A の電気量が 2 倍になったとき
④ q_A と q_B の電気量が両方とも 2 倍になったとき

解説 クーロンの法則より，2つの電荷の間にはたらく静電気力は，電気量の積に比例し，距離の2乗に反比例するので，以下のようになる．

〔答〕① $\dfrac{1}{4} F$〔N〕，② $4F$〔N〕，③ $2F$〔N〕，④ $4F$〔N〕

5 3×10^{-6} C の電荷をもつ物体 A と -2×10^{-6} C の電荷をもつ物体 B が 3 m 離れて位置しているとき，物体 A と物体 B の間にはたらく静電気力を求めなさい．ただし，クーロン定数 k は 9.0×10^9 N・m^2/C^2 とする．

解説 $F = k\dfrac{q_A q_B}{r^2}$ より

$$9.0 \times 10^9 \times \frac{3 \times 10^{-6} \times (-2) \times 10^{-6}}{3^2} = -6 \times 10^{-3}$$

〔答〕-6×10^{-3} N

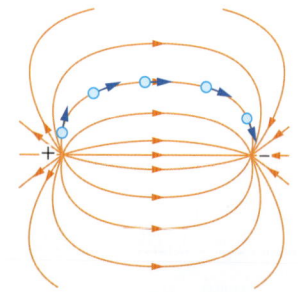

● 図12-5　電気力線で表した電場のようす

電場内に点電荷(○)を置いて少しずつ動かし，正の電荷が受ける力の向きに矢印をつけ，曲線を描くことによって電気力線が得られる．

2　電場

▶ 電場とは

2つの電荷が離れているのに静電気力がはたらくのは，1つの電荷があるとそのまわりの空間が特別な性質をもつようになり，この特別な空間に別の電荷が置かれると力を受けるためと考えられている．こ

のように，電荷が置かれると静電気力が生じる特別な空間を**電場**という．電場のようすは，電気をもつ非常に小さな物体（点電荷）を電場内に置き，正の電荷が受ける力の向きに矢印をつける作業を，少しずつずらしながら曲線を描くことによって表現できる（図 12-5）．こうして描かれる曲線を**電気力線**という．電気力線には表 12-1 のような性質がある．

電場内に 1 C の電荷（試験電荷という）を置いたとき，1 N の力の静電気力が生じる電場の強さを 1 ニュートン毎クーロン〔N/C〕と定める．電場は大きさと向きをもつのでベクトル量である．電場の大きさを E〔N/C〕，電場に置かれる点電荷の電気量を q〔C〕，点電荷が受ける静電気力を F〔N〕とすると，静電気力は次の式で表される（図 12-6）．

重要

$$F = qE$$

静電気力〔N〕＝電気量〔C〕×電場〔N/C〕

● 表 12-1　電気力線の性質

① 電気力線は正の電荷から出て，負の電荷に入る
② 電気力線上の接線の向きは，その位置における電場の向きになる
③ 電気力線の密なところほど電場は強い
④ 電気力線は交わったり，接したりしない
⑤ 電気力線は，電気力線の方向に張力がはたらき，また隣り合う電気力線同士には互いに反発する力がはたらく性質がある

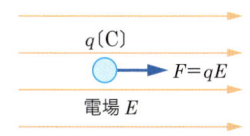

● 図 12-6　電気が電場から受ける力

電場 E の中に正の電荷 q が置かれると，電場の向きに $F = qE$ の力を受ける．負の電荷の場合は，電場と反対の向きに力を受ける．

例 題

6 4.0 N/C の電場に 2.5×10^{-7} C の点電荷を置いたとき，この点電荷の受ける力を求めなさい．

解説　点電荷の受ける力を F とすると，$F = qE$ より

$$2.5 \times 10^{-7} \times 4.0 = 1.0 \times 10^{-6}$$

〔答〕 1.0×10^{-6} N

7 重力の向きと反対向きの電場内に，質量 2.0 kg で，$+1.0 \times 10^{-6}$ C の電気量をもつ物体が静止して浮いている．このときの電場の強さを求めなさい．ただし，重力加速度は 10 m/s² とする．

解説　重力と静電気力がつり合っているので，物体の質量を m〔kg〕，電気量を q〔C〕，重力加速度を g〔m/s²〕，電場を E〔N/C〕とすると次の式が成り立つ．

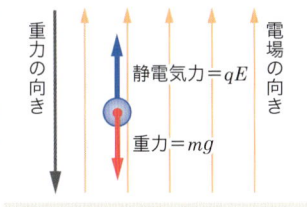

$$mg = qE$$

よって，$E = \dfrac{mg}{q}$

$$= \dfrac{2.0 \times 10}{1.0 \times 10^{-6}} = 2.0 \times 10^{7}$$

重力による下向きの力が，静電気力による上向きの力とつり合うので，物体は静止する．

〔答〕 2.0×10^{7} N/C

図12-7 点電荷のつくる電場

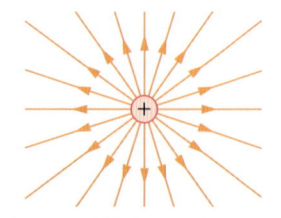

- 1個の正の電荷がつくる電場（負の電荷のときは電気力線の向きが逆になる）
- 正の電荷と負の電荷がつくる電場
- 2つの正の電荷がつくる電場（負の電荷のときは，電気力線の向きが逆になる）

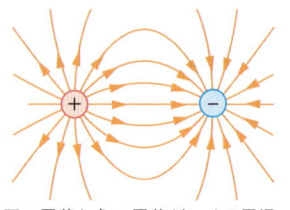

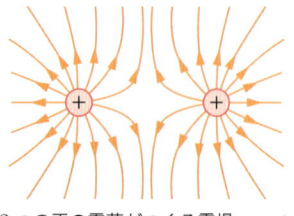

負に帯電した下敷きの上方で，セロファン紙などでつくった紙飛行機を負に帯電させてから，静かに手から離す．上手に下敷きを動かすと，紙飛行機は下に落ちないでずっと空中を移動することができる．これは，紙飛行機の重さと下敷きに帯電した電荷による電場から受ける力がつり合っていることによる．

▶点電荷のつくる電場

1個の点電荷，異なる符号の2つの点電荷，同じ符号の2つの点電荷があるときの電場のようすは図12-7のようになる．電気力線の間隔が狭い部分は強い電場を表している．

1個の正の電荷 q 〔C〕による電場 E 〔N/C〕の大きさを求めてみよう．正の電荷 q から r 〔m〕離れた位置に1Cの点電荷（試験電荷）を置くと，静電気力 F 〔N〕がはたらく．

$$F = k\frac{1 \times q}{r^2} = 1 \times \left(k\frac{q}{r^2}\right)$$

静電気力は電気量と電場の積で求まるので

$$F = 1 \times E$$

2つの式から，点電荷による電場は次のように表されることがわかる（図12-8）．

重要

$$E = k\frac{q}{r^2}$$

点電荷による電場の強さ〔N/C〕＝クーロン定数〔N・m²/C²〕× 点電荷の電気量〔C〕/（距離〔m〕）²

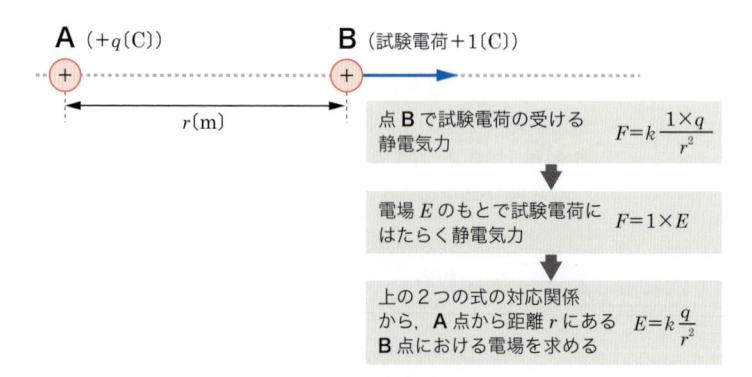

A (+q〔C〕)　　B (試験電荷＋1〔C〕)

r〔m〕

点Bで試験電荷の受ける静電気力　$F = k\dfrac{1 \times q}{r^2}$

電場 E のもとで試験電荷にはたらく静電気力　$F = 1 \times E$

上の2つの式の対応関係から，A点から距離 r にあるB点における電場を求める　$E = k\dfrac{q}{r^2}$

● 図12-8　点電荷のつくる電場
電気量 q〔C〕の点電荷から距離 r〔m〕離れた位置での電場 E〔N/C〕は，その位置で+1〔C〕の電気量をもつ試験電荷にはたらく静電気力 F〔N〕と，電荷が電場に置かれたときにはたらく力 $F = qE$ の関係から求めることができる．

例題

8 点電荷 q から d [m] 離れた位置の電場を E とする．次の場合の電場の強さを求めなさい．
① 点電荷の電気量が3倍になったとき
② 点電荷からの距離を半分にしたとき
③ 点電荷からの距離を3倍にしたとき
④ 点電荷の電気量を $-q$ にしたとき

解説 点電荷による電場の強さは $E = k\dfrac{q}{r^2}$ で表されるので，以下のようになる．

[答] ① $3E$, ② $4E$, ③ $\dfrac{1}{9}E$, ④ $-E$（電場の向きが反対になる）

3 電場の中の物体

▶導体と不導体

　金属のように電気を通しやすい物質を**導体**，ガラスやゴムのように電気を通しにくい物質を**不導体**または絶縁体という．感電することからわかるようにヒトの身体も導体である．中間的なものは**半導体**とよばれ，シリコン（ケイ素：Si）に微量のリン（P）やアルミニウム（Al）などの不純物を混ぜてつくられる．

　金属が電気を通しやすいのは，原子核のまわりにある一部の電子が，原子核から離れて動きやすい状態になっているためである（図12-9左）．このような動きやすい電子を**自由電子**という．自由電子は熱エネルギーの移動にも関連するので，電気を通しやすい物質は熱も伝わ

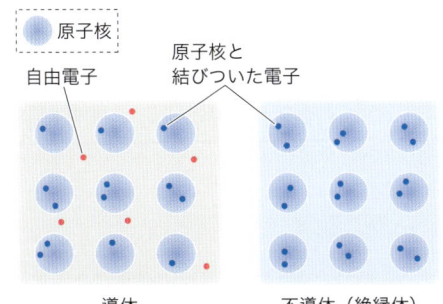

導体	不導体（絶縁体）	半導体
金属などの導体は，原子核との結びつきの弱い自由電子が多数ある．自由電子は移動しやすいので電気が流れやすい．	不導体は，原子核と電子が強く結びついており，電子が移動しにくいので，電気が流れにくい．	半導体は，不純物による自由電子や正の電荷としてはたらくホールがある．それらが移動するので電気がある程度流れる．

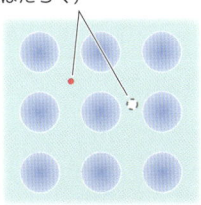

● 図12-9　導体，不導体，半導体

※3 第9章5参照.

りやすい※3.

　反対に，不導体では電子と原子核が強く結びついており，電子が原子核から離れにくくなっていて，電気を運ぶ担い手である自由電子がないので電気を通しにくい（図12-9中）．不導体は絶縁体ともよばれ，導体からの電気の流失を防ぐはたらきをする．

　半導体は，混ぜられた不純物が電子や**ホール**（電子の抜けた部分で，正の電気としてはたらく）を供給することで電気がある程度流れる（図12-9右）．ホールは**正孔**ともよばれる．半導体は，電気を一方向に通すダイオード，回路に流れる電気を調節するトランジスター，電気エネルギーを光エネルギーに変える発光ダイオード，光エネルギーを電気エネルギーに変換する太陽電池などに利用されている．

発展2　静電気力と万有引力の密接な関係

　静電気力は電荷をもつ2つの物体間にはたらき，電気量の積に比例し，物体間の距離の2乗に反比例する．万有引力も質量をもつ2つの物体間にはたらき，質量の積に比例し，物体の距離の2乗に反比例する（第5章発展1参照）．これは偶然なのだろうか．

【法則を詳しくみていこう】

　万有引力は2つの物体が直接接していなくてもはたらく不思議な力（遠隔作用）である．万有引力の性質を説明するために，物体と物体を結ぶ仮想的な「力の糸」を考える．目には見えないが，「力の糸」が2つの物体をゴムひものように引きつけるので，AとBの2つの物体間に万有引力がはたらくとする．この「力の糸」を力線（りきせん）という．

　力線は物体Aからあらゆる向きに放射されていて，物体Bが力線に接触して2つの物体が力線で結ばれると，万有引力が発生する．物体から放射される力線の数は物体の質量に比例する．質量1 kgの物体から放射される力線が1000本なら，質量2 kgの物体から放射される力線の数は2000本になる．単位面積あたりの力線の密度が大きいほど，物体にはたらく力線の数が多くなり，大きな力が発生する．

　力線の数が物体の質量に比例するので，万有引力は物体Aの質量m_Aと物体Bの質量m_Bの積に比例すると考えられる．物体と物体との距離が長くなると，力線の密度は小さくなる．なぜなら，中心から半径rの球面の面積は$4\pi r^2$となり，面積はr^2に比例して増加するので，単位面積あたりの力線の数である力線の密度はr^2に反比例して小さくなるからである．この2つの性質を合わせると，万有引力は2つの物体の質量の積に比例し，物体間の距離の2乗に反比例することになる．

$$F \propto \frac{m_A \times m_B}{r^2} = G \frac{m_A \times m_B}{r^2}$$

∝：比例を表す記号

　この式の比例定数Gに6.7×10^{-11} 〔N・m²/kg²〕を代入したものが万有引力の法則である．このような力線がある空間が重力場である．

　静電気力の公式であるクーロンの法則は，質量を電気量に置き換えてq_A，q_Bとすると，万有引力の法則と全く同じように表される．

$$F = k \frac{q_A \times q_B}{r^2}$$

　これは，クーロンの法則も万有引力の法則のように説明できることを表している（発展図12-1）．静電気力で，力線に相当するのは電気力線であり，電気力線がある空間が電場である．万有引力と異なるのは，静電気力には引力と斥力があることである．

　このように，万有引力と静電気力は同じ考え方（理論

▶静電誘導

正に帯電している物体を導体に近づけると，導体中の自由電子が正の電荷に引かれて，正に帯電した物体の方に近づいてくる．そのため，導体の表面は負の電荷を帯びる．反対に，帯電している物体から遠い側の導体の表面は電子が移動してしまったので，正の電荷を帯びる．このような現象を**静電誘導**という（図12-10）．

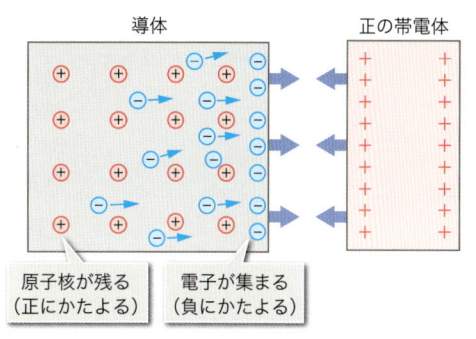

● 図12-10　静電誘導
正に帯電している帯電体に導体を近づけると，導体中の自由電子は帯電体の方へ引きつけられ，導体の反対側は電子が少なくなり正に帯電する．近くに正と負の電荷が帯電するので，引力がはたらく．

を用いて説明することができる．光の強さに関する逆2乗の法則（第11章6参照）や第14章で出てくる磁気に関するクーロンの法則も同じ形をしており，同じ考え方で法則の説明ができる．このように，同じような考え方や数式で多くの現象を理解できることは物理学の面白さである．

【この法則は本当なのか？】
しかし，「万有引力や静電気力が距離の2乗に反比例する」というのは頭で考えた理論である．これが自然界で正確に成り立つかどうかは，実験で確かめる必要がある．現在，クーロンの法則の2乗の誤差は，2×10^{-9}より小さいことが確かめられている．つまり，現在の物理学では，「クーロンの法則は2×10^{-9}の精度で確からしい法則」になる．物理学では，理論と実験を重ねながら，自然に対するより正しい理解が追求されている．

万有引力を伝える力線

半径rの球面

万有引力では，あらゆる向きから物体の中心に向かって力線が集まってくる．物体の中心から半径rの球を考えると，球の面積は$4\pi r^2$なので，力線の密度は物体に近いほど高く，r^2に反比例する．物体の中心から距離が2倍になると，球の表面積は4倍になり，力線の密度は1/4になる．

静電気力を伝える電気力線

半径rの球面

正の電荷による静電気力では，物体の中心からあらゆる向きに向かって力線が放射される．半径rの球を考えると，球の面積は$4\pi r^2$なので，電気力線の密度は物体に近いほど高く，r^2に反比例する．物体の中心から距離が2倍になると，球の表面積は4倍になり，電気力線の密度は1/4になる．

発展図12-1 ● 万有引力の力線と静電気力の電気力線の関連性

例題

⑨ 負に帯電している物体を導体に近づけると，負に帯電している物体のそばの導体の表面は正負のどちらの電荷を帯びるか．またこのとき，物体と導体間にはどのような力がはたらくか答えなさい．

解説 導体中の電子が斥力を受けて反対側に移動するので，負に帯電している物体のそばの導体の表面は正に帯電する．反対側の表面は負に帯電するが，帯電している物体との距離は正に帯電した表面の方が近いので引力を受ける．

▶不導体と誘電分極

　不導体に帯電体を近づけても，電子は原子核に強く結びついているので，電子が原子核から出ていくことはない．しかし，電子は帯電体から静電気力を受けるので，不導体を構成する原子や分子のなかで電子の位置がずれ，個々の原子や分子のなかで正負のかたよりができる．これを**分極**といい，帯電体の影響で不導体の表面に電荷が現れる現象を**誘電分極**という（図12-11）．誘電分極を起こす物体という意味で，不導体のことを**誘電体**ともよぶ．

　もともと正負の電気的なかたよりがある分子を**極性分子**という．極性分子で構成される不導体に帯電体を近づけると，静電気力で極性分子の正負の向きが一方向にそろう．その結果，不導体の表面に電荷が現れる．

● 図12-11　誘電分極
物体を構成する原子や分子に正負のかたより（極性）があると，静電気力で分子の正負の向きがそろうように並び，正の帯電体のそばの不導体の表面が負に，反対側が正に帯電する．また，極性のない分子でも，電子が帯電体の正の電荷に引かれるため，個々の原子や分子の電子の位置がずれる（分極）．そのため帯電体のそばの不導体の表面は負に帯電し，反対側は正に帯電する．これらの現象を誘電分極という．

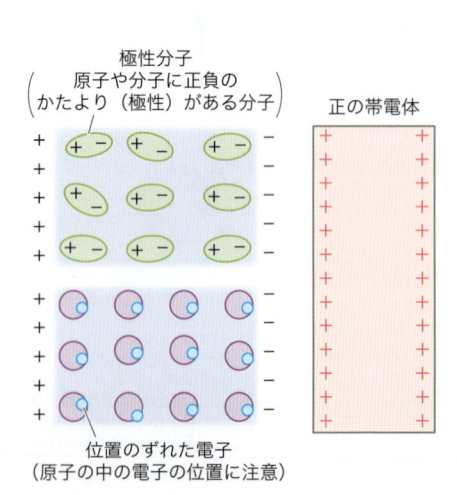

4 電位

▶電位とは

　重力がはたらいているとき，高いところにある物体は重力による位置エネルギーをもっている．基準点から h 〔m〕の高さにある質量 m〔kg〕の物体がもつ位置エネルギー U〔J〕は，物体を基準点（高さ0 m）から h〔m〕の高さまで運ぶのに必要な仕事量に等しいので，重力加速度を g〔m/s²〕とすると $U = mgh$ になる[※4]．

※4　第8章4参照．

　同じように，電場の中に電荷があると，電荷は電場による位置エネルギーをもつ．一様な電場 E〔N/C〕の中にある点電荷 q〔C〕は静電気力 $F = qE$〔N〕を受けるので，基準点から d〔m〕の距離まで点電荷を移動するためには $U = qEd$〔J〕の仕事が必要になる．

　電気量 q を質量 m，電場 E を重力加速度 g と対応させると，この2つの関係は似ている．そこで，1 C の電荷がもつ電気的な位置エネルギーとして**電位**という物理量が出てくる（図12-12）．

　電場の中で電荷が受ける静電気力は，位置のみで決まるので保存力（第8章5参照）である．そのため，電荷を基準点からある位置まで移動するために必要な仕事は，その位置にある電荷がもつエネルギーと等しくなる．したがって，1 C の電荷を考えると，電位 V〔V〕は基準点に対して1 C の電荷がもつ電気的なエネルギー（仕事をする能力）に等しくなる．

　電位 V の単位はボルト〔V〕である．電位 V〔V〕にある，電荷 q〔C〕のもつ位置エネルギー U〔J〕は，1 C あたりのエネルギーが V〔J〕なので，次のように表される．

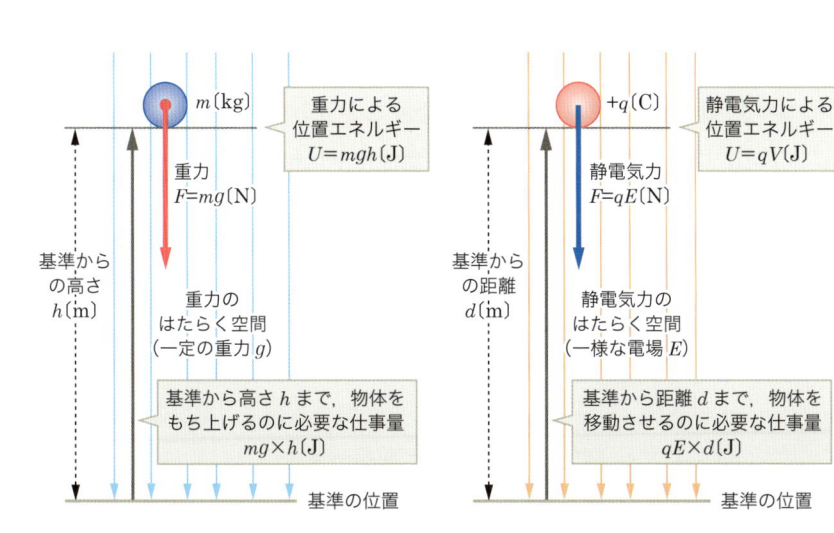

● 図12-12
重力による位置エネルギーと静電気力による位置エネルギー

重力と静電気力は似た性質をもつ．1 C あたりの静電気力による位置エネルギーを電位 V と定めると，q〔C〕の電荷のもつ静電気力による位置エネルギー U は，$U = qV$ となる．

12 電気と力 | 177

> **重要**
> $$U = qV$$
> 静電気力による位置エネルギー〔J〕＝電気量〔C〕×電位〔V〕

この式から，電位の単位〔V〕はジュール毎クーロン〔J/C〕と同じであることがわかる．

例題

⑩ 6.0 N/C の一様な電場に 2.0×10^{-8} C の電荷を置き，その位置から電場の向きに 0.50 m 移動した．このとき，電場のした仕事量を求めなさい．

解説 仕事量を W〔J〕とすると，$W = qEd$ [※5] になるので

$$2.0 \times 10^{-8} \times 6.0 \times 0.50 = 6.0 \times 10^{-8}$$ 〔答〕6.0×10^{-8} J

※5 仕事は，力 (qE) ×変位 (d) で求められる（第8章2参照）．

⑪ 基準点に対して 5.0 V の位置にある，電気量 0.50 C の電荷のもつ静電気力による位置エネルギーはいくらか求めなさい．

解説 $U = qV$ より，

$$0.50 \times 5.0 = 2.5$$ 〔答〕2.5 J

▶電位差

電場内のある位置Aの電位を V_A，別の位置Bの電位を V_B とするとき，位置Aと位置Bの電位の差 $V = V_A - V_B$ を**電位差**または**電圧**という．電位差 V は＋1 C の電荷（試験電荷）を電位 V_B の位置Bから電位 V_A の位置Aまで移動するために必要な仕事量に相当する．

一様な電場 E の中で，1 C の試験電荷を位置Bから位置Aに移動するために必要な仕事量を求めてみよう（図12-13）．一様な電場 E の中で1 C の電荷が受ける力は $F = qE$ より $F = 1 \times E$〔N〕になるので，試験電荷をBからAに移動するときの仕事量 $U_{B \to A}$ は $F \times d = Ed$〔J〕になる．この仕事量が電位差 V に相当するので，$V = Ed$ の関係が得られる．

> **重要**
> $$V = Ed \quad \text{※6}$$
> 電位差〔V〕＝電場〔N/C〕×距離〔m〕

※6 一様な電場の場合．

上の式は，$E = \dfrac{V}{d}$ と書き直すことができるので，電場の単位はボルト毎メートル〔V/m〕とも表すことができる．

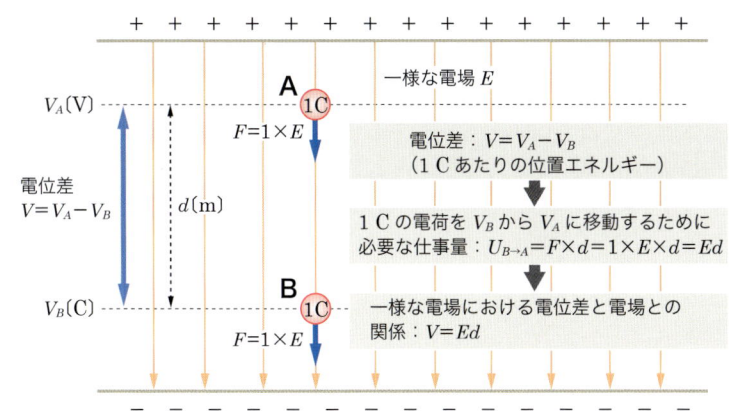

● 図12-13　電位差

一様な電場 E の中で，1 C の試験電荷を B から A に移動するために必要な仕事量が電位差 $V=V_A-V_B$ に相当する．また，一様な電場内で 1 C の電荷が受ける力は $F=1\times E$ 〔N〕なので，試験電荷を B から A に移動するときの仕事量 $U_{B\to A}=F\times d=Ed$ 〔J〕になる．電位差と仕事量の関係から，一様な電場内で，$V=Ed$ の関係が得られる．

例題

⑫　一様な電場内で，A 点と B 点の電位差は 4.0 V であった．AB 間の距離が 0.50 m のとき，この一様な電場の強さを求めなさい．

解説　$V=Ed$ なので，
$$E=\frac{V}{d}=\frac{4.0}{0.50}=8.0$$

〔答〕8.0 V/m または 8.0 N/C

▶ 等電位面

電位が等しい位置を連ねてできる面を**等電位面**（平面上の場合は等電位線）という．点電荷による等電位面は図12-14のようになる．電気力線は等電位面に垂直になり，等電位面の間隔が狭いほど電場が強くなる．点電荷 q 〔C〕から距離 d 〔m〕の位置における電位 V 〔V〕は次の式で表される．

$$V=k\frac{q}{d}$$

点電荷による電位〔V〕= クーロン定数〔N・m²/C²〕× 電気量〔C〕/ 点電荷からの距離〔m〕

点電荷による電場は，本章 2 で述べたように，点電荷からの距離の 2 乗に反比例して，点電荷から遠ざかるにつれて弱くなる．一方，点電荷による電位は，上の式から点電荷からの距離に反比例して，点電荷から遠ざかるにつれて低くなることがわかる．

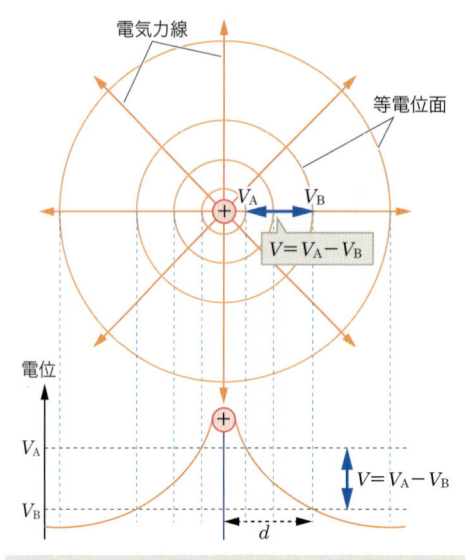

電気力線は等電位面に垂直になり，等電位面の間隔が狭いところほど電場は強い．点電荷 q の中心から d の距離の電位 V_B は

$$V_B = k\frac{q}{d}$$

で表される．（k：クーロン定数）

● 図12-14　正の電荷による等電位面

▶導体内部の電場

電場の中に導体を置くと，導体の中の自由電子には電場による静電気力がはたらき，電場と反対の向きに移動する．この移動した自由電子により，電子が移動した側は負の電荷を帯び，反対側は正の電荷を帯びる．これにより，導体の中に，導体が置かれた電場とは反対向きの電場ができる（図12-15）．この2つの電場は互いに作用を打ち消し合って，導体内部の電場は0になる．電場がないので導体内部の電圧は等しくなる（図12-16）．

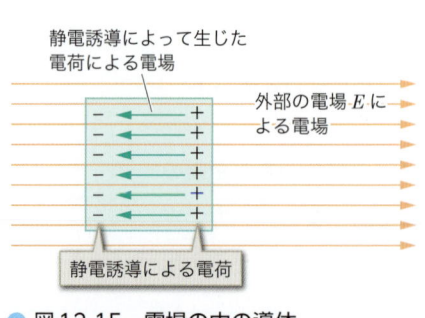

● 図12-15　電場の中の導体
外部の電場により，導体に静電誘導が起こり表面に電荷が現れる．この電荷による電場が外部の電場と打ち消し合い，導体内の電場が0になる．

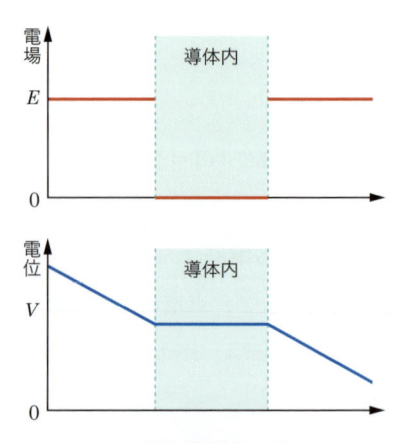

● 図12-16　一様な電場内に置かれた導体の電場と電位

部屋全体を金属で覆うと，部屋の外にある電場の影響が金属の覆いでシャットアウト（遮蔽）される．これを**電気遮蔽**という．筋電図や脳波などの生体の微弱な電気活動を測定するときは，電気遮蔽を利用してまわりの電気的影響を除去するために，金属の網で覆われた部屋で測定が行われる．

!臨床

5　コンデンサー

▶ コンデンサーと電気容量

2枚の平板状の導体を平行に配置したものを**コンデンサー**（蓄電器）という（図12-17）．コンデンサーをつくる1組の導体を**極板**という．コンデンサーをつくる1枚の極板に＋Q〔C〕の電荷を帯電させると，もう1枚の極板には静電誘導によって－Q〔C〕の電荷が現れる．そして，2枚の導体の間には電位差V〔V〕が生じる．このとき，コンデンサーに帯電している電気量Qと電位差（電圧）Vは比例し，以下の関係が成り立つ．

> **重要**
> $$Q = CV$$
> コンデンサーの電気量〔C〕＝電気容量〔F〕×電位差〔V〕

この比例定数Cを**電気容量**という．電気容量は，コンデンサーが蓄えることのできる電気量の大きさを表す量で，単位はクーロン毎ボルト〔C/V〕になるが，ふつうファラド〔F〕という単位を用いる．

1〔F〕の電気容量をもつコンデンサーは大きすぎて現実的でないので，1μF（10^{-6} F）や1 pF（10^{-12} F）の単位を用いることが多い．極板が平板上で面積が広く，2枚の導体の間隔が狭いときは，2

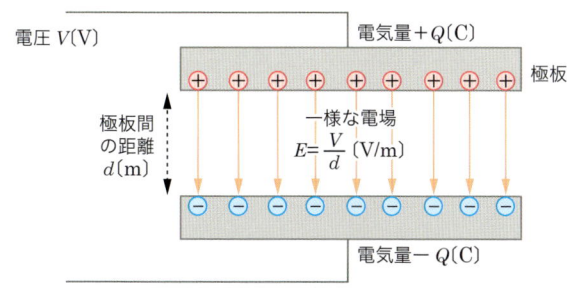

●図12-17　コンデンサー
コンデンサーは極板に電気を蓄えることができる．

枚の導体の間に生じた電場 $E=\dfrac{V}{d}$〔V/m〕は一様な強さをもつと考えることができる．

電気容量 C は，極板の面積 S〔m²〕に比例し，極板間の距離 d〔m〕に反比例する．真空中の誘電率※7を ε_0（$\varepsilon_0 = 8.85 \times 10^{-12}$〔F/m〕）とすると，極板間が真空のときの電気容量 C_0 は次の式で表される．

$$C_0 = \varepsilon_0 \dfrac{S}{d}$$

コンデンサーの極板間に誘電体（不導体）を入れると，誘電分極が起こって電気容量が増える．誘電体を入れた場合の誘電率を C，真空中の誘電率を C_0，比誘電率※8を ε_r とすると，次の関係が成り立つ．

$$C = \varepsilon_r C_0$$

※7 誘電率：
物体のもつ電気的な性質で，物体を電場内に置いたとき，物体内で起きる分極の程度を表す．分極によって物体内にもとの電場と反対向きの電場が生じ，電場が弱まる．そのため，コンデンサーにかかる電圧も下がり，同じ電圧をコンデンサーに加えたときに，より多くの電荷をコンデンサーに蓄えることができる．

※8 比誘電率：
真空の誘電率に対する，ある物質の誘電率の比を比誘電率という．一般に，誘電体の比誘電率は高い（表12-2）．

●表12-2　さまざまな物質の比誘電率

物質名	比誘電率
真空	1
空気	1.00059
パラフィン	2.1〜2.5
ガラス	5.5〜9.9
チタン酸バリウム	約5000

例 題

⓭ 電気容量 $5.0\ \mu F$ のコンデンサーに 1.0×10^{-6} C の電気量を蓄えると，極板間の電位差は何 V になるか求めなさい．

解説 $Q = CV$ より，
$$V = \dfrac{Q}{C} = \dfrac{1.0 \times 10^{-6}}{5.0 \times 10^{-6}} = 0.20$$
〔答〕0.20 V

⓮ 2枚の平面状の導体からできているコンデンサーの極板の面積が広くなると，電気容量はどうなるか答えなさい．

解説 あるコンデンサーの極板の面積を S〔m²〕として，そのコンデンサーに蓄えられる電気量を Q〔C〕，そのときの電圧を V〔V〕とする．そのコンデンサーを2つ並列につなぐと面積は2倍の $2S$ になる．このとき，極板にある電気量は2倍の $2Q$ になり，電圧は並列につないだだけなので V となる．

コンデンサーの電気容量 C は，
$$C = \dfrac{Q}{V}$$
で計算されるので，

1つだけの場合は $\dfrac{Q}{V}$

2つ並列につないだ場合は $\dfrac{2Q}{V}$

となり，電気容量は2倍になる．よって，コンデンサーの極板の面積に比例してコンデンサーの電気容量は増加すると考えられる．

〔答〕増加する

▶ コンデンサーの静電エネルギー

コンデンサーに蓄えられた電気エネルギーを静電エネルギーという．極板間の電圧を V 〔V〕，極板に帯電している電気量を Q 〔C〕とすると，コンデンサーに蓄えられる静電エネルギー U 〔J〕は次のように表される．

> **重要**
>
> $$U = \frac{1}{2}QV$$
>
> コンデンサーの静電エネルギー〔J〕＝ $\frac{1}{2}$ ×電気量〔C〕×電圧〔V〕

コンデンサーの電気容量を C 〔F〕とすると，$Q = CV$ の関係があるので，上の公式は次のように表すことができる．

$$U = \frac{1}{2}QV = \frac{1}{2}CV^2$$

これらの式から，コンデンサーにかかる電圧が高いほど，電気容量が大きいほど，コンデンサーに蓄えられる静電エネルギーが大きくなることがわかる．

COLUMN 1　圧電現象

チタン酸バリウムや水晶など、イオンの性質をもつ原子から構成されている結晶では、結晶に一定の方向から圧を加えると、イオンの位置がずれ分極を起こすものがある。また、反対に結晶に電圧をかけると、イオンが電場によって移動し、それによって結晶の配列が変化して変形する。この現象を圧電現象（圧電効果、ピエゾ効果）という（コラム図12-1）。圧電現象は、超音波診断装置の超音波の発生や圧力を測るセンサーなどに応用されている。

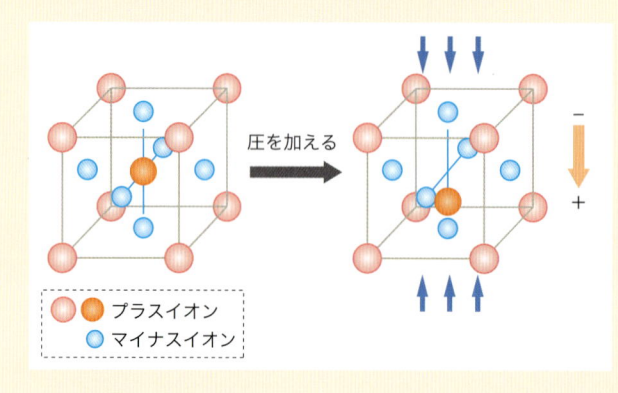

コラム図12-1 ● 圧電現象
一定の方向から結晶に圧がかかると（青矢印）、結晶をつくっているイオンの位置がずれ分極する（赤矢印）。反対に、電圧を加えるとイオンの位置がずれることで物体が変形する。このような現象を圧電現象という。

圧電現象は骨にも認められ、骨が力を受けて変形するとき、凸側が正に、凹側が負に分極する（コラム図12-2）。このような骨の電気的な変化が骨の代謝に影響を及ぼしている。

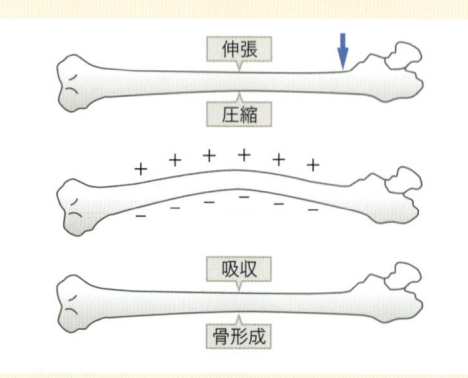

コラム図12-2 ● 骨の圧電現象
骨に外力がかかると骨は変形する。このとき、圧電現象により骨が伸張された側に正、圧縮された側に負の電荷が生じる。この圧電現象による電気が骨の吸収や形成にかかわっているとされる。

章末問題

⇒解答は242ページ

❶ 3.0×10^{-6} C の電荷と -6.0×10^{-6} C の電荷が 3.0 m 離れた位置に置かれている．この電荷間にはどのような力がはたらくか．また，力の大きさはどのくらいか求めなさい．ただし，クーロン定数は 9.0×10^9 N・m^2/C^2 とする．

---

❷ 10.0 N/C の一様な電場に，5.0 C の電気量をもち，質量が 10.0 kg の物体を置いた．重力がはたらかないとして次の問題に答えなさい．
① この物体にはたらく静電気力を求めなさい．
② この物体の加速度を求めなさい．
③ 2.0 秒後の速度と，最初の位置からの変位を求めなさい．

ポイント⇒運動方程式（第6章），等加速直線運動の公式（第4章）を応用しよう．

TRY!
❸ 直線上に，原点 O から同じ距離 d に，$+q$ の電荷をもつ物体 A と $-q$ の電荷をもつ物体 B がある．クーロン定数を k とするとき，次の問いに答えなさい．
① 原点 O における電位を求めなさい．
② 原点 O における電場の向きと強さを求めなさい．

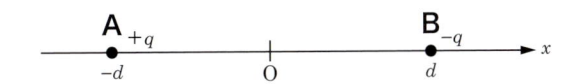

```
     A +q              B -q
     ●─────┼──────●─────→ x
     -d    O       d
```

---

❹ 電気容量 6.0 μF のコンデンサーの両端に 5.0 V の電圧がかかっている．このとき，コンデンサーに蓄えられている電気量と静電エネルギーを求めなさい．

12 電気と力 | 185

13 電流と抵抗

学習目標

- 電流を荷電粒子の流れとして説明できる
- 抵抗の意味とオームの法則について説明できる
- 直列接続と並列接続の合成抵抗を計算できる
- 電力，電力量について説明できる
- 直流と交流の違いについて説明できる

重要な公式

- 電流 = 電気量 / 時間

$$I = \frac{q}{t}$$

- 電圧 = 抵抗 × 電流　　　電流 = 電圧/抵抗　　　抵抗 = 電圧/電流

$$V = RI \qquad I = \frac{V}{R} \qquad R = \frac{V}{I} \qquad \text{オームの法則}$$

重要な用語

電流 電子やイオンなどの電荷が移動することによる電気の流れ．単位はアンペア〔A〕

オームの法則 導体に加えた電圧と流れる電流は比例する

抵抗 導体に電流を流したときの電圧と電流の比で，電流の流れにくさを表す量．単位はオーム〔Ω〕

電気回路 抵抗，電池，コンデンサーなどの電気素子でつくられ，電流が流れる閉じた経路

電力 電流が単位時間あたりに供給する仕事量．単位はワット〔W〕

- 直列接続の合成抵抗 = 接続したそれぞれの抵抗の和

$$R = R_1 + R_2 + \cdots + R_n$$

- 並列接続の合成抵抗の逆数 = 接続したそれぞれの抵抗の逆数の和

$$\frac{1}{R} = \frac{1}{R_1} + \frac{1}{R_2} + \cdots + \frac{1}{R_n}$$

- 電力 = 電流 × 電圧

$$P = IV$$

- 電力量 = 電力 × 時間 = 電流 × 電圧 × 時間

$$W = Pt = IVt$$

- ジュール熱 = 電流 × 電圧 × 時間

$$Q = IVt$$

電力量 電流が供給した仕事量の総和. 単位はジュール〔J〕

ジュール熱 電流が抵抗を流れるときに発生する熱量. 単位はジュール〔J〕

直流 一定の向きに流れる電流

交流 電流の流れる向きが周期的に変わる電流

第12章では静止している電気の現象について学習したが，第13章では電気の流れである電流について学習する．電流には直流と交流があり，電池からは直流，家庭のコンセントからは交流の電流が得られる．

電流は，私たちの生活に不可欠なものになっており，電流についての理解は重要である．理学療法士や作業療法士も，筋電図，筋力測定装置，物理療法機器など，多くの電気機器や電子機器[※1]を用いて評価や治療を行うので，それらを安全にまた適切に用いるために，電流についての理解は重要である．

※1 電気機器と電子機器：
電気機器は，照明，洗濯機，掃除機，冷蔵庫など，主に電気のエネルギーを用いて，熱や動力を得る機器を指す．また，電子機器は，パソコン，スマートフォン，カーナビゲーションなど，主に情報を処理することを目的とする機器を指す．

1 電流

電池と豆電球を導線でつなぐと豆電球が光る．このとき，**電流**は電池の正極（＋）から負極（－）に向かって流れる．電流の正体は，電荷をもつ粒子の移動である．電気機器や電子機器では，電子が金属などの固体の中を移動することで電流が流れる．液体や気体では，電子に加えて，陽イオンや陰イオンが液体や気体の中を移動することによって電流が流れる．電流の向きは，正の電荷が流れる向きと決められている（図13-1）．

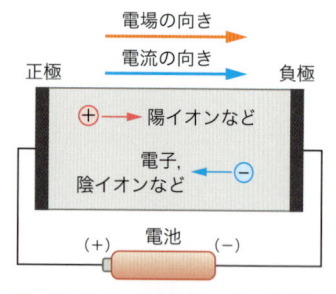

第12章で学習した電場や電位を用いると，電流は電場の向きに流れ，電位の高いところから低いところに向かって流れる，といえる．金属などの導体では，負の電荷をもつ自由電子が移動して電流が流れるので，電流の流れる向きと電子が移動する向きは逆向きになっている．

電流の単位はアンペア〔A〕である．1 Aは，導線の断面を1秒間に1クーロン〔C〕の電気量が移動するときの電流の大きさである（図13-2）．単位の決め方から，1〔A〕＝1クーロン毎秒〔C/s〕になる．電気量 q〔C〕，電流の大きさ I〔A〕，電流の流れた時間 t〔s〕の関係は次のように表される．

● 図13-1 電流の正体と電流の大きさ

電流は電荷をもった粒子の流れで，電子やイオンの流れが電流の正体である．電流は正極から負極に向かって流れ，電流の向きは正の電荷をもつ粒子の動く向きになる．

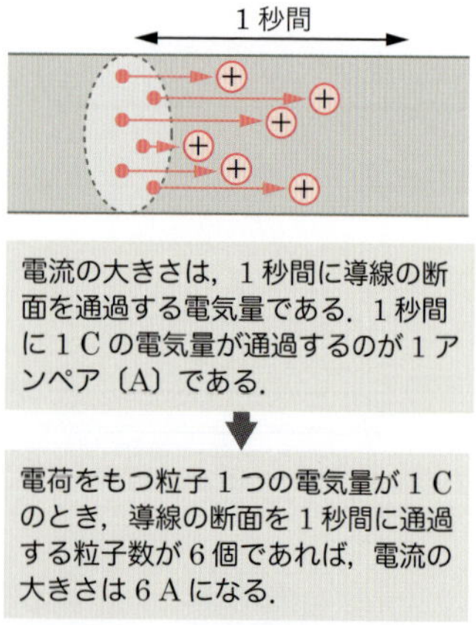

● 図13-2 導体を流れる電気と電流の大きさ

電流の大きさは，1秒間に導線の断面を通過する電気量である．1秒間に1Cの電気量が通過するのが1アンペア〔A〕である．

電荷をもつ粒子1つの電気量が1Cのとき，導線の断面を1秒間に通過する粒子数が6個であれば，電流の大きさは6Aになる．

重要

$$I = \frac{q}{t}$$

電流〔A〕＝ 電気量〔C〕／時間〔s〕

$$q = It$$
電気量〔C〕= 電流〔A〕× 時間〔s〕

例題

1 電子1個の電気量（電気素量）は 1.6×10^{-19} C である．ある物質中を 1.0 A の電流が流れたとき，1秒間に何個の電子が物体の断面を通過したか求めなさい．

解説 電子1個あたりの電気量が 1.6×10^{-19} C なので，1.0 A に相当する電子は，

$$\frac{1.0}{1.6 \times 10^{-19}} = 6.25 \times 10^{18} \fallingdotseq 6.3 \times 10^{18} \quad \text{〔答〕} 6.3 \times 10^{18} \text{個}$$

2 電流と抵抗

▶ 電流と電圧

　電流を流すためには，電荷に力を与えて移動させなければならない．電荷に力を与えるのは電場であり，電場は電位差（電圧と同じ意味）のあるところに生じるので，電流を流すためには電圧が必要になる．この電圧をつくるはたらきをもつのが**電池**である．

COLUMN 1　電流の流れる方向

　歴史的に，電流は正から負の向きに流れると決められている．しかし，実際に電気回路を流れるのは負の電気をもつ電子なので，電流と逆向きに移動する．そのため，考えている電流の流れと，電気を担っている実体としての電子が移動する向きは反対になる．

　最初に電子のもつ電気を正と決めておけば，このようなことは起こらなかったかもしれない．しかし，正の電荷が正から負の向きに移動することと，負の電荷が負から正の向きに移動することは，電気的に同じ作用を示すので（コラム図13-1）実用的には問題ない．

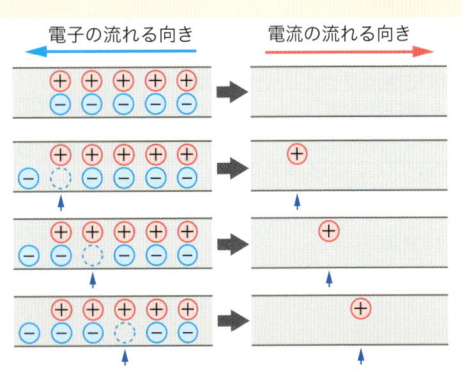

コラム図13-1 ● **負の電荷の流れと正の電荷の流れ**
負の電荷（電子）が左向きに流れるのと，正の電荷が右向きに流れるのは，電気的に同じ．

13　電流と抵抗 | 189

電流と電圧の関係は，水流モデルを使うとイメージしやすい（図13-3）．電池は，高い位置に水をくみ上げるポンプと同じように，電荷を集めて電圧を発生させる．電位の高い状態は，くみ上げられて高い位置にある水の状態に相当する．このときの水圧は電圧に相当する．水流は電流に相当し，水が高いところから低いところに向かって流れるように，電流は電位の高いところから低いところに向かって流れる．また，高いところから流れる水に勢いがあるように，電圧が高いと大きな電流を流すことができる．

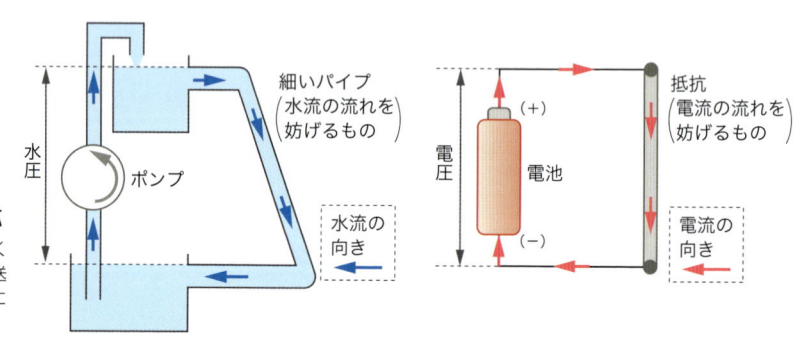

● 図13-3　電流と水流の対応
電流と水流を対応させると，電池は水をくみ上げ水圧をつくるポンプ，抵抗は水を送りだす力になる水圧，抵抗は細いパイプに相当する．

▶ オームの法則

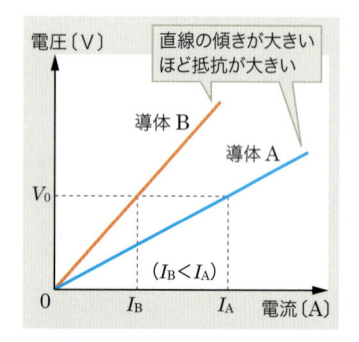

金属の導線の両端に電圧を加えて，電圧と電流の関係を調べると図13-4のような関係が得られる．電圧と電流の関係は原点を通る直線になるので，電流と電圧は比例することがわかる．この関係を**オームの法則**という．

オームの法則の電圧 V と電流 I の比，$R = \dfrac{V}{I}$ を**抵抗**という．書き方を変えると $I = \dfrac{V}{R}$ となり，抵抗が大きいと同じ電圧をかけても小さな電流しか流れないので，抵抗は電流の流れにくさを表している．抵抗の単位は**オーム〔Ω〕**である．1Ωは，1Vの電圧をかけたとき，1Aの電流が流れる抵抗の大きさである．電圧を V〔V〕，電流を I〔A〕，抵抗を R〔Ω〕とすると，オームの法則は次のように表される．

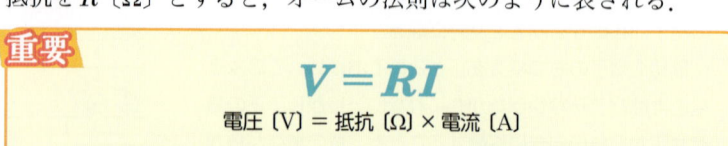

● 図13-4　導線に電流を流したときの電流と電圧の関係
電流と電圧は比例関係にある．この直線の傾きが抵抗の大きさになる．導体Bの方が傾きが大きいので，導体Aよりも抵抗が大きい．抵抗が大きいと，同じ電圧をかけても小さな電流しか流れない．

重要

$$V = RI$$

電圧〔V〕= 抵抗〔Ω〕× 電流〔A〕

オームの法則は次のように表すこともできる．

> **重要**
> $$I = \frac{V}{R}$$
> 電流〔A〕= 電圧〔V〕/ 抵抗〔Ω〕

> **重要**
> $$R = \frac{V}{I}$$
> 抵抗〔Ω〕= 電圧〔V〕/ 電流〔A〕

例題

❷ 次の文で正しいのはどれか．
① 電圧が一定のとき，抵抗が小さいほど電流は大きい．
② 電圧と電流の比が抵抗になる．
③ 抵抗が一定であれば，電圧が高いほど電流は小さくなる．
④ 電圧が一定のとき，電流を大きくするためには抵抗を小さくすればよい．

〔答〕① ○　② ○　③ ×：電圧が高いほど電流も大きくなる　④ ○

❸ 電圧 6.0 V の電池に 3.0×10^3 Ω の抵抗を接続したとき，流れる電流の大きさを求めなさい．

解説 $I = \dfrac{V}{R}$ より，$\dfrac{6.0}{3.0 \times 10^3} = 2.0 \times 10^{-3}$ A $= 2.0$ mA

〔答〕 2.0 mA

▶ 抵抗率

導線の抵抗 R〔Ω〕は，導線の長さ L〔m〕に比例し，導線の断面積 S〔m²〕に反比例する（図13-5）．このときの比例定数を**抵抗率** ρ〔Ω・m〕とよび，導線の抵抗は次の式で表される．

$$R = \rho \frac{L}{S}$$

抵抗〔Ω〕= 抵抗率〔Ω・m〕× 導線の長さ〔m〕/ 導線の断面積〔m²〕

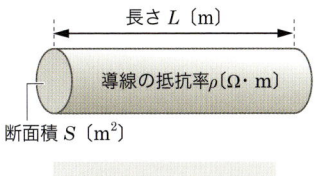

導線の抵抗 R〔Ω〕は，$R = \rho \dfrac{L}{S}$ で表される

● 図13-5　導線の電気抵抗

金属などの導体の中を電子が移動するとき，電子は金属の原子に衝突する．この衝突によって電子の移動が妨げられるのが抵抗である．

13　電流と抵抗

● 表13-1 種々の物質の抵抗率

物質名	抵抗率〔Ω·m〕
銀	1.59×10^{-8}
銅	1.68×10^{-8}
金	2.21×10^{-8}
鉄	1.00×10^{-7}
炭素	1.64×10^{-5}
ケイ素	3.97×10^{-3}
紙	$10^4 \sim 10^{10}$
水（純粋）	2.5×10^5
ヒトの皮膚	約 5.0×10^5
ガラス	$10^{10} \sim 10^{14}$
ポリエステル	$10^{12} \sim 10^{14}$
石英ガラス	7.5×10^{17}

導体の中を電子が移動する速度は，平均すると0.1 mm/s程度である．電子が金属に当たると金属がエネルギーを得て，結果的に電気エネルギーが熱エネルギーに変換される．電気機器はこの熱エネルギーを，温度の上昇や光の発生に利用している．

抵抗率が小さい物質はエネルギーの減少が小さく，電気の通過による発熱量も少ないので，効率よく電流を流すことができる．銀の抵抗率が最も小さいので，電気的には銀の導線が最もよいが，銀は価格が高いので電気コードなどの導線には銅が最もよく用いられる（表13-1）．

例題

4 長さ2.0 m，断面積1.0 m²の導線Aと，長さ1.0 m，断面積2.0 m²の導線Bでは，どちらの抵抗が大きいか答えなさい．ただし，導線AとBは同じ金属とする．

解説 その1：
抵抗は導線の長さに比例し，断面積に反比例するので，長さが長いほど，断面積が小さいほど大きくなる．Aの導線の方が長く，断面積も小さいのでAの方の抵抗が大きい．

解説 その2：
Aの導線の抵抗は，抵抗率をρとすると，$\rho \dfrac{2.0}{1.0} = 2.0\rho$〔Ω〕
Bの導線の抵抗は，$\rho \dfrac{1.0}{2.0} = 0.50\rho$〔Ω〕

したがって，Aの方の抵抗が大きい．　　　　　　〔答〕A

3 電気回路

電池，抵抗，コンデンサー，スイッチなどの電気素子で構成され，電流が流れる閉じた経路を**電気回路**という（図13-6）．電気素子を表

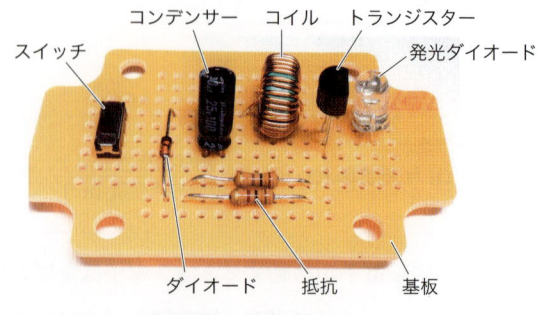

● 図13-6　電気回路と電気素子

すときには図13-7のような記号を用いる．これらの電気素子は，電気回路の中でそれぞれの役割をもっている．電気機器は，電気素子を組み合わせることによって，その製品のもつ機能が発揮できるように設計されている．

また，コンピュータなどの電子機器には電子回路が組み込まれていて，複雑な情報の処理を行っている．電気回路は電気をエネルギーとして利用するときの回路，**電子回路**は電気を情報処理のために利用するときの回路を指す言葉である．

電気素子を結ぶ導体を導線という．どんな導体でもわずかな抵抗をもっているが，テキストの中で電気回路を考えるときは，導線の抵抗は 0 〔Ω〕として計算する．

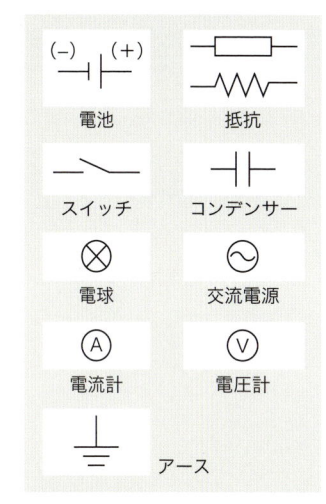

● 図13-7
電気回路で用いられる電気素子とその記号

4 抵抗のはたらきと合成抵抗

電気素子の1つである抵抗について，そのはたらきと接続のしかたをみていこう．抵抗は電気エネルギーを熱エネルギーに変換するはたらきをもつ．電球なども電気回路の中では抵抗として扱われる．抵抗

COLUMN 2　階段の明かりのスイッチ

階段を登るときには階段の下で電灯のスイッチを入れて電灯をつけ，階段を登り終わると階段の上でスイッチを切って電灯を消す．このとき，電源と電灯とスイッチ1つだけの回路では，階段を降りてから下のスイッチを切って電灯を消さなくてはならない．

家庭の階段の電灯のスイッチには**コラム図13-2**のような3路スイッチが用いられていて，階段を昇降するときだけ電灯をつけることができる．電気素子の特徴を理解し，配線を工夫することで，電気回路にさまざまな機能をもたせることができる．

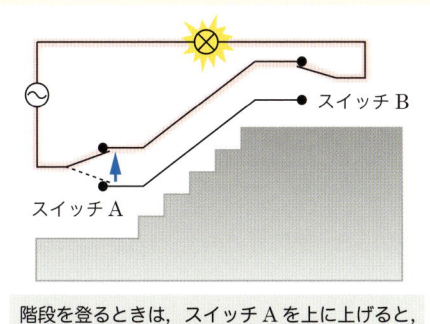

階段を登るときは，スイッチAを上に上げると，回路に電流が流れ電球がつく．

階段を登り終わると，スイッチBを下げて，電流の流れを止めて消灯する．

コラム図13-2 ● 階段の明かりのスイッチ

はまた，電圧や電流量を調節する目的にも用いられる．

電気回路にいくつかの抵抗が接続されているとき，それらを1つの抵抗として扱うことができる．これを**合成抵抗**という．抵抗の基本的な接続方法には，直列と並列がある．

▶ 抵抗の直列接続

2つの抵抗 R_1〔Ω〕と R_2〔Ω〕が直列に接続されているときの合成抵抗 R〔Ω〕を求めてみよう（図13-8）．抵抗は直列に接続されているので，両方の抵抗に流れる電流は同じ大きさ I〔A〕になる．電池の電圧を V〔V〕とすると，抵抗 R_1 の両端にかかる電圧を V_1，抵抗 R_2 の両端にかかる電圧を V_2 とすると，オームの法則より，

$$V = V_1 + V_2 = R_1 I + R_2 I = (R_1 + R_2) I$$

合成抵抗を R とすると，

$$V = RI$$

この2つの式を比べると，次の関係が成り立つ．

$$R = R_1 + R_2$$

この式は，抵抗がいくつ直列に接続されても成り立つので，抵抗が全部で n 個あるときは，次のように表される．

> **重要**
> $$R = R_1 + R_2 + \cdots + R_n$$
> 直列接続の合成抵抗

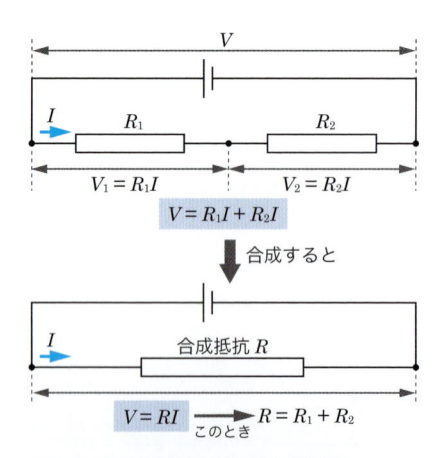

● 図13-8 直列接続の合成抵抗
抵抗を直列に接続したときの合成抵抗は，それぞれの抵抗の和になる．

例題

❺ 2 Ωの抵抗，3 Ωの抵抗，5 Ωの抵抗を直列につないだときの合成抵抗を求めなさい．

解説 直列接続なので3つの抵抗の合計になるので，
合成抵抗 $R = R_1 + R_2 + R_3 = 2 + 3 + 5 = 10$

[答] 10 Ω

❻ 抵抗（ア）と（イ）を直列に接続し，電圧10 Vの電池と接続した．図のB点の電位はいくらか．また，図のA点の電位を6 Vにするには，（ア）の抵抗をいくらにすればよいか答えなさい．

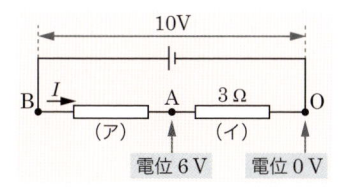

解説 点Bの電位は，電池の電圧と等しくなるので，10 V．
点Aの電位を6 Vにすると，AB間の電圧は4 V，AO間の電圧は6 Vになる．よって，図の回路に流れる電流をI〔A〕，（ア）の抵抗をR〔Ω〕とすると，$RI = 4$ V，$3 \times I = 6$ Vの関係が得られる．
$3 \times I = 6$ より，$I = 2$ A
これを $RI = 4$ に代入すると，
$2R = 4$　よって，$R = 2$

[答] B点の電位：10 V，（ア）の抵抗：2 Ω

このように，抵抗の大きさを変えることで電圧を調節することができる．

▶ 並列接続の合成抵抗

次に，2つの抵抗R_1〔Ω〕とR_2〔Ω〕が並列に接続されているときの合成抵抗R〔Ω〕を求めてみよう（図13-9）．抵抗は並列に接続されているので，両方の抵抗にかかる電圧V〔V〕は同じ大きさになる．また，全体を流れる電流をI〔A〕とすると，電流は抵抗R_1を流れる電流I_1と，抵抗R_2を流れる電流I_2に分かれる．まず，電流について，

$$I = I_1 + I_2$$

オームの法則 $V = R_1 I_1$ と $V = R_2 I_2$ より，$I_1 = \dfrac{V}{R_1}$ と $I_2 = \dfrac{V}{R_2}$ となる．
よって，

$$I = I_1 + I_2 = \frac{V}{R_1} + \frac{V}{R_2} = \left(\frac{1}{R_1} + \frac{1}{R_2}\right) V$$

合成抵抗をRとすると，電流Iは次のように表される．

$$I = \frac{1}{R} V$$

この2つの式を比べると，次の関係が成り立つ．

$$\frac{1}{R} = \frac{1}{R_1} + \frac{1}{R_2}$$

この式も，抵抗がいくつ並列に接続されても成り立つので，抵抗が

n 個ある場合は，次のように表される．

> **重要**
> $$\frac{1}{R} = \frac{1}{R_1} + \frac{1}{R_2} + \cdots + \frac{1}{R_n}$$
> 並列接続の合成抵抗の逆数

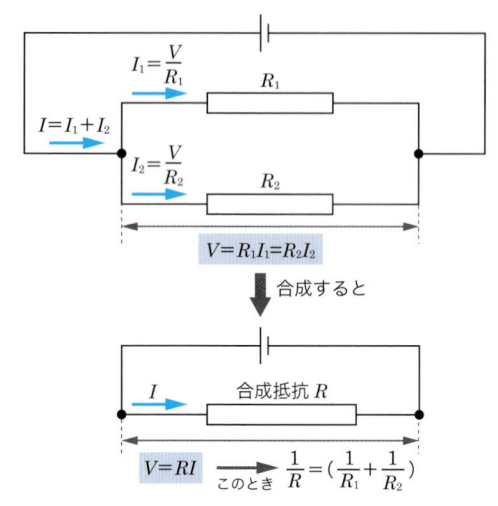

● 図 13-9　並列接続の合成抵抗
並列に抵抗を接続したときの合成抵抗の逆数は，それぞれの抵抗の逆数の和になる．

例題

❼ 4.0 Ω の抵抗 R_1 と 6.0 Ω の抵抗 R_2 が並列に接続されている．2 つの抵抗の合成抵抗を求めなさい．

解説 合成抵抗を R 〔Ω〕とすると，
$$\frac{1}{R} = \frac{1}{R_1} + \frac{1}{R_2} = \frac{R_1 + R_2}{R_1 R_2}$$
よって，
$$R = \frac{R_1 R_2}{R_1 + R_2} = \frac{4.0 \times 6.0}{4.0 + 6.0} = 2.4$$
〔答〕2.4 Ω

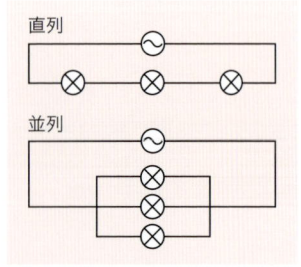

❽ 家屋内に 3 つの電球がある．3 つの電球が直列に接続されている場合と並列に接続されている場合について，次の問題に答えなさい．
① 3 つの電球が直列に接続されているとき，1 つの電球が切れると残りの 2 つの電球はどうなるか答えなさい．
② 3 つの電球が並列に接続されているとき，1 つの電球が切れると残りの 2 つの電球はどうなるか答えなさい．
③ 家庭用の電気器具の接続は，直列と並列のどちらがよいか答えなさい．

解説 ① 1 つの電球が切れると，電流が流れなくなり電球は 2 つと

もつかなくなる．
② 1 つの電球が切れても，残りの 2 つの電球には電流が流れるので，2 つともついている．
③ 1 つの電気機器に電流が流れなくても，他の電気機器に電流が流れて使用できるので，並列の接続の方がよい．

5 アース

　電気機器のコンセントには，わきに導線がついていることがある．これは**アース**とよばれるもので，不要な電気を地面（地球）に流す役割をもっている（図 13-10）．

　電気機器が帯電したり，電流の漏れがあって電流が流れていたりする状態で電気機器に触れると，人体に大きな電流が流れて危険なことがある．地球は非常に大きな導体なので，大量の電気の出入りがあっても電圧が変化しない．地球に回路の導線を接続しておけば，余分な電気を吸収し，安全に電気機器を使用できる．また，その部位の電圧は地球と同じになるので，基準電位としての役割も果たす．

　医療用の電気・電子機器を使用する際は，誤作動や感電事故の防止のために，必ずアースをする必要がある．

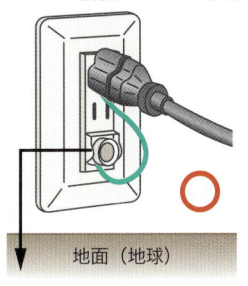

● 図 13-10　アース
アースは余分な電気を地面（地球）に流し，電位の基準になる．

6 電力と電力量

▶電力

　電池に豆電球をつなぐと，豆電球が光る．豆電球が光るのは，電池の電圧によって生じる電場によって電子が移動し，金属の原子に衝突して原子の熱運動が激しくなり，光のエネルギーを発生するからである．このように電流はエネルギーをもっていて，電気エネルギーを力や熱，光エネルギーに変換して利用する機器が電気機器である．このような電気機器は，電気回路内の電気素子としては抵抗として表される．

　電圧 V〔V〕は 1 C の電荷がもつエネルギー（仕事をする能力）なので，単位としては，ボルト〔V〕＝ジュール毎クーロン〔J/C〕の関係がある．電気量 q〔C〕の電荷に，電圧 V〔J/C〕がかかると，qV〔J〕の仕事をすることができる．電流を I〔A〕とすると，1 秒間に I

〔C〕の電気量が供給されるので，電気量としては $q=I$ となり，供給された電気量に電圧 V〔V〕がかかったときの1秒間の仕事量は IV〔J〕になる．これは，電流が1秒間に供給する仕事量であり，**電力**とよばれる．

電気機器は，供給される電力を消費して，熱エネルギーや光エネルギーに変換している．1秒間（単位時間あたり）に抵抗（電気機器など）で消費される仕事量を**消費電力**という．

電力 P は，電流の大きさ I〔A〕と電圧 V〔V〕の積として次のように表される．電力の単位は仕事率※2の単位と同じ，ワット〔W〕である．

※2 第8章2参照．

> **重要**
> $$P = IV$$
> 電力〔W〕＝ 電流〔A〕× 電圧〔V〕

オームの法則から，抵抗を R〔Ω〕とすると $V=RI$，$I=\dfrac{V}{R}$ の関係があるので，電力を求める式は次のようにも表される．

> $$P = RI^2 \quad \text{または} \quad P = \dfrac{V^2}{R}$$

例題

❾ あるトースターを使用しているときの電圧が 100 V，電流が 5.0 A だった．このトースターを使用しているときの消費電力を求めなさい．

解説 $P=IV$ より，$5.0 \times 100 = 5.0 \times 10^2$ 〔答〕5.0×10^2 W

▶ **電力量**

供給した電力の総量または消費した電力の総量を，**電力量**という．P〔W〕の電力を t 秒間使用すると，電力量 W〔J〕は次の式で表される．

> **重要**
> $$W = Pt = IVt$$
> 電力量〔J〕＝ 電力〔W〕× 時間〔s〕＝ 電流〔A〕× 電圧〔V〕× 時間〔s〕

一般の家庭で使用した電力量を測定する電気メーターでは，キロ

ワット時〔kWh〕という単位が用いられる．

> **電力量〔kWh〕＝ 電力〔kW〕× 時間〔h〕**

抵抗に電流が流れると熱が発生する．これを**ジュール熱**という．電気的なエネルギーがすべて熱エネルギーに変換すると，ジュール熱 Q〔J〕は抵抗で消費される電力量と等しくなる．

重要
$$Q = IVt$$
ジュール熱〔J〕＝ 電流〔A〕× 電圧〔V〕× 時間〔s〕

電力，電気量，ジュール熱の関係を，電球の例でみてみよう．電球に供給される電力は $P = IV$〔W〕なので，t 秒間電流が流れると電気量 $W = IVt$〔J〕のエネルギー量が電球の抵抗に供給される．この電気エネルギーがすべて熱に変換されると，電球の抵抗で発生するジュール熱 Q は電気量と同じ $Q = IVt$〔J〕になる．この過程で電気エネルギーが熱エネルギーに変換される．

熱エネルギーにより電球の抵抗の温度が上昇すると，抵抗を構成している原子から光が放出される．これが電球の光で，この過程で熱エネルギーの一部が光エネルギーに変換されることになる．

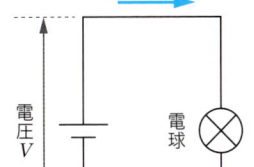

● 図13-11　電力，電力量，ジュール熱の関係

電気量 q〔C〕の電荷に電圧 V〔V〕がかかっているとき，qV〔J〕の仕事をするエネルギーをもっている．I〔A〕の電流は1秒間に I〔C〕の電気量が流れるので，電気量としては $q = I$ となり，単位時間あたりの仕事量である仕事率（電力）P は $P = IV$，時間 t〔s〕間の仕事量（電力量）W は $W = IVt$ になる．

例題

⑩ 1 kWh は，何 J の電力量に相当するか求めなさい．

解説 1 kWh は 1 時間（h）の電力量であり，1 kW = 10^3 W，1 h = $3.6 × 10^3$ s なので，

$$10^3 × 3.6 × 10^3 = 3.6 × 10^6$$

〔答〕$3.6 × 10^6$ J

⑪ 1.0 kWhの電力量がすべて熱エネルギー（熱量）に変換するとき，20℃の水0.50 m³を何℃まで温めることができるか計算しなさい．ただし，20℃における水の密度は$1.0×10^3$ kg/m³，水の比熱は4.2 kJ/(kg・K)とする．

解説 水1 kgを1.0℃（＝1.0 K）上昇させるために必要な熱量は 4.2 kJ/(kg・K)＝$4.2×10^3$ J/(kg・K)，0.50 m³の水の質量〔kg〕は$0.50×1.0×10^3$となる．0.5 m³の水を1℃上昇させるのに必要な熱量Qは$Q=mc\Delta T$[※3]より

$$Q = 0.50 × 1.0 × 10^3 × 4.2 × 10^3 × 1.0 = 2.1 × 10^6 \text{ J}$$

よって，この熱エネルギーによる温度の上昇は，1.0 kWh＝$3.6×10^6$ Jより

$$20 + \frac{3.6 × 10^6}{2.1 × 10^6} ≒ 20 + 1.71 = 21.7$$

［答］21.7℃

※3　第9章5参照．

7 直流と交流

電池による電流は，一定の向きに電流が流れるので直流とよばれる．一方，家庭用のコンセントから得られる電流は，電流の向きが周期的に変化する**交流**である（図13-12）．交流では，電場の向きも交互に変わり，電場によって力を受ける電子も導線内を交互に行ったり来たりする[※4]．

交流では，電圧や電流が周期的に変化するために，平均的な電流や

※4　日本の交流の周波数：
日本の交流の周波数は，静岡県の富士川と新潟県の糸魚川付近を境に，西が60 Hz,東が50 Hzに分かれている．これは，明治時代に欧米から発電機が輸入されたとき，関西は米国から，関東はドイツから，それぞれ異なる周波数のものが輸入されたことによる．

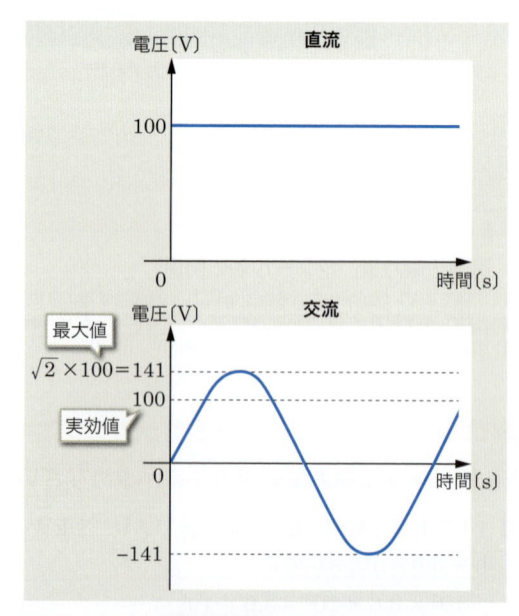

● 図13-12　直流と交流
直流は電圧や電流の向きが一定．交流は電圧や電流の向きが周期的に変化する．

電圧の値を用いる．これを**実効値**といい，一般家庭用の交流の電圧は実効値で表される．実効値は交流の時間的な変化を平均して，電圧100 Vの直流と比較できるようにした表し方である．電圧の実効値 $V_e = 100$ V は，交流電圧の最大値 $V_0 = 141$ V（$\sqrt{2} \times 100$ V）を，$\sqrt{2}$（約 1.41）で割った値である．

$$V_e = \frac{V_0}{\sqrt{2}}$$

交流の電圧の実効値〔V〕= $\dfrac{\text{電圧の最大値〔V〕}}{\sqrt{2}}$

電流についても，交流の電流の最大値を I_0〔A〕，実効値を I_e〔A〕とすると，次のように表される．

$$I_e = \frac{I_0}{\sqrt{2}}$$

交流の電流の実効値〔A〕= $\dfrac{\text{電流の最大値〔A〕}}{\sqrt{2}}$

また，電力は電流と電圧の実効値を用いて，次のように表される．

$$P = I_e V_e$$

電力〔W〕= 電流の実効値〔A〕× 電圧の実効値〔V〕

直流と交流にはそれぞれ特徴がある（表13-2）．直流は，短時間で大きな電力が必要な自動車や電車のモーター，一定の電圧や電流が必要なパソコンや液晶テレビなどの電気・電子機器に用いられる．交流は，電流の向きが周期的に変化し，電圧の大きさも変えやすいことから，交流モーターを内蔵した電気機器，ドライヤーや電気ストーブのような熱エネルギーを利用する電気機器などに用いられる．

また，交流電源では，直流電源のようにコンセントに電子機器のプラグを差し込むとき，電源の差し込み口の正負を気にしなくてもよいという利点もある．交流は電気回路を用いて直流に変換することができる（COLUMN3）．パソコンやスマートフォンのアダプターは，交流を直流に変換する装置である．

●表13-2　直流と交流の特徴

直流	交流
・電流は一定の向きに流れる ・電圧を変えにくい	・電流の向きが周期的に変化する ・電圧を変えやすい

COLUMN 3　交流を直流に変える電気回路

　交流はダイオードを用いた電気回路によって，直流に変換することができる．ダイオードは半導体を使った電気素子で，1つの向きだけに電流を流す作用がある．また，コンデンサーは電流を一定にする作用があり，ダイオードとあわせて用いられることが多い．どのようなしくみで交流を直流に変えるのか，みてみよう．

　コラム図13-3 ①のような波形の交流電源が，ダイオードをブリッジ状に接続した電気回路のCD間に接続されている．交流電源のC側に正の電圧がかかると，Aのダイオードの向きだけに電気が流れるので，電流は黒の矢印の向きに流れる．交流の向きが代わって交流電源のD側に正の電圧がかかると，Bのダイオードの向きだけに電気が流れるので，電流は赤の矢印の向きに流れる．

　また，コンデンサーがないと，抵抗を流れる電流は②のようになる．コンデンサーは電気を蓄えたり放出したりできる（第12章5参照）．コンデンサーを図のように接続すると，電圧が下がり電流が低下するとコンデンサーから蓄えられた電荷が移動するので，電流の低下が抑えられ③のような一定に近い直流が得られる．コンデンサーは電圧や電流を安定化する目的でよく用いられる．

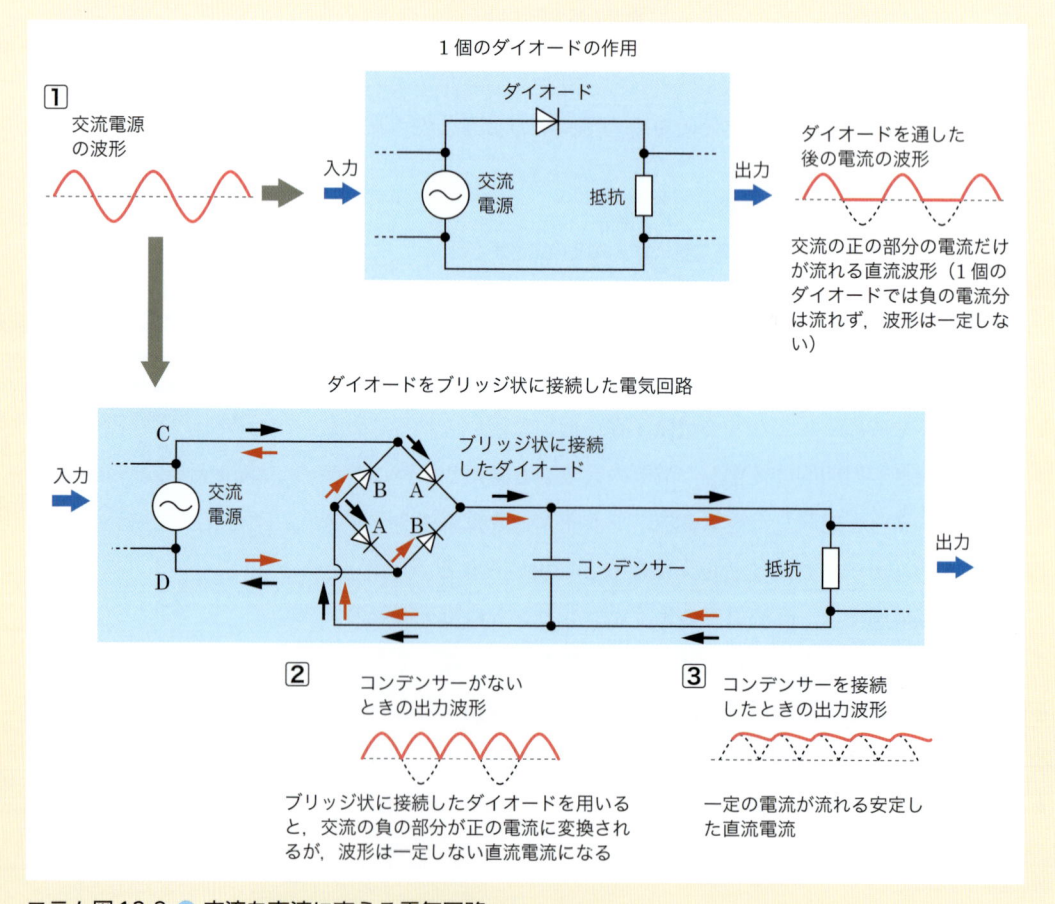

コラム図13-3　交流を直流に変える電気回路

章末問題

⇒解答は243ページ

❶ 導線の断面を10分間に30Cの電気量が通過したときの，電流の大きさを求めなさい．

❷ 断面積が1.0 cm²の導線に，1.6 Aの電流が流れている．このとき，次の問題に答えなさい．ただし，電気素量は1.6×10^{-19} Cとする．
① 導線の断面積を1.0秒間に通過した電気量を求めなさい．
② 導線の断面積を1.0秒間に通過した電子の数を求めなさい．
③ 導線を流れる電子の平均の速度を0.10 mm/sとするとき，導線の自由電子の密度を〔個/m³〕で求めなさい．

❸ 電圧V〔V〕の電池にR〔Ω〕の抵抗が接続され，I〔A〕の電流が流れている．このとき，次の問題に答えなさい．
① 電圧が1.5 V，抵抗が50 Ωのとき，回路に流れる電流を求めなさい．
② 電圧が3.0 Vのとき，回路に流れる電流が0.60 Aであった．このときの抵抗の大きさを求めなさい．
③ 抵抗が50 Ωのとき，回路を流れる電流が2.0 Aであった．このときの電池の電圧を求めなさい．

❹ 右図の合成抵抗を求めなさい．

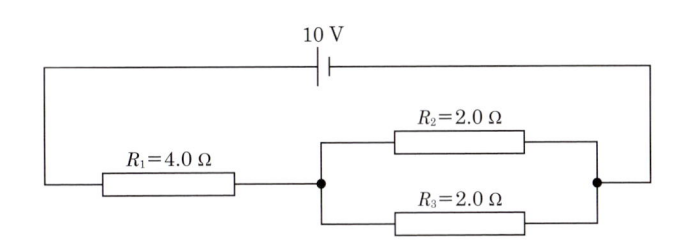

❺ 問題❹の電気回路で，電圧10 Vの電池を接続し，電流を10分間流した．このとき，抵抗R_1，R_2で発生するジュール熱を求めなさい．

14 磁気と電流

学習目標

- 磁極と磁気力について説明できる
- 磁場について説明できる
- 電流によって発生する磁場について説明できる
- 電磁誘導について説明できる
- モーターのしくみについて説明できる

重要な公式

- 磁気力 = $k_m \times \dfrac{\text{Aの磁気量} \times \text{Bの磁気量}}{(\text{磁極間の距離})^2}$

$$F = k_m \dfrac{m_A m_B}{r^2}$$ 磁気に関するクーロンの法則

- 磁気力 = 磁気量 × 磁場の強さ

$$F = mH$$

重要な用語

磁極 磁石にはたらく力が最も強い部分．N極とS極がある

磁気力 磁極間や磁場内を流れる電流にはたらく力

磁気量 磁極の強さを表す量．単位はウェーバ〔Wb〕

磁場 磁極や電流によって生じ，磁極や電流（運動する荷電粒子）に力を及ぼす空間．ベクトル量

磁力線 N極からS極に向かう，磁場を表す曲線

- 磁束密度 ＝ 透磁率 × 磁場の強さ

$$B = \mu H$$

- 直線電流のまわりの磁場の強さ ＝ $\dfrac{電流}{2\pi \times 距離}$

$$H = \dfrac{I}{2\pi r}$$

- 円形電流の円の中心における磁場の強さ ＝ $\dfrac{電流}{2 \times 円の半径}$

$$H = \dfrac{I}{2r}$$

- ソレノイド内の磁場の強さ ＝ 単位長さあたりの巻き数 × 電流

$$H = nI$$

磁場の強さ 磁場の強さを表す量．単位はニュートン毎ウェーバ〔N/Wb〕

磁束密度 磁場の強さを表す量．単位はテスラ〔T〕または〔Wb/m^2〕

ローレンツ力 磁場内で運動する荷電粒子にはたらく力

電磁誘導 電流により磁場が起こり，磁場が変化すると電流が流れる現象

電磁波 電場と磁場が交互に誘導されながら伝わる波．真空中でも伝わる

第14章では，磁気と電流の関係について学習する．磁石が金属を引きつける性質は，古代から人を引きつけてきた．電気と磁気には密接な関係があり，電流が流れると磁気が生じ，反対に磁気が変化すると電流が生じる．物理学では電気と磁気は電磁気学としてまとめて扱われる．

物理療法で用いる赤外線や極超短波は電気と磁気の相互作用で生じる電磁波であり，経頭蓋磁気刺激（transcranial magnetic stimulation：TMS）では，コイルに流れる電流により生じた磁場で脳に局所的な電流を流し，脳細胞を刺激することを治療に応用している．このような治療法の理解のためにも，磁気と電流の関係を知ることは重要である．

● 図14-1 磁極につく砂鉄

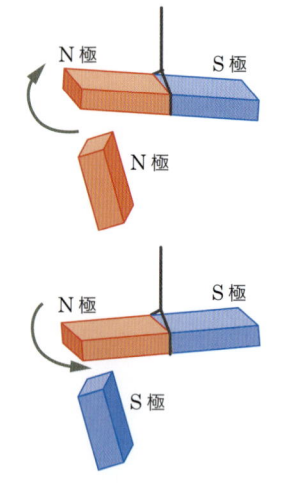

● 図14-2 磁石の間にはたらく力

棒磁石を近づけると，同じ磁極同士には斥力がはたらき，異なる磁極には引力がはたらく．

※1 磁極と電荷，磁気量と電気量の関係：磁極は電荷，磁気量は電気量に対応する用語である．磁気量は磁極が帯びている磁気の量を表すが，電気の正電荷や負電荷のように，N極の磁気だけ，またはS極の磁気だけを帯びた粒子を取り出すことはできない．本章で説明するように，磁気は電流から生じ，独立した磁気は存在しないと考えられている．

1 磁場と磁気力

▶磁気に関するクーロンの法則

棒磁石に砂鉄を近づけると，棒磁石の両端付近に多くの砂鉄がつく（図14-1）．磁石のこの部分を**磁極**という．磁極にはN極とS極があり，N極とN極，またはS極とS極のように同じ磁極を近づけると斥力が生じ，N極とS極のように異なる磁極を近づけると引力が生じる（図14-2）．このような磁極間にはたらく力を**磁気力**という．

磁気力も力なので，単位はニュートン〔N〕になる．2つの磁極の間にはたらく磁気力は，静電気力と同じように磁極の強さを表す量である**磁気量**に比例し，磁極間の距離の2乗に反比例する．これを，**磁気に関するクーロンの法則**という．磁気量の単位は**ウェーバ**〔Wb〕である[※1]．

磁極Aと磁極Bの2つの磁極の磁気量を m_A〔Wb〕，m_B〔Wb〕，磁極間の距離を r〔m〕とすると，2つの磁極の間にはたらく磁気力 F〔N〕は次のように表される（図14-3）．

● 図14-3 磁気に関するクーロンの法則

2つの磁極の間には磁気力がはたらく．その大きさは2つの磁極の強さ（磁気量）に比例し，2つの磁極間の距離の2乗に反比例する．

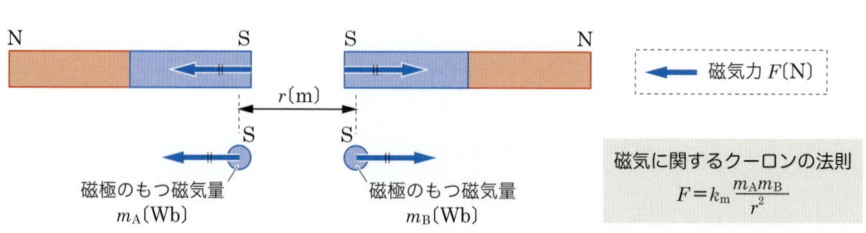

磁気に関するクーロンの法則
$$F = k_m \frac{m_A m_B}{r^2}$$

> **重要**
>
> $$F = k_\mathrm{m} \frac{m_\mathrm{A} m_\mathrm{B}}{r^2}$$
>
> 磁気力〔N〕 = k_m × $\dfrac{\text{Aの磁気量〔Wb〕×Bの磁気量〔Wb〕}}{(\text{磁極間の距離〔m〕})^2}$

k_m は比例定数で，真空中では $k_\mathrm{m} = 6.33 \times 10^4$ N・m²/Wb² である．

例題

① 1.0 Wb の磁気量をもつ磁極 A と 2.0 Wb の磁気量をもつ磁極 B が 2.0 m 離れて位置しているとき，磁極 A，B 間にはたらく磁気力を求めなさい．ただし，$k_\mathrm{m} = 6.33 \times 10^4$ N・m²/Wb² とする．

解説 磁気に関するクーロンの法則より，

$$F = 6.33 \times 10^4 \times \frac{1.0 \times 2.0}{(2.0)^2} = 3.165 \times 10^4$$
$$\fallingdotseq 3.2 \times 10^4$$

[答] 3.2×10^4 N

▶磁場

磁気力は磁極同士が離れていても生じる遠隔作用である．この性質は静電気力と同じなので，磁気についても磁極のまわりの空間が，他の磁極に力を及ぼす性質をもっていると考えられる．このような，磁極によって生じる特別な空間を**磁場**という．磁場の向きは N 極から S 極に向かう（図 14-4）．磁場にも向きと強さがあるので，磁場はベクトル量である．

磁場の単位は，ニュートン毎ウェーバ〔N/Wb〕である．1 Wb の磁極を置いたとき，1 N の力を受けるような磁場の強さが，1 N/Wb である．磁気量 m〔Wb〕の磁極が，磁場の強さ H〔N/Wb〕の磁場の中に置かれたときに，磁極が受ける磁気力 F〔N〕は次の式で表される（図 14-5）．

> **重要**
>
> $$F = mH$$
>
> 磁気力〔N〕 = 磁気量〔Wb〕× 磁場の強さ〔N/Wb〕

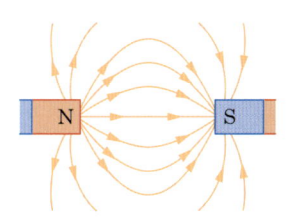

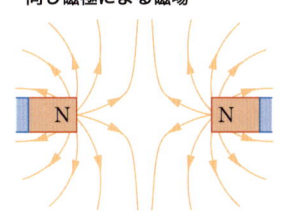

● 図 14-4 異なる磁極および同じ磁極による磁場のようす

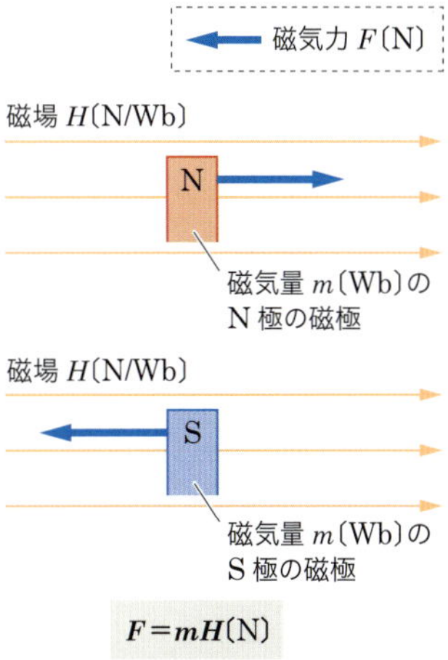

● 図 14-5 磁場の中に置かれた磁極にはたらく力

S 極は磁場と反対向きに力を受ける．

> **例題**
>
> ❷ ある磁場内に，5.0 Wb の S 極の磁極を置いたところ，右方向に 10 N の力を受けた．この磁場の向きと，大きさを求めなさい．
>
> **解説** S 極は磁場と反対向きに力を受けるので，磁場は左向きになる．
> 磁場の強さを H 〔N/Wb〕とすると，$F = mH$ より，
> $$10 = 5.0 H$$
> よって，$H = \dfrac{10}{5.0} = 2.0$
>
> 〔答〕磁場の向き：左向き，大きさ：2.0 N/Wb

▶ 磁力線

電気で電場のようすを表す電気力線を想定したように，磁気についても磁場のようすを表す**磁力線**を想定することができる．棒磁石のそばに小さな方位磁石（方向を示すコンパス）を置くと，方位磁石の N 極が一定の向きを指す．方位磁石の位置を棒磁石の磁極から少しずつずらしていくと，図 14-6 のような曲線を描くことができる．このようにして磁石のまわりにできる曲線を磁力線という．磁力線には表 14-1 のような性質がある．

● 表 14-1　磁力線の性質

① 磁力線は N 極から出て，S 極に入る
② 磁力線上の接線の向きは，その位置における磁場の向きになる
③ 磁力線の密なところほど磁場は強い
④ 磁力線は交わったり，接したりしない
⑤ 磁力線は磁力線の方向に張力がはたらき，隣り合う磁力線同士は互いに反発する性質をもつ

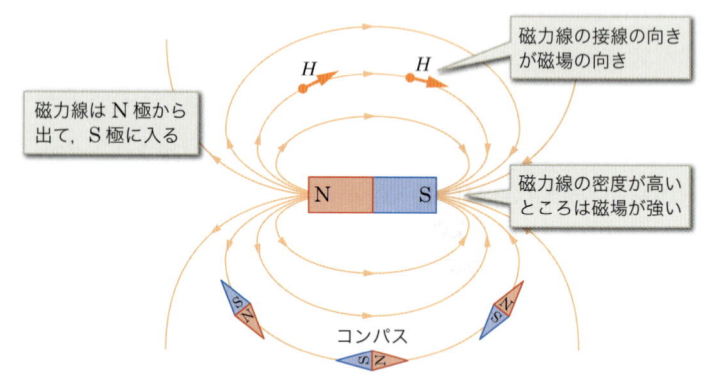

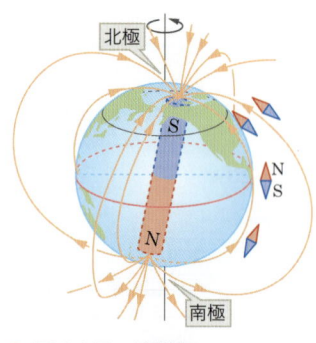

● 図 14-6　棒磁石による磁力線のようす

方位磁石の N 極が北を指すのは，地球全体が大きな磁石になっているからである．これを**地磁気**という（図 14-7）．地球の北極の近くに磁石としての S 極，地球の南極の近くに磁石としての N 極がある．

● 図 14-7　地磁気
地球自体が磁石の性質（地磁気）をもっているので，方位磁石は南北を指す．北極の近くに S 極，南極の近くに N 極がある．

▶ 磁束密度

磁場のようすを表すものに，磁場の強さ H 〔N/Wb〕の他に**磁束密度** B がある．磁束密度の単位は**テスラ**〔T〕で，〔T〕=〔Wb/m^2〕=〔N/(A・m)〕の関係がある．磁束密度の単位〔Wb/m^2〕からわかる

ように，磁束密度は単位面積あたりの磁気量に相当する．物質によって決まる定数である透磁率[※2]を μ 〔N/A²〕とすると，磁場の強さ H と磁束密度 B の関係は次のように表される．

> **重要**
> $$B = \mu H$$
> 磁束密度〔T〕= 透磁率〔N/A²〕× 磁場の強さ〔N/Wb〕

磁束密度は，電流と磁気との関係を表すときに用いられる．

[※2] 透磁率：
磁束密度と磁場との関係の比例定数で，物体を磁場内に置いたとき，物体がどの程度磁化するかを表す．磁化は，物体が磁石のような性質をもつ（N極とS極に分かれた磁極をもつ）ことで，電気における誘電分極（第12章3）に似ている．真空では磁化は起こらないが，真空中の透磁率 μ_0 は $4\pi \times 10^{-7} \fallingdotseq 1.26 \times 10^{-6}$ N/A² になる．銅の透磁率は真空中の0.999994倍，水は0.999992倍，鉄は最大で約 1.8×10^4 倍である．

例題

3 磁場 H から，磁気量 m をもつ磁極にはたらく力 F を，磁束密度 B で表すとどのような式になるか答えなさい．ただし，透磁率を μ とする．

解説 磁場 H から，磁気量 m の磁極にはたらく力 F は，$F = mH$．
磁場 H と磁束密度 B の関係は，$B = \mu H$ より $H = \dfrac{B}{\mu}$ になる．
よって，$F = mH = \dfrac{mB}{\mu}$

〔答〕$F = \dfrac{mB}{\mu}$

2 電流がつくる磁場

▶ 直線電流がつくる磁場

直線状の導線を流れる電流を**直線電流**という．直線電流が流れているときに，電流のまわりに置いた砂鉄の向きを観察したり，電流に方位磁石を近づけて磁力線を描くことにより，電流のまわりに磁場が生じていることがわかる（図14-8左）．直線電流のまわりの磁力線は電流に垂直な平面内で，電流を中心とする同心円になる．

磁場の向きは，右ねじの進む向きに電流が流れるとき，ねじの回る向きになる．これを**右ねじの法則**という（図14-8右）．右ねじの法則を，右手の親指を立て，他の指を軽く握ったときの親指と他の指の関係で表すと，親指の向きが電流の向き，他の指を握った向きが磁場の向きになる．

直線電流から距離 r 〔m〕の位置における磁場の強さ H 〔N/Wb〕は，電流の大きさ I 〔A〕に比例し，直線電流からの距離 r 〔m〕に反比例する．

14 磁気と電流 | 209

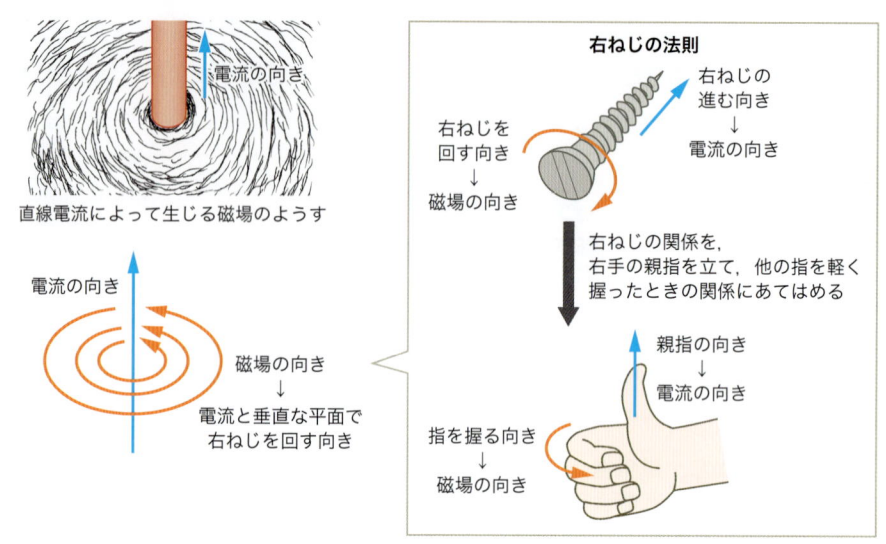

● 図14-8　直線状の電流がつくる磁場

直線電流が流れると，周囲に同心円状の磁場が生じる．電流の向きと磁場の向きは，右ねじ法則に従う．

重要

$$H = \frac{I}{2\pi r}$$

直線電流のまわりの磁場の強さ〔N/Wb〕= 電流〔A〕/（2π × 距離〔m〕）

　この式は，磁場の強さの単位がアンペア毎メートル〔A/m〕で表されることを示している．またこの式は，$2\pi r$ は電流からの距離 r を半径とするときの円周の長さなので，磁場の強さと円周を乗じると電流になることを表している．磁場を磁束密度で表すと次のようになる．

$$B = \frac{\mu I}{2\pi r}$$

直線電流のまわりの磁束密度〔T〕= 透磁率〔N/A²〕× 電流〔A〕/（2π × 距離〔m〕）

例題

④ 10.0 A の直線電流から，距離 1.0 m の位置の磁場の強さを求めなさい．また，そこに 2.0 Wb の磁気量の磁極を置いたときに磁極にはたらく力の大きさ（磁気力）を求めなさい．ただし，円周率 π ＝ 3.14 とする．

解説　電流との距離が 1.0 m の位置における磁場の強さ H は，

$$H = \frac{I}{2\pi r} = \frac{10.0}{2 \times 3.14 \times 1.0} = 1.592 \cdots \fallingdotseq 1.6 \text{ N/Wb}$$

磁極にはたらく力 F は，
$$F = mH = 2.0 \times 1.6 = 3.2 \text{ N}$$

[答] 磁場の強さ：1.6 N/Wb または 1.6 A/m，磁場にはたらく力：3.2 N

▶円形の電流がつくる磁場

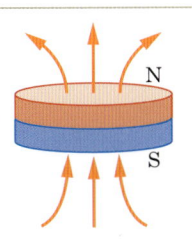

次に，円形の導線に流れる電流（**円形電流**）がつくる磁場を考えてみよう．円形電流は**コイル**ともよばれる．円形の電流は，短い直線状の電流がつながっているとみなせるので，短い直線電流がつくる磁場の和が円形電流のつくる磁場と考えることができる（図14-9）．

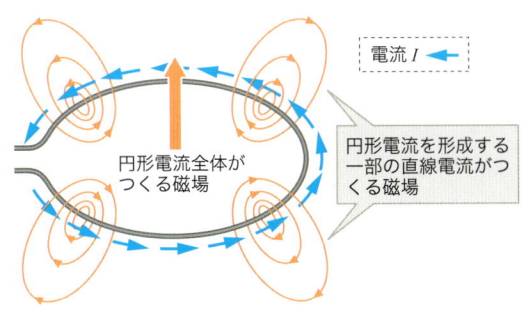

円形電流がつくる磁場は，電流が流れる面に対して垂直な方向に生じる（図14-10）．磁場の向きは，右ねじの法則でねじを回す向きに電流が流れるとき，ねじの進む向きになる．

注意 直線電流のときと電流と磁場が入れ替わる．

磁場の強さ H 〔A/m〕は，電流の大きさ I 〔A〕に比例し，半径 r 〔m〕に反比例する．円形電流がつくる磁場は，円形電流の中央に置

● 図14-9 円形電流がつくる磁場
円形電流がつくる磁場は，円形電流を短い直線電流がつくる磁場の和として考えることができる．

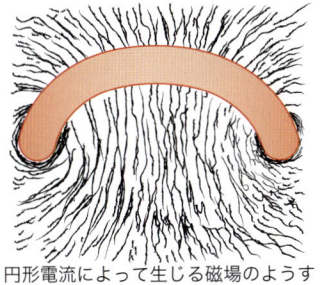

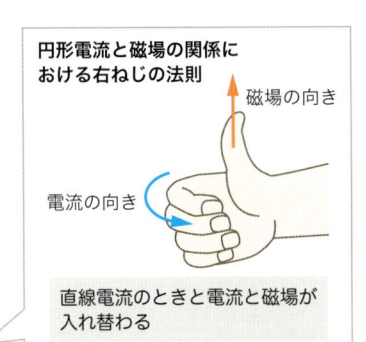

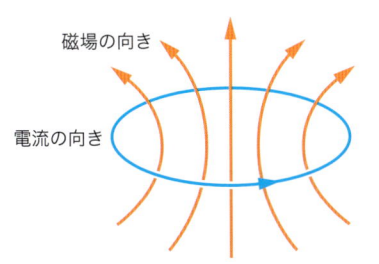

● 図14-10 円形電流がつくる磁場
円形電流が流れると，円の中心を貫く磁場が生じる．これは，円形電流の中央に短い棒磁石を置いたときと同じような磁場になる．

14 磁気と電流 | 211

いた短い棒磁石がつくる磁場と似ている．

重要

$$H = \frac{I}{2r}$$

円形電流の円の中心における磁場の強さ〔A/m〕 = 電流〔A〕 / 2 × 円の半径〔m〕

磁束密度を用いると，次のように表される．

$$B = \frac{\mu I}{2r}$$

円形電流の円の中心における磁束密度〔T〕 = 透磁率〔N/A^2〕× 電流〔A〕 / 2 × 円の半径〔m〕

発展1　磁場の強さの単位

物理学では，同じ量なのに異なる単位を用いて表すことがある．これは，その単位を用いた方が対象とする現象を表す数式の意味がわかりやすくなるからである．磁場の強さ H の単位は，力と磁気量の関係（F〔N〕= m〔Wb〕× H）から，ニュートン毎ウェーバ〔N/Wb〕になる．一方，電流のまわりの磁場の強さを表す式，

$$H = \frac{I \,〔A〕}{2\pi \times r \,〔m〕}$$

の右辺の単位はアンペア毎メートル〔A/m〕になる．2つの単位がなぜ同じなのか，仕事の単位から考えてみよう．

直線電流 I〔A〕から r〔m〕の距離にある円周上を，磁気量 m〔Wb〕の磁極が1周するときの磁場のした仕事を考える（発展図14-1）．この円周上の磁場の強さを H とし，磁極にはたらく力を F とすると，磁極が1周するときに磁場のした仕事 W〔J〕は次の式で表される．

$$W〔J〕= F \times 2\pi r = m \times H \times 2\pi r = m \times \frac{I}{2\pi r} \times 2\pi r$$
$$= m〔Wb〕\times I〔A〕$$

↓ W〔N・m〕　↓ mI〔Wb・A〕

単位の関係をみると，〔J〕=〔Wb・A〕となる．
〔J〕=〔N・m〕なので，〔N・m〕=〔Wb・A〕となる．

両辺を単位〔m・Wb〕で割ると，

$$\left[\frac{N \cdot m}{m \cdot Wb}\right] = \left[\frac{Wb \cdot A}{m \cdot Wb}\right]$$

となり，〔A/m〕=〔N/Wb〕の関係が得られる．

このような単位の計算は，複雑な計算をするときに単位の観点から間違っていないかを確認したり，物理量間の関係をより深く考えたりするときに役立つ．物理量は数値と単位からなり，物理の公式が等しいときは，数値と単位がともに同じであったことを再確認してほしい．

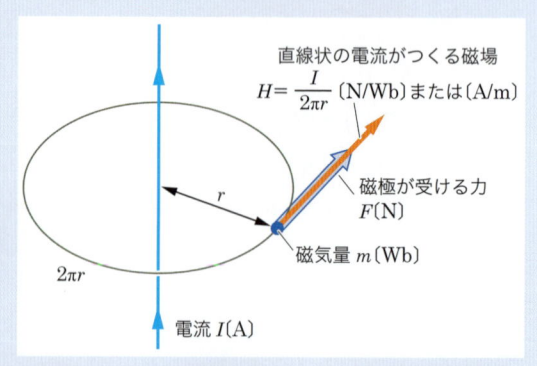

発展図14-1 ● 直線電流がつくる磁場と磁極が受ける力

例題

5 半径 r 〔m〕の円形の導線に I 〔A〕の電流が流れているとき，磁場の強さが H 〔A/m〕であった．半径 r と電流 I を次のように変えたとき，磁場の強さがどうなるか答えなさい．
① 電流が $2I$ 〔A〕
② 半径が $4r$ 〔m〕
③ 半径が $0.5r$ 〔m〕
④ 半径が $4r$ 〔m〕，電流が $2I$ 〔A〕

解説 円形電流がつくる磁場の強さは，電流の大きさに比例し，半径に反比例する．$H = \dfrac{I}{2r}$ なので，

① $\dfrac{2I}{2r} = \dfrac{I}{r}$

② $\dfrac{I}{2 \times 4r} = \dfrac{I}{8r}$

③ $\dfrac{I}{2 \times 0.5r} = \dfrac{I}{r}$

④ $\dfrac{2I}{2 \times 4r} = \dfrac{I}{4r}$

〔答〕① 2倍，② $\dfrac{1}{4}$ 倍，③ 2倍，④ $\dfrac{1}{2}$ 倍

▶ソレノイドがつくる磁場

導線を何回も円形に巻いたものを**ソレノイド**という．ソレノイドに電流を流すと，円形電流と同じ向きに磁場が現れる．ソレノイドの内部に生じる磁場は，ソレノイドの中心軸の方向に一様な磁場をつくる（図14-11）．ソレノイドの外部には，棒磁石を置いたような磁場がで

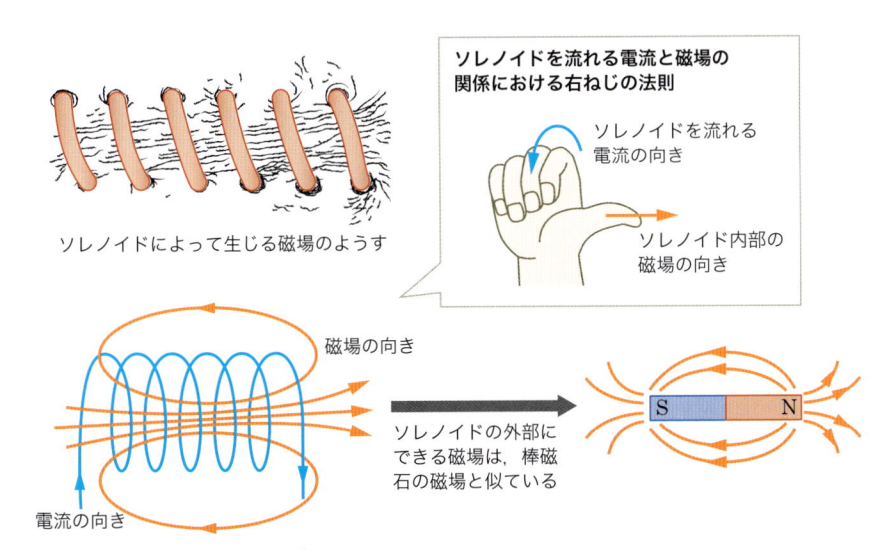

● 図14-11 ソレノイドがつくる磁場
ソレノイドに電流が流れると，ソレノイドの内部に，単位長さあたりの巻き数に比例した磁場が生じる．ソレノイドの外部にできる磁場は，ソレノイドの中央に棒磁石を置いたときの磁場と同じようになる．

きる．内部の磁場の向きは，右ねじを回す向きに電流が流れるとき，ねじの進む向きになる[※3]．ソレノイド内部の磁場の強さH〔A/m〕は，電流I〔A〕と単位長さあたりの巻き数n〔/m〕に比例する．

※3　円形電流と同じになる．

> **重要**
> $$H = nI$$
> ソレノイド内の磁場の強さ〔A/m〕＝単位長さあたりの巻き数〔/m〕×電流〔A〕

例題

6 ソレノイドを流れる電流Iがつくる，ソレノイド内部の磁場の磁束密度Bを求めなさい．ただし，透磁率をμとする．

解説 磁場の強さをHとすると$H = nI$，$B = \mu H$なので，$B = \mu n I$となる．　　　〔答〕$B = \mu n I$

▶磁気の源

棒磁石を真ん中で2つに切断すると，切断したそれぞれの棒磁石にN極とS極が現れる．この作業を何回繰り返しても，切断した棒磁石にはN極とS極が現れる（図14-12上）．

正と負の電荷と同じようにN極の磁極とS極の磁極があるとすると，棒磁石を真ん中で切断すれば，N極側はN極の磁気量が多くなり全体がN極の性質をもつはずである．しかし，このようにはならないので，磁気には正と負の電荷に相当するものがなく，電子や陽子などのような粒子がもつ固有の性質をもたないことを示している．では，磁気の実体は何だろうか？

磁石をつくっている物質も原子でできている．原子は原子核のまわ

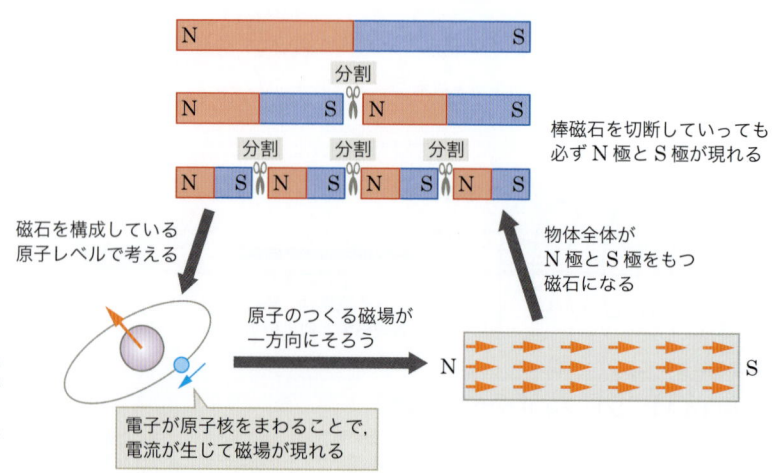

● 図14-12　磁石の磁気の源
磁石の磁場は，磁石を構成している原子のもつ小さな磁場が一定の方向にそろうことで現れる．電気における電子や陽子に相当する磁気をもつ粒子はなく，磁気の源は電流，つまり動いている電気と考えられている．

りを電子がまわっている．電子は電荷をもっているので，原子核のまわりに円形電流が流れていると考えることができる．円形電流は磁場を発生し，その磁場は短い棒磁石に似ている（図14-10参照）．つまり，原子一つひとつを小さな磁石と見なすことができる．この小さな磁石の向きが一定方向を向くと，全体として磁石になる（図14-12下）．つまり，原子レベルの小さな電流から生じる磁場が磁気の正体と考えられ，磁石をどんなに小さくしても，一つひとつの物体全体がN極とS極をもつ磁石になるのである．

3 電流が磁場から受ける力

▶ 直線電流が磁場から受ける力

図14-13のように磁場の向きと垂直な向きに電流が流れると，電流は磁場から力を受ける．電流が磁場から受ける力は，磁場の向きと電流の向きの両方に垂直な向きになり，その向きは**フレミングの左手の法則**で表される[※4]．右ねじの法則で表すと，電流の向きから磁場の向きにねじを回すとき，ねじの進む向きが力の向きになる．

※4 フレミングの左手の法則の覚え方：フレミングの左手の法則は，中指から順に「電⇒磁⇒力」と覚えるとよい．中指⇒電流の向き，示指（人さし指）⇒磁場の向き，母指⇒力の向きになる．右ねじの法則では，母指が力，握った指の向きが電流の向きから磁場に向かう向きになる．

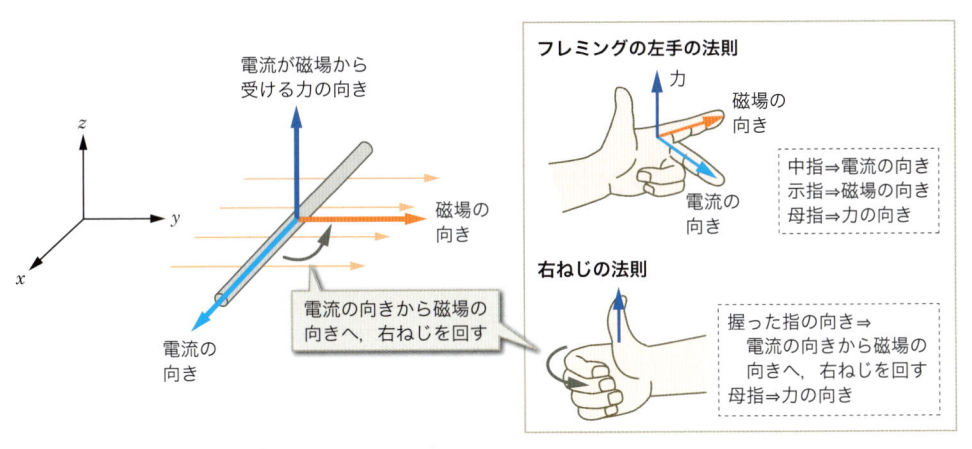

● 図14-13　直線電流が磁場から受ける力
磁場の中を電流が流れると，電流と磁場がつくる面に垂直な向きに力を受ける．

例題

7 直線電流がつくる磁場と磁場内を流れる電流が受ける力の関係から，平行な2本の導線に同じ向きに電流が流れているときに，導線にはたらく力はどうなるか答えなさい．

解説 紙面の裏側から表に流れる直線電流を考える．右ねじの法則より，電流Bによる磁場，電流Aによる磁場ともに反時計方向になる．フレミングの左手の法則から，電流Bによる磁場から電流Aが受ける力は右向き，電流Aによる磁場から電流Bが受ける力は左向きになる[※5]．よって，2つの導線には互いに引き合う力がはたらく．

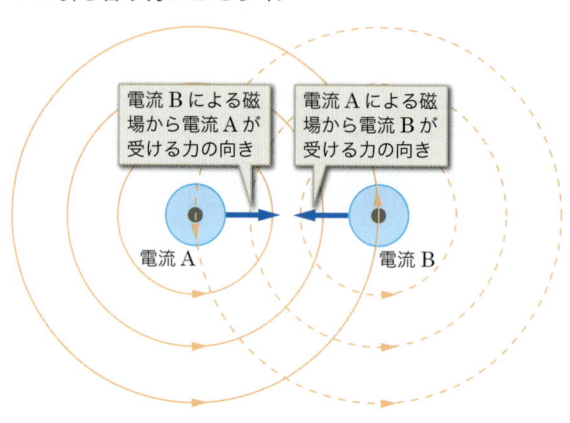

※5 電流A, Bともに相手の電流による磁場から力を受ける．自身の電流による磁場では力を受けない．

紙面の裏側から表につらぬく直線電流による磁場の向きは，右ねじの法則から図のようになる．その磁場から電流Aと電流Bが受ける力は互いに引き合う向きになる．

[答] 互いに引き合う

▶ローレンツ力

3-直線電流が磁場から受ける力でみたように，磁場の中を流れる電流にはフレミングの左手の法則による力がはたらく．電流は電子などの電荷をもった粒子（荷電粒子）の流れなので，電流が受ける力は荷電粒子が受ける力の合計と考えることができる．

荷電粒子が磁場の中を運動すると，荷電粒子に力がはたらく．この力を**ローレンツ力**という．荷電粒子の速度の向きが磁場の向きと垂直なとき，ローレンツ力は，荷電粒子の速度の向きと磁場の向きがつくる平面に垂直な方向にはたらく（図14-14）．右ねじの法則で，荷電粒子の速度の向きから磁場の向きに右ねじを回す（軽く握った指の向き）とき，右ねじの進む向き（親指の向き）が力の向きになる．

ローレンツ力 f〔N〕は，荷電粒子の電気量を q〔C〕，磁束密度を B〔T〕，荷電粒子の速度を v〔m/s〕とすると，次のように表される．

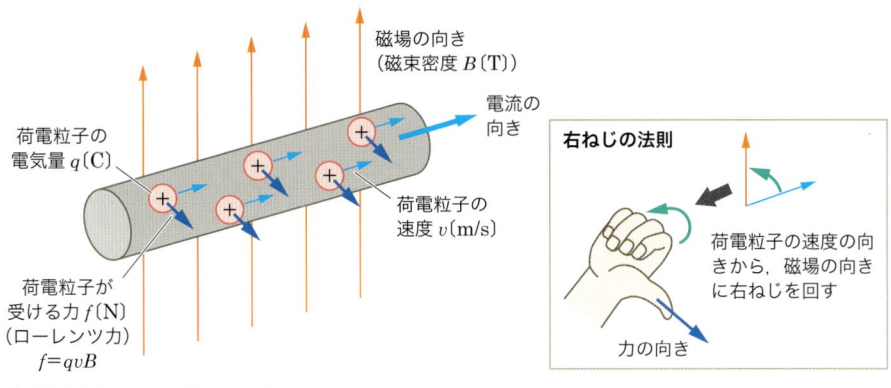

● 図14-14　ローレンツ力
磁場の中を運動する荷電粒子は，速度の向きと磁場の向きがつくる平面に垂直な向きにローレンツ力という力を受ける．右ねじの法則で，荷電粒子の速度の向きから磁場の向きに右ねじを回すとき，親指の向きが力の向きになる．

$$f = qvB$$
ローレンツ力〔N〕＝ 電気量〔C〕× 電荷粒子の速度〔m/s〕× 磁束密度〔T〕

例題

8　1.0 T の磁場に垂直な向きに，5.0×10^2 m/s の速度で電子が運動している．
① 電子1個にはたらくローレンツ力を求めなさい．ただし，電気素量を 1.6×10^{-19} C とする．
② このとき，電子の加速度を求めなさい．ただし，電子1個の質量を 9.1×10^{-31} kg とする．

解説　① 電子にはたらく力を f〔N〕とすると，
$$f = qvB = 1.6 \times 10^{-19} \times 5.0 \times 10^2 \times 1.0 = 8.0 \times 10^{-17}$$

② 加速度を a〔m/s²〕とすると運動方程式※6より，
$$a = \frac{f}{m} = \frac{8.0 \times 10^{-17}}{9.1 \times 10^{-31}} = 8.79\cdots \times 10^{13}$$

※6　第6章4参照．

〔答〕① 8.0×10^{-17} N，② 8.8×10^{13} m/s²

▶ モーターのしくみ

　モーターは，*3-直線電流が磁場から受ける力*で説明した，電流が磁場から受ける力の特徴をうまく利用して，電流から回転力を得ている．図14-15 の番号にそって，モーターが回転するしくみをみていこう．
① 磁場の中に図のような四角形をした導線（コイル）が置かれたとき，ⒶⒷⒸⒹの向きに電流が生じると，フレミングの左手の法則からⒶⒷは下向き，ⒸⒹには上向きの力が生じ，コイルの回転軸を中心に時計回りに回転する．

14　磁気と電流　217

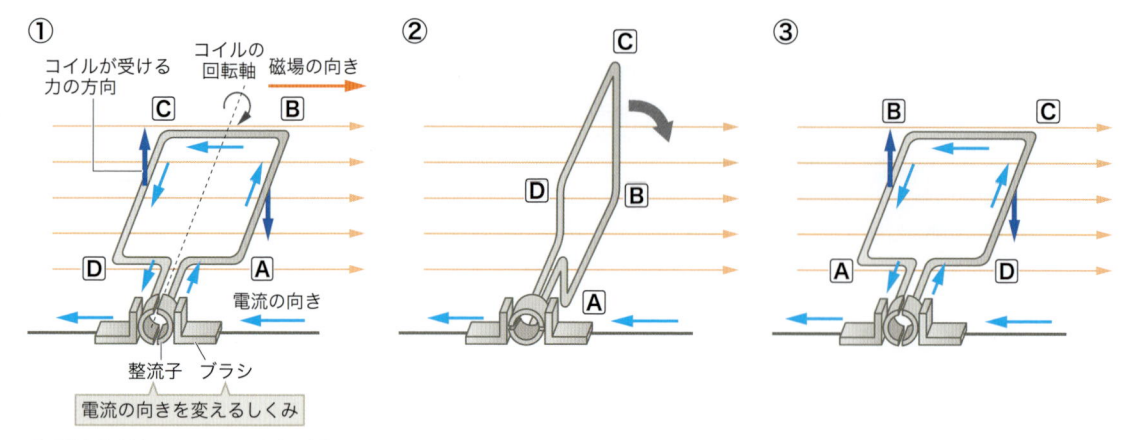

● 図14-15　モーターのしくみ

図の向きに電流が流れると，ABが下向き，CDが上向きの力を受けコイルが回転する．回転が進んで，整流子とブラシのはたらきで電流の向きが変わると，CDに下向き，ABに上向きの力がはたらき，連続してコイルが回転する．

②コイルが90°時計回りに回転すると電流が0になるが，コイルは慣性によって回転を続ける．

③次に整流子のはたらきで電流の向きが変わるため，DCBAの向きに電流が流れる．このときABには上向きの力，CDには下向きの力がはたらくので，コイルは同じ時計方向に回転を続ける．

①〜③の過程が繰り返されることで，モーターは同じ方向に連続して回転をすることができる．

　直流モーターの場合はこのように，整流子とブラシによって電流の向きを変えることによって，コイルに同じ向きの力がはたらく．交流モーターでは，電流自体が交互に向きを変えるので，整流子やブラシがなくてもコイルに同じ向きの力がはたらき，連続して回転できる．

　モーターの回転する力を強くするためには，①磁場を強くする，②コイルを流れる電流を強くする，③磁場を貫くコイルの長さを長くする，の3つの方法がある．

4　電磁誘導

　電流があるとそのまわりに磁場が生じることを学習したが，反対に，磁場が変化すると電流が生じる（図14-16）．この現象を**電磁誘導**という．このとき発生した起電力を**誘導起電力**，生じた電流を**誘導電流**という．

　磁場が変化したときに生じる電流は，最初の磁場の変化を打ち消す向きに流れる．これを**レンツの法則**という．レンツの法則は，「誘導

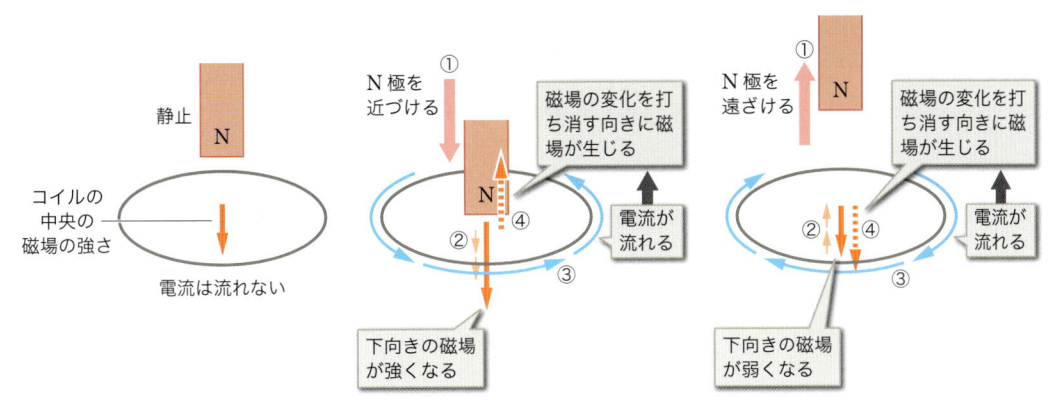

● 図14-16　電磁誘導

コイルに棒磁石を近づけたり，遠ざけたりすると，コイルに電流が流れる（丸数字は現象を考えるときの順序を表す）．コイルに流れる電流の向きは，その電流による磁場が，棒磁石を近づけたり，遠ざけたりすることによる磁場の強さの変化を打ち消す向きになる．

起電力は，コイルをつらぬく磁力線の本数の変化を打ち消すような向きに生じる」と表すこともできる．

電磁誘導を利用して交流電流の発電ができる．磁場の中に四角形のコイルを置き，コイルを軸のまわりに回転させる．そうすると磁場の変化を打ち消す向きに交互に誘導電流が流れるのである．水力発電では水流によって，また火力や原子力発電では水に熱を加えて水蒸気を発生させ，その水蒸気の圧力によってコイルを回転させている．

これまで学習してきた磁気と電流の関係をまとめると表14-2のようになる．

● 表14-2　磁気と電流の関係

①電流があるとその周囲に磁場ができる
②磁場の中に電流があると，電流は磁場によって力を受ける
③コイルをつらぬく磁場が変化すると，コイルに電流が流れる（誘導起電力が生じる）
▶誘導起電力の向き（コイルに流れる電流の向き）は，電流によって発生する磁場が，もとの磁場の変化を打ち消す向きになる（レンツの法則）
▶誘導起電力の大きさは，磁場の変化する速度に比例する（ファラデーの法則）
▶誘導起電力の大きさは，コイルの巻き数に比例する
④電場が変化すると周囲の磁場が変化し，また磁場が変化すると周囲の電場が変化する

> **例題**
>
> ❾ 次の文のうち正しいものはどれか答えなさい．
> ① 静止した電荷のまわりには磁場ができる．
> ② 磁場の中に静止した電荷があると，電荷は磁場によって力を受ける．
> ③ 棒磁石をコイルに出し入れする回数を多くすると，大きな電流が流れる．
> ④ コイルの巻き数が多くなると，流れる電流は小さくなる．
>
> **解説** ① 磁場は電流（運動している電荷）のまわりにできる．
> ② 磁場の中にある運動する電荷に力がはたらく（ローレンツ力）．
> ③ ファラデーの法則より正しい．
> ④ 誘導起電力はコイルの巻き数に比例して大きくなるので，流れる電流も大きくなる．
>
> [答] ③

COLUMN 1　変圧器

　交流の特徴に，電圧を変化させやすいことがある．交流の電圧を変化させるのが変圧器（トランス）である．変圧器は，電磁誘導を用いた機器である．そのしくみをみてみよう．

　変圧器は，鉄心に一次コイルと二次コイルを巻いてつくられる（コラム図14-1）．一次コイルに交流電流が流れると，鉄心に交互に変化する磁場ができる．交互に変化する磁場により，二次コイルには静電誘導によって交流電流が発生する．このとき，コイルで発生する電圧はコイルの巻き数に比例するので，二次コイルの巻き数を一次コイルの巻き数の半分にすれば電圧も半分に，二次コイルの巻き数を一次コイルの巻き数の$\frac{1}{10}$にすれば，電圧も$\frac{1}{10}$になる．この関係を利用して，発電所から送電された高電圧の交流が，家庭用の100 Vの電圧に変換される．

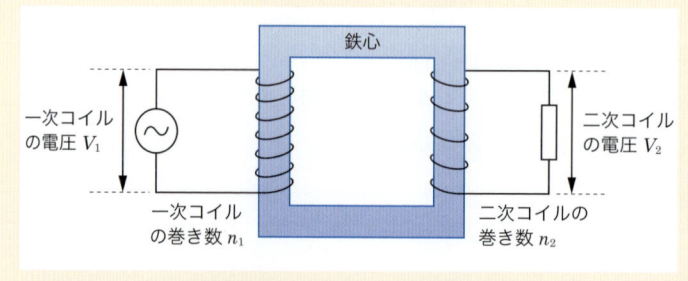

コラム図14-1 ● 変圧器
鉄心に一次コイルと二次コイルを巻いたものを変圧器という．変圧器ではコイルの巻き数と電圧が比例し，$V_1:V_2=n_1:n_2$の関係がある

5 電磁波

表14-2④の「電場が変化すると周囲の磁場が変化し，また磁場が変化すると周囲の電場が変化する」ことによって，電場と磁場の変化が交互に起こり，その変化が波として伝わる．これを**電磁波**という．第11章4で説明したように，光も電磁波である．電磁波は，波長の長い側から順に，電波，赤外線，可視光線，紫外線，X線，γ線に分けられる（表14-3）．電磁波は媒質のない真空中でも伝わる．

- 電波（波長：$10^{-4} \sim 10^5$ m，振動数：$3 \times 10^3 \sim 3 \times 10^{12}$ Hz）

 ラジオ放送，テレビ放送，無線などに用いられる．波長が長いので山などがあっても，大きく回折して遠方まで電波を伝えることがで

● 表14-3　種々の物質の抵抗率

波長 λ〔m〕	振動数 f〔Hz〕	名称	特徴	用途
10^5	3×10^3	電波 / 超長波	波長が長く，遠方まで電波を伝えることができる	船舶や航空機の通信（無線）
10^4	3×10^4	長波		
10^3	3×10^5	中波		国内ラジオ放送
10^2	3×10^6	短波	電離層で反射し，地球の裏側まで伝わる	遠距離ラジオ放送
10	3×10^7	超短波（VHF）		テレビ放送，FMラジオ放送，超短波療法
1	3×10^8	極超短波（UHF） / マイクロ波		テレビ放送，携帯電話，電子レンジ，極超短波療法
10^{-1}	3×10^9		可視光線に近い性質があり，直進性が強い	レーダー，衛星放送
10^{-2}	3×10^{10}			レーダー，衛星放送，電波望遠鏡
10^{-3}	3×10^{11}			
10^{-4}	3×10^{12}	赤外線	物体に吸収されると熱エネルギーに変化されやすい	赤外線写真，暖房器具，リモコンの送信部，赤外線療法
10^{-5}	3×10^{13}			
10^{-6}	3×10^{14}	可視光線	ヒトが色として感じる	光学機器
10^{-7}	3×10^{15}	紫外線	可視光線よりエネルギーが強く，物質に化学反応を起こしやすい	殺菌，化学作用の利用，紫外線療法
10^{-8}	3×10^{16}			
10^{-9}	3×10^{17}	X線	フィルムの感光，気体の電離作用がある	工学や医療用X線写真
10^{-10}	3×10^{18}			
10^{-11}	3×10^{19}	γ線	波長が最も短い電磁波．電離作用が強い	食品照射（殺菌），がん治療
10^{-12}	3×10^{20}			
10^{-13}	3×10^{21}			

きる．波長が10^{-4}～1 mの電波はマイクロ波とよばれ，電子レンジ，携帯電話，マイクロ波治療器（極超短波療法）などに利用されている．物理療法で用いられるマイクロ波治療器の振動数は2.45 GHzである．

- **赤外線**（波長：10^{-6}～10^{-3} m，振動数：3×10^{11}～3×10^{14} Hz）
遠赤外線こたつなどの暖房器具，赤外線療法，テレビやビデオのリモコンスイッチなどに利用される．
- **可視光線**（波長：4×10^{-7}～8×10^{-7} m，振動数：～10^{15} Hz）
私たちが色として感じることができる電磁波で，一般的な光を指す．
- **紫外線**（波長：10^{-9}～10^{-7} m，振動数：10^{15}～3×10^{17} Hz）
可視光線よりエネルギーが大きく，シミをつくったり，皮膚がんを誘発したり，身体の障害を起こしたりする可能性がある．また，細胞への侵襲作用を利用して殺菌にも使用される．
- **X線**（波長：10^{-11}～10^{-9} m，振動数：10^{17}～10^{20} Hz）
X線は，高速の電子が衝突しエネルギーを失ったときなどに発生する．物質を透過する能力が高いため，X線写真などに多く利用される．
- **γ線**（波長：$<10^{-11}$ m，振動数：$>3\times10^{19}$ Hz）
γ線は放射性原子核が崩壊するときなどに放出される[※7]．γ線はエネルギーが大きく，細胞に損傷を与えるが，反対にその作用を利用してがんの治療などに用いられる．

※7　第15章3参照．

発展2　電気と磁気の関係

　静電気力は静止している電気（電荷）にはたらく力である．電流があると磁気が現れ，磁気があるところに電流が流れると力がはたらく．電流は電荷が動くことなので，電荷が動くと磁気が生じ，磁気の中で電荷が動くと力を受けることになる．

　このようにみると，磁気は電気の動きがもとになって発生し，電気が動くときにはたらく力が磁気力と考えることができる．実際に，相対性理論では，磁気は電気の相対的な運動から生じることが理論的に説明されている．静止した電荷の間にはたらく静電気力に対して，磁気力とは動いている電気の間にはたらく力として理解されている．

COLUMN 2　マイクロ波による温熱作用

マイクロ波を皮膚に照射すると，皮膚の深部にある筋や軟部組織の温度を上昇させることができる．どのようなしくみかみてみよう．

生体の70％前後は水で，水の分子は酸素原子1個と水素原子2個が結合している．酸素原子側は負の電気，水素原子側は正の電気に傾いており，水の分子は正負の電荷がかたよった構造をしている（極性分子）（コラム図14-2）．これに，電磁波によって交互に電場がはたらくと，水分子は電気的な力を受けて回転や振動を始める．高い振動数で水分子を回転，振動させると，電磁波の振動数に水分子の回転や振動が追いつかなくなり，水分子間で衝突が生じ，熱が発生する．これが，マイクロ波による温熱作用である．この振動数が2.45 GHzに相当する．

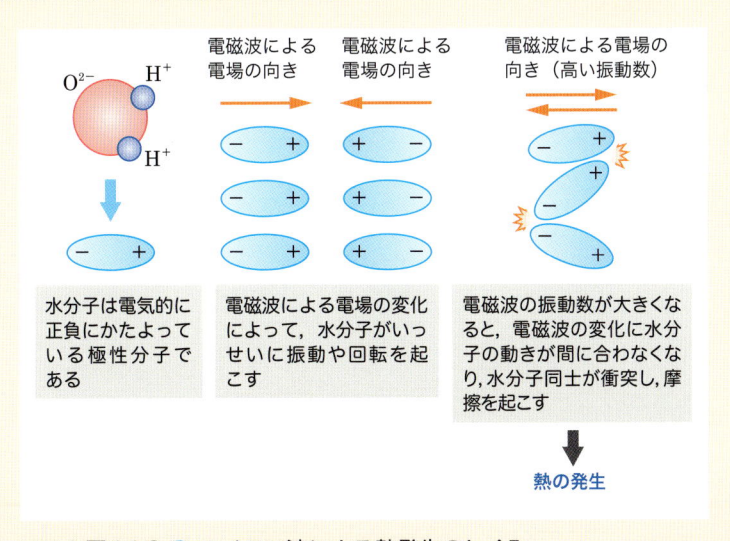

コラム図14-2 ● マイクロ波による熱発生のしくみ

章末問題

⇒解答は244ページ

1 半径0.50 mで，単位長さあたりの巻き数が100〔/m〕のソレノイドに5.0 Aの電流を流したとき，ソレノイドの内部にできる磁場の強さを求めなさい．

2 磁束密度Bの磁場内で，電気量qの荷電粒子が静止しているとき，この荷電粒子が受けるローレンツ力はいくらか求めなさい．

3 磁束密度Bの磁場に対して垂直方向に荷電粒子が速度vで入ってきた．この荷電粒子はどのような運動をするか答えなさい．

4 電磁波でないのはどれか．
①低周波　　②超音波　　③赤外線　　④極超短波　　⑤レーザー光線

[第44回国家試験問題（理学療法）]

5 電気機器の電磁気的影響を下げるための方法として正しいのはどれか．
①EMC規格の機器に取り替える．
②プローブのコードは長くする．
③水道の蛇口でアースする．
④電源コードは束ねる．
⑤部屋を乾燥させる．

[第48回国家試験問題（理学療法）]

15 原子の構造と放射線

学習目標

- 原子核の構造について説明できる
- 放射能について説明できる
- 半減期について説明できる
- 放射線の単位と特徴について説明できる

重要な公式

- 崩壊せずに残る原子核数 = 初期の原子核数 × $\left(\dfrac{1}{2}\right)^{\frac{時間〔s〕}{半減期〔s〕}}$

$$N = N_0 \left(\dfrac{1}{2}\right)^{\frac{t}{T}}$$

重要な用語

同位体 同じ原子番号で質量数が異なる原子

放射能 原子核が放射線を出す能力

β線 放射線の1つで，高エネルギーをもつ電子

放射能の強さ 放射能の強さを表す．単位はベクレル〔Bq〕

核分裂 原子核が放射線を放出して異なる原子核に分裂すること

核力 陽子や中性子を結びつけている近距離ではたらく力．強い力ともよばれる

クォーク 陽子や中性子を構成する基本的な素粒子

放射性同位体 放射能をもつ同位体

γ線 放射線の1つで，高エネルギーをもつ電磁波

吸収線量 物質に吸収される放射線量を表す．単位はグレイ〔Gy〕

連鎖反応 核分裂が連続的に起きる現象

質量数 陽子の数と中性子の数の和

放射線 原子核の崩壊に伴って放出される，高エネルギーの電磁波と粒子

α線 放射線の1つで，ヘリウムの原子核

半減期 放射性原子核が崩壊し，原子核の数が最初の数の半分になる期間

等価線量 放射線の人体への影響の程度を表す．単位はシーベルト〔Sv〕

第15章は，物質の構成単位である原子の性質と，人体とかかわりのある放射線について学習する．

このテキストの第1章COLUMN1で「この世界は微小な粒子である原子からできている」という原子論を紹介し，熱やエネルギー，音，電流などの現象を原子や電子の運動として説明してきた．しかし，現代の物理学では原子もより細かい構造をもっていることが明らかになっている．また，原子核から放出される放射線は人体への影響が大きく危険であるが，医療においては診断や治療に用いられている．現代に生きる人として，また医療従事者として，放射線に関する理解は重要である．

1 原子の構造

第12章で原子の基本的な構造について説明したが，ここではさらに詳しく原子の構造をみていこう．

原子は単純な粒子ではなく，陽子と中性子から構成される原子核のまわりを電子が回っているような構造をしている（図15-1）．電子は，陽子や中性子と比べて軽く，陽子の約$\frac{1}{1840}$の質量である（表15-1）．陽子は正の電気をもつので，陽子同士には斥力がはたらき互いに反発しあう．それでも原子核の中に陽子が収まっているのは，陽子や中性子がとても強い力である**核力**で結びついているからである．核力は，核内のようなきわめて近い距離ではたらく，重力とも電磁気力とも異なる力である．核力は「強い力」ともよばれる．

現在の物理学では，陽子や中性子は1つの粒子ではなく，いくつかのより小さな粒子（素粒子）からできていると考えられている．それらは**クォーク**とよばれ，陽子や中性子は，アップクォーク（u）とダウンクォーク（d）の組み合わせでできている（図15-1，表15-1）．クォークのもつ電気量は，アップクォークが$+\frac{2}{3}e$，ダウンクォーク

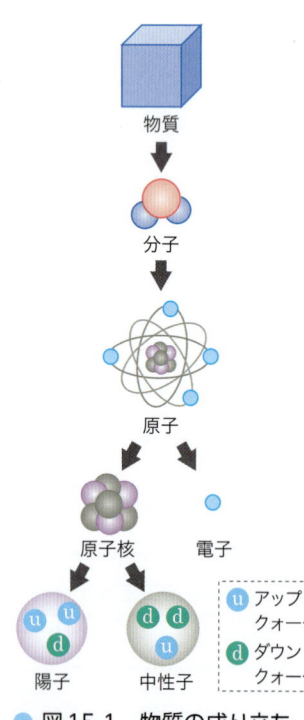

● 図15-1 物質の成り立ち
物質は原子から構成されるが，原子もより小さな基本粒子である素粒子から構成されている．

● 表15-1 陽子・中性子・電子の主な性質

	陽子	中性子	電子
質量	1.67×10^{-27} kg	1.67×10^{-27} kg（陽子よりわずかに大きい）	9.11×10^{-31} kg
電気量	1.60×10^{-19} C	0	-1.60×10^{-19} C
クォークの構成	アップクォーク2個 ダウンクォーク1個	アップクォーク1個 ダウンクォーク2個	

が $-\frac{1}{3}e$ で，電気素量 e の分数になっているが，合計すると陽子の電気量は $+e$，中性子の電気量は 0 になっている．また，この他にも多くの素粒子があり，それらは互いに変換することができる．

2 原子の種類と性質

　自然界にある原子は約100種類で，それぞれの原子は元素とよばれる．元素はアルファベットの記号を用いて表され，陽子数をもとに原子番号がつけられている．陽子数と中性子数の和を**質量数**という．元素を表すときは，元素を示すアルファベットの左上に質量数，左下に原子番号（陽子数）を記載する（図15-2）．

　陽子数と電子数は同じで，ふつう原子は電気的に中性である．何らかの原因で電子が原子から飛び出ると，負の電荷が不足するため，原子は正の電荷をもつ陽イオンになる．反対に，電子が原子に飛び込むと，電子の負の電荷が過剰になるため，原子は負の電荷をもつ陰イオンになる[※1]．

※1 第12章 図12-2参照．

　同じ原子番号で，質量数の異なるものを**同位体**という．同位体は原

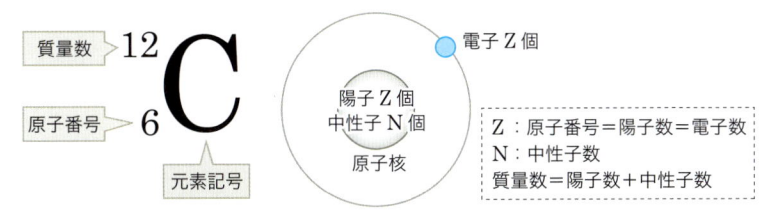

●図15-2　原子・原子核の表し方
原子や原子核は，アルファベットの元素記号に，質量数を左上，原子番号を左下に記して表す．原子番号は陽子数と電子数に等しく，質量数は陽子数と中性子数の和に等しい．

Z：原子番号＝陽子数＝電子数
N：中性子数
質量数＝陽子数＋中性子数

発展1　自然界にある4つの力

　自然界にある力として，「重力（万有引力）」，「電磁気力」について学習し，この章で陽子や中性子の間ではたらく「強い力（核力）」について触れた．自然界にはもう1つ，原子核のβ崩壊（電子が放出される原子核の反応）に関連する「弱い力」がある．現代の物理学では，自然界にはこの4つの力があると考えられている．
　電気力と磁気力が電磁気力として統合されたように，これら4つの力を統合的に理解しようとする試みが精力的になされている．このうち，「電磁気力」，「強い力」，「弱い力」を統合的に理解しようとする理論を「大統一理論」という．さらに，「重力」も含めて自然界の4つの力を統合的に理解しようとする試みに「超弦理論」などがある．「超弦理論」では，「ひも」のような性質をもった究極の素粒子の存在を想定している．

15　原子の構造と放射線　|　227

子核に含まれる中性子の数が異なる原子である．自然界にある元素はいくつかの同位体をもち，1つの元素の同位体が一定の比率で存在する．

原子の性質は，原子核のまわりに規則性をもって運動している電子の配置によって決まる．イオンへのなりやすさ，原子が結合してできる分子の多様性，原子ごとに異なる光の吸収と発光など，さまざまな現象が原子核をまわる電子の配置によって説明される．

例題

❶ 次の同位体の陽子数と中性子数を求めなさい．
① $^{16}_{8}O$ ② $^{17}_{8}O$ ③ $^{18}_{8}O$

解説 陽子数は原子番号と同じで，中性子数＝質量数－原子番号（陽子数）になる．

［答］①陽子数8個，中性数8個，②陽子数8個，中性子数9個，③陽子数8個，中性子数10個

※2 相対質量：
質量数12の炭素 ^{12}C の質量を12と決め，これを基準として求めた値を相対質量という．

❷ 元素を構成する各同位体の相対質量※2 に，存在比をかけて求めた平均値を原子量という．存在比は， $^{35}_{17}Cl$ が75％， $^{37}_{17}Cl$ が25％である． $^{35}_{17}Cl$ の相対質量を35.0， $^{37}_{17}Cl$ の相対質量を37.0とするとき，塩素の原子量はいくらになるか求めなさい．

解説 $35.0 \times 0.75 + 37.0 \times 0.25 = 26.25 + 9.25 = 35.5$

［答］35.5

3 放射線

原子核のなかには不安定なものがあり，自然に別の原子核に変わるものがある．原子核が変化するとき，微粒子や波のかたちでエネルギーを放出する．これらを **放射線** といい，放射線を放出して別の原子核に変わることを **放射性崩壊** という（図15-3）．放射線を出す性質を **放射能** という．放射能をもつ同位体を **放射性同位体（ラジオアイソトープ）**※3 という．

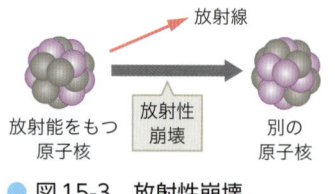

● 図15-3 放射性崩壊

※3 放射性同位体は放射性同位元素ともよばれる．

放射線には，α（アルファ）線，β（ベータ）線，γ（ガンマ）線の3種類がある．α線はヘリウムの原子核 $^{4}_{2}He$ であり，正に帯電している．β線は大きなエネルギーをもつ電子で，負の電荷をもつ．γ線※4 は波長の短い電磁波で電気はもたないが，厚めの鉛の板も通過するほ

※4 γ線は波長の短い電磁波なので，速度は光速と同じ 3.0×10^8 m/sである．

● 表15-2　放射線の比較

	α線	β線	γ線
本体	Heの原子核	電子	電磁波
電荷	正（＋2e）	負（−e）	0
質量	6.4×10^{-27} kg	9.1×10^{-31} kg	0
透過性	小	中	大
電離作用	大	中	小

e：電気素量（$e = 1.6 \times 10^{-19}$ C）

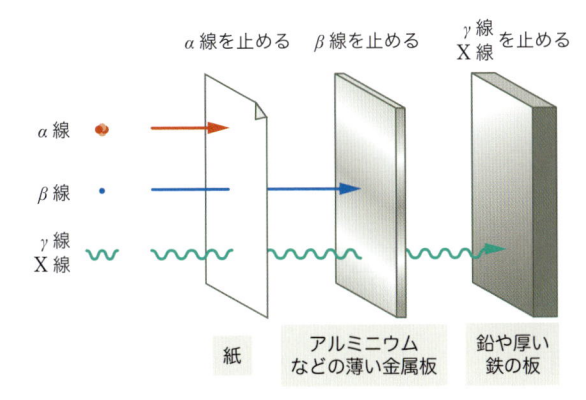

● 図15-4　放射線の透過力
〔東京都健康安全研究センターホームページより引用（http://monitoring.tokyo-eiken.go.jp/etc/qanda01/）〕

ど透過性が高い（表15-2，図15-4）．

　放射線はエネルギーが高く，他の分子や原子に当たると電子を弾き飛ばしてイオン化し，これにより電流が発生して細胞を破壊する．これを電離作用という．

例題

3　一様な磁場の中に，α線，β線，γ線が磁場に対して垂直方向に入ってきたとき，磁場によって運動方向が変化するのはどれか答えなさい．

解説　ローレンツ力がはたらいて運動方向が変化するのは，電荷をもった粒子である[※5]．電気素量をeとすると，α線は＋2e，β線は－eの電荷をもつので，α線とβ線が磁場によって運動方向が変化する．α線とβ線は電荷の符号が異なるので，磁場による力の向きは反対になり，運動方向も反対方向に変化する．

※5　第14章3参照．

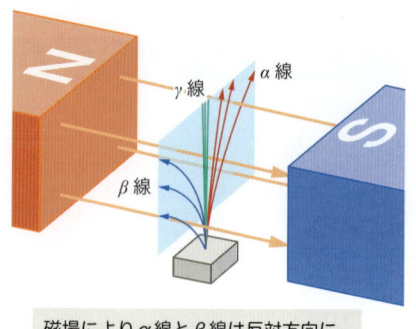

磁場によりα線とβ線は反対方向に曲げられる

〔「視覚でとらえるフォトサイエンス 物理図録」（数研出版編集部／編），数研出版，2007をもとに作成〕

［答］α線とβ線

4 放射性崩壊

▶半減期

　放射性同位体が放射性崩壊を起こす速さを表すために，**半減期**を用いる．半減期は，はじめの原子核数を N_0 とするとき，放射性崩壊によって初期の原子核数が半分 $\left(\dfrac{N_0}{2}\right)$ になるまでの時間を指す．

　半減期を T とすると，崩壊せずに残る原子核数は，半減期の2倍の時間（$2T$）が経つと $\dfrac{N_0}{2^2} = \dfrac{N_0}{4}$，半減期の3倍（$3T$）の時間が経つと $\dfrac{N_0}{2^3} = \dfrac{N_0}{8}$ に減少する．初期の原子核数を N_0 個，時間 t〔s〕後に残っている原子核数を N 個，半減期を T〔s〕とすると，次の関係が成り立つ（図15-5）．

重要
$$N = N_0 \left(\dfrac{1}{2}\right)^{\frac{t}{T}}$$

崩壊せずに残る原子核数 ＝ 初期の原子核数 × $\left(\dfrac{1}{2}\right)^{\frac{時間〔s〕}{半減期〔s〕}}$

　半減期は放射性同位体によって異なり，炭素10（$^{10}_{6}$C）は19秒，炭素11（$^{11}_{6}$C）は20分，炭素14（$^{14}_{6}$C）は 5.7×10^3 年，ウラン235（$^{235}_{92}$U）は 7.0×10^8 年である．半減期の長い放射性同位体ほど，放射線を長い時間放出する．

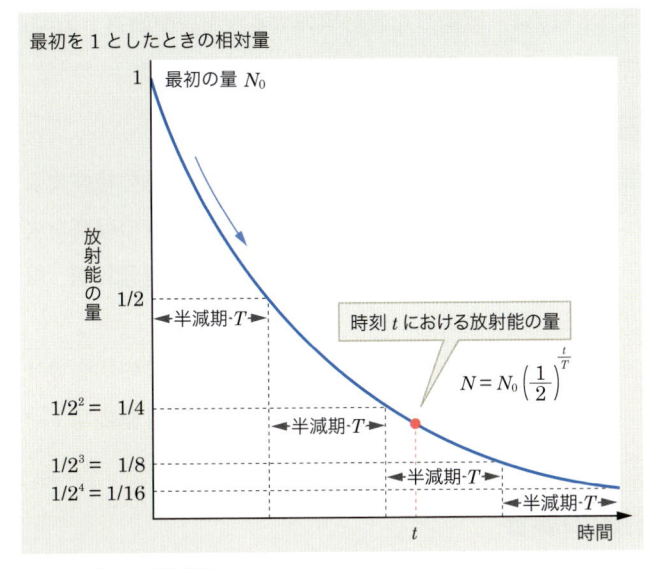

● 図 15-5 半減期
放射能は半減期ごとに半分になっていく．半減期が長いほど，長い期間放射能が残る．

例題

4 半減期10秒の放射性同位体Aと半減期1年の放射性同位体Bがある．最初同じ個数の原子核があるとき，一定時間あたりに放射性崩壊する原子核数はどちらが多いか．

解説 半減期が短いほど，速く放射性崩壊するので，Aの方が多く放射性崩壊を起こす．　　　　　　　　　　　　　　〔答〕A

5 放射能の単位

放射能や放射線の強さ，放射線が人体に及ぼす影響を測定するために，次のような単位が用いられる．

▶ 放射能の強さ

放射能の強さは**ベクレル**〔Bq〕という単位を用いて表す．1 Bq は，1秒間に1個の割合で原子核が崩壊するときの放射能の強さを表している．

▶ 吸収線量

同じ強さの放射能でも，放射線の種類，エネルギーによって，放射能が物質に与える影響が異なる．そこで，放射能が物質に及ぼす影響の強さを示すために，**吸収線量**を用いる．吸収線量の単位は**グレイ**

〔Gy〕で，1 Gyは，照射した放射線のエネルギーが物質 1 kg あたり 1 J の割合で吸収されることを示す．

▶等価線量（線量当量）

放射線が生物に及ぼす影響は，放射線の種類や細胞の特性によって異なる．そこで，生物が放射線によって受ける危険度の程度を表すために，**放射線荷重係数**[※6]などで吸収線量を調整した**等価線量**（線量当量）を用いる．

※6 放射線荷重係数：無次元量で，X線，γ線，電子は1，陽子は5，中性子はエネルギーによって5〜20，α線は20である．

等価線量の単位は，**シーベルト**〔Sv〕である．自然の状態でヒトが浴びている等価線量は年間約 2 mSv，胃のX線写真撮影は1回あたり約 0.6 mSv である．

▶放射線の影響

放射線の電離作用はがんを誘発し，放射線の被ばく量が大きいときは急性の症状が出たりすることもある（**表15-3**）．一般に，細胞分裂が盛んな胎児，造血器官や消化管，生殖器官，皮膚は放射線による影

● 表15-3　放射線の人体への影響

高線量放射線	致死的	100 Sv	即死
		〜100 Sv	がんの放射線治療を行うときの局所的な照射
		50 Sv	（局部照射）壊死
		10 Sv	（全身照射）1〜2週間でほとんど死亡，（局部照射）紅斑
	重症	5 Sv	白内障
		4 Sv	吐き気，半数が死亡する
	軽症	3 Sv	発熱・感染・出血・脱毛・子宮が不妊になる
		2 Sv	倦怠・疲労感，白血球数低下，睾丸が不妊になる
		1 Sv（1000 mSv）	吐き気などの放射線病（死亡率は低い）
低線量放射線		250 mSv	胎児の奇形発生（妊娠14日〜18日）
		〜200 mSv	（これ以下の被ばくでは放射線障害の臨床的知見はない）
		50 mSv	原子力施設で働く人たちへの基準値（年間）
		10 mSv	ガラパリ（ブラジル）*の人が年間に受ける自然の放射線量
		0.6 mSv	1回の胃のX線診断で受ける量
自然放射線		4.4 mSv	（医療機関も含めて）日本人が1年間に受ける平均の放射線量
		2.4 mSv	1年間に自然から受ける平均の放射線量
		1.0 mSv	原子力施設から公衆へ放出される基準値（年間）
		0.2 mSv	成田・ニューヨーク間の国際線航空機片道飛行で宇宙線から浴びる量

（1 Sv＝1000 mSv）
＊ ガラパリは自然の放射線量が高いことで有名なブラジルの地名
(https://www.atomin.go.jp/reference/radiation/body/index05.html#introductionをもとに作成)

響を受けやすい．一方，放射線はがんの治療，農作物の品種改良，化石などの年代分析などに利用されている．

6 核分裂と原子力エネルギー

　原子力発電をはじめとする原子力エネルギーの利用には，放射能をもつウラン235やプルトニウム239などが原料として使われている．核分裂によってエネルギーが得られるしくみをみていこう．

▶核分裂

　ウラン235（$^{235}_{92}\text{U}$）に中性子を衝突させると分裂し，2つの原子核と中性子が放出される．このように，原子核が分裂して別の原子核に変化することを**核分裂**という（図15-6）．1つの核分裂によって生じた中性子が，別の原子核に衝突すると次の核分裂が起こり，それが連続して起こることを**連鎖反応**という．連鎖反応を起こすためには一定量以上の原子核が必要であり，連鎖反応を起こすために必要な最低限の原子核の量を**臨界量**という．

▶原子力エネルギー

　連鎖反応をうまくコントロールすることで持続的に核分裂を起こし，核分裂で得られた熱エネルギーを利用して水を沸騰させて発電機を回し，電気を発生させるのが原子力発電である．

　アインシュタインによれば，質量自体がエネルギーをもっており，核分裂の前後で質量の減少があったとき，減少した分の質量はエネ

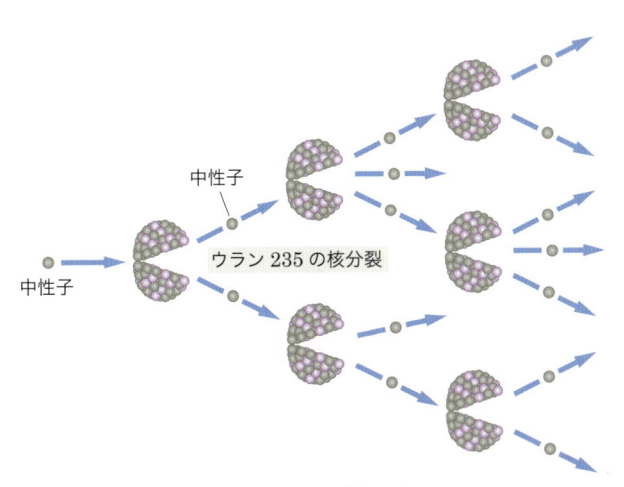

● 図15-6　ウランの核分裂と連鎖反応
ウラン235の核分裂は，中性子が媒介となって連鎖的に進む．

ギーとして放出される．質量の変化 Δm 〔kg〕と放出されるエネルギー E 〔J〕には，光速を c 〔m/s〕とすると次の関係がある．

$$E = \Delta mc^2$$
エネルギー〔J〕= 質量の変化〔kg〕×（光速〔m/s〕）^{2}

光速は 3.0×10^8 〔m/s〕という大きな値をもつので，わずかな質量の変化が非常に大きなエネルギーに変換される．

例題

5 核分裂の前後で質量が **1.0 mg** 減少したとき，放出されたエネルギーはいくらになるか求めなさい．

解説 $E = \Delta mc^2 = 1.0 \times 10^{-6} \times (3.0 \times 10^8)^2 = 9.0 \times 10^{10}$

〔答〕 9.0×10^{10} J

この 9.0×10^{10} J というエネルギー量は，約220 t（1辺が約6 mの立方体に入る水の質量に相当）の水を0℃から100℃に沸騰させることができる．これが原子爆弾の破壊力の源である．

原子炉による発電は，化石燃料に代わるエネルギーとして，また温暖化の原因となる CO_2 の排出の少ないクリーンなエネルギーとして建設が進められてきた．しかし，2011年の東日本大震災に伴う津波による原子力発電所事故の発生により，放射能の危険性が改めて認識されている．

科学的な知識や技術はさまざまなかたちで産業や医療などに応用されているが，自然災害に対する備えや使い方を誤れば大きな事故を起こす危険性をもっている．理学療法や作業療法で牽引力，電気，光，超音波などを用いるときも，それらの性質をよく理解し，安全性を十分考慮して用いる必要がある．

章末問題

⇒解答は244ページ

1 次の原子の陽子数と中性子数を答えなさい．
① $^{1}_{1}\text{H}$ 　② $^{2}_{1}\text{H}$ 　③ $^{3}_{1}\text{H}$ 　④ $^{32}_{16}\text{S}$

---

2 α線，β線，γ線で次の文に当てはまるものはどれか答えなさい．
①電磁波である．
②正の電荷をもつ．
③負の電荷をもつ．
④光の速度で進む．
⑤電離作用が最も大きい．
⑥厚めの鉛の板も透過する．
⑦磁場によって曲げられる．

---

3 ストロンチウム90の半減期は28年，ラジウム226の半減期は 1.6×10^3 年である．
①現在の放射能が同じとき，10年後の放射能の強さはどちらが大きいか答えなさい．
②ストロンチウム90の放射能の強さが，現在の $\dfrac{1}{4}$ になるには何年かかるか求めなさい．

おわりに

　第1章から第15章まで，力学，熱力学，波動，光学，電磁気学，原子物理学の基本的な事項について学習してきました．物理学は自然現象全体を扱うので，この他にも統計力学，量子力学，素粒子物理学，宇宙物理学，物性物理学，生物物理学などのさまざまな分野があります．さらに最近では，社会物理学，経済物理学など，社会的な現象にまで物理学的なアプローチを応用しようとする分野も生まれています．

　このテキストでは，理学療法士や作業療法士として必要な内容と，少しでも物理学の本質を感じていただけると思われる内容を選び，解説をしました．現在は，物理学に関して入門レベルから専門的なレベルまで，多くの書籍やインターネットによる大学の講義などさまざまな情報源があり，これらを利用して物理学を学習することができます．本書で学んだことを活かし，理学療法や作業療法と関係づけながら，より深く物理学を学習されることを期待しています．

望月　久

章末問題 解答

● 第2章 ●

❶ 50 cm は 0.50 m なので，1日に歩いた距離は
 $0.50 × 6000 = 3000$ m
 有効数字は2桁なので，3000 m ≒ $3.0 × 10^3$ m = 3.0 km
 [答] 3.0 km

❷ 密度は質量÷体積で計算できる．
 $5.30 ÷ 5.00 = 1.06$
 有効数字は3桁なので，1.06 g/mL が血液の密度になる．
 [答] 1.06 g/mL

❸ 180.0 cm は 1.800 m になるので，
 BMI = $90.0 ÷ 1.800^2 = 27.77…$
 有効数字は桁数の小さい方にそろえ3桁なので，BMIは27.8になる．
 BMI = 27.8 は 25 より大きいので肥満と判断される．
 [答] 肥満に相当する

❹ 筋力は，単位断面積あたりの筋力と断面積の積になる．よって筋力は次の式で計算できる．
 $5.0 × 4.05 = 20.25$
 有効数字は桁数の小さい方にそろえ2桁なので，筋力は20 kgになる．
 [答] 20 kg

● 第3章 ●

❶ tan の関係から，$b = a × \tan30°$
 よって，$a = b ÷ \tan30° = 4 ÷ 0.58 = 6.896… ≒ 6.9$
 sin の関係から，$b = c × \sin30°$
 よって，$c = b ÷ \sin30° = 4 ÷ 0.5 = 8$
 [答] $a = 6.9$ cm，$c = 8$ cm

❷ 成分で計算すると，
 ① $\vec{A} + \vec{B} = (1+0, \ 0+1) = (1, \ 1)$
  大きさは，$\sqrt{1^2 + 1^2} = \sqrt{2}$
 ② $\vec{A} - \vec{B} = (1-0, \ 0-1) = (1, \ -1)$
  大きさは，$\sqrt{1^2 + (-1)^2} = \sqrt{2}$
 ③ $2\vec{A} + 2\vec{B} = 2(1, \ 0) + 2(0, \ 1) = (2+0, \ 0+2)$
   $= (2, \ 2)$
  大きさは，$\sqrt{2^2 + 2^2} = \sqrt{4+4} = \sqrt{8} = 2\sqrt{2}$
  $2\vec{A} + 2\vec{B} = 2(\vec{A} + \vec{B})$ となり，大きさは①の2倍になっている．
 ④ $4\vec{A} - 2\vec{B} = 4(1, \ 0) - 2(0, \ 1) = (4-0, \ 0-2)$
   $= (4, \ -2)$
  大きさは，$\sqrt{4^2 + (-2)^2} = \sqrt{16+4} = \sqrt{20} = 2\sqrt{5}$
 [答] ①$\sqrt{2}$，②$\sqrt{2}$，③$2\sqrt{2}$，④$2\sqrt{5}$

❸ 体重による力を W，足底にかかる力を F とすると，W を斜辺とする直角三角形になるので，
 $F = W \sin60° = 0.87W$
 よって，体重からみた足底にかかる力の割合は 87% になる．
 [答] ② 87%

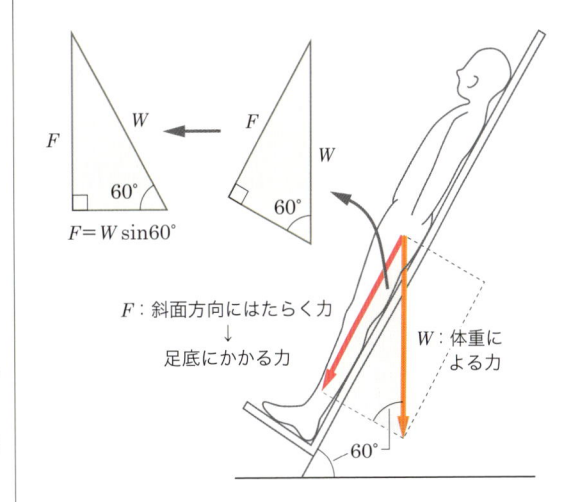

● 第4章 ●

❶ ①位置が一定なので $x = x_0$ に静止している状態．
 ②位置が一定の傾きで負の方向に変化しているので，負の等速直線運動．
 ③速さが一定の傾きで負の方向に変化しているので，負の等加速度直線運動．
 ④加速度が0なので，静止している状態または等速直線運動．

❷ 進む距離を x [m] とすると，等速直線運動の公式 $x = vt$ より
 $x = 5.0 × 60 = 300$ [答] $3.0 × 10^2$ m

❸ 初速度は 0 m/s なので，かかった時間を t [s] とすると，等

加速度直線運動の公式 $v=v_0+at$ より，$20=2.0t$
よって，かかった時間は

$$t=\frac{20}{2.0}=10 \text{ s}$$

この間に進んだ距離 x は，$x=v_0t+\frac{1}{2}at^2$ より

$$x=\frac{1}{2}at^2=\frac{1}{2}\times 2\times 10^2=100$$

[答] 10秒間，1.0×10^2 m

❹ ① 1秒ごとの位置と速度から，位置の差と速度の差を計算すると下の表のようになる．

時間 t(s)	0	1	2	3	4	5
時間の差 (s)		1	1	1	1	1
位置 x(m)	0	4	12	24	40	60
位置の差 (m)		4	8	12	16	20
速度 v(m/s)	2	6	10	14	18	22
速度の差 (m/s)		4	4	4	4	4

② 1秒ごとの速度の差がすべて 4 m/s なので，加速度が 4 m/s² の等加速度直線運動である．初速度（時刻 $t=0$ときの速度）が 2 m/s なので，速度と時間との関係は，

$$v=v_0+at=2+4t$$

最初の位置が $x=0$ なので，位置と時間との関係は，

$$x=x_0+v_0t+\frac{1}{2}at^2$$
$$=0+2t+\frac{1}{2}\times 4t^2=2t+2t^2$$

[答] 速度と時間との関係：$v=2+4t$，
位置と時間との関係：$x=2t+2t^2$

● 第 5 章 ●

❶ 物体 A にはたらく力だけ考えればよいので下図のようになる．

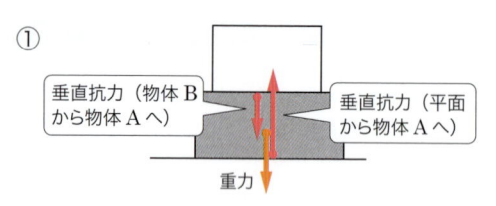

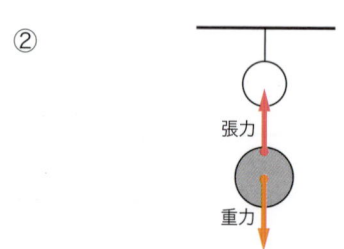

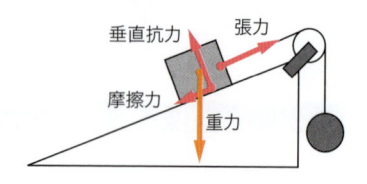

①

②

③

④

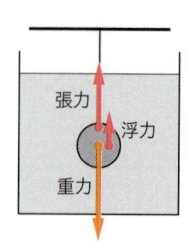

❷ この直方体の体積 V は，

$$0.50\times 0.40\times 1.00=0.20 \text{ m}^3$$

よって物体の質量 m は，密度を ρ とすると，

$$m=\rho V=5.0\times 10^2\times 0.20=1.0\times 10^2 \text{ kg}$$

また，この物体にかかる力 F は重さそのものとなるので，重力加速度 $g=10$ m/s² より，

$$F=mg=1.0\times 10^2\times 10=1.0\times 10^3 \text{ N}$$

圧力は $\frac{力}{面積}$ なので，面 A を下にして立てたときの床面にかかる圧力を P_A とすると，

$$P_A=\frac{1.0\times 10^3}{0.40\times 1.00}=2.5\times 10^3 \text{ Pa}$$

同じように，

$$P_B=\frac{1.0\times 10^3}{0.50\times 1.00}=2.0\times 10^3 \text{ Pa}$$

$$P_C=\frac{1.0\times 10^3}{0.40\times 0.50}=5.0\times 10^3 \text{ Pa}$$

[答] 質量：1.0×10^2 kg，圧力：面 A 2.5×10^3 Pa，面 B 2.0×10^3 Pa，面 C 5.0×10^3 Pa

❸ 一定以上の圧がかからないように，身体面にかかる圧を分散させる（除圧マット，クッションの挿入など）．同じ身体部位に一定時間以上の圧がかからないように，身体がマットに接する部位を変える（体位変換）．

❹ 物体が受ける浮力は，物体が水中に沈んだ部分の水の重さに等しい．この物体の体積を V [m³]，密度を ρ [kg/m³]，重力加速度を g [m/s²] とすると，浮力 $F=\rho Vg$ より

$$\rho Vg=\frac{1}{2}\times V\times 1.00\times 10^3\times g$$

となる．

よって，$\rho=0.50\times 10^3$

[答] 0.50×10^3 kg/m³

第6章

❶ 運動方程式 $ma = F$ より,
$$a = \frac{F}{m} = \frac{1.0 \times 10^3}{4.0} = 2.5 \times 10^2$$

[答] 2.5×10^2 m/s²

❷ 物体の質量を m, 重力加速度を g, 斜面上で物体が滑る方向の加速度を a として, この物体の運動方程式を立てる.
重力の斜面方向の成分は $mg \sin 30° = mg \times 0.5 = \frac{1}{2}mg$
したがって, $ma = \frac{1}{2}mg$ より $a = \frac{1}{2}g$
よって, $a = \frac{1}{2} \times 10 = 5.0$
物体の質量に関係なく, 重力の半分の加速度で斜面を滑る.

[答] 5.0 m/s²

❸ この物体にはたらく力は下の図のように表される.

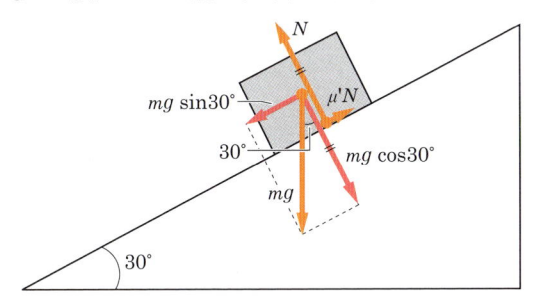

物体が斜面から受ける垂直抗力 $N = mg \cos 30°$ なので, 物体が斜面を滑る方向と反対向きにはたらく動摩擦力は $F' = \mu' N$ より $F' = \mu' mg \cos 30°$ になる.
物体を斜面方向に滑らす力は重力の斜面方向の成分 $mg \sin 30°$ なので, 斜面上で物体が滑る方向の加速度を b として, 運動方程式を立てると,
$$mb = mg \sin 30° - \mu' mg \cos 30°$$
よって, $b = g(\sin 30° - \mu' \cos 30°)$
$= 10 \times (0.50 - 0.10 \times 0.87)$
$= 4.13 ≒ 4.1$

[答] 4.1 m/s²

❹ 摩擦がないので, 物体Bは地面に向かって落下する. 物体Aもひもでつながっているので, Bと同じ加速度 a [m/s²] で右方向に運動する.

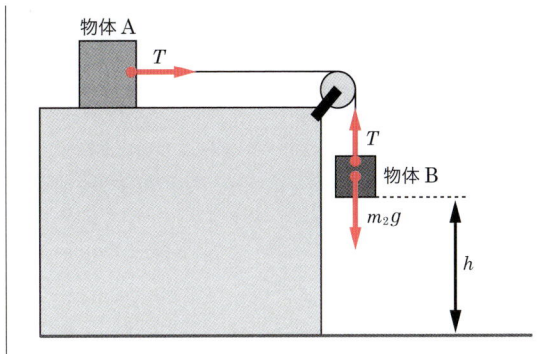

ひもによる張力を T [N] として, 物体Aと物体Bの運動方程式を立てると,
　　物体A : $m_1 a = T$ ……①
　　物体B : $m_2 a = m_2 g - T$ ……②
加速度 a は①を②に代入して,
　　$m_2 a = m_2 g - m_1 a$ より $(m_1 + m_2)a = m_2 g$
よって, $a = \dfrac{m_2 g}{m_1 + m_2}$
落下するまでの時間を t [s] とすると, 等加速度直線運動の公式より
$$h = \frac{1}{2}at^2 = \frac{1}{2} \times \frac{m_2 g}{m_1 + m_2}t^2$$
よって, $t = \sqrt{\dfrac{2(m_1 + m_2)h}{m_2 g}}$

[答] $\sqrt{\dfrac{2(m_1 + m_2)h}{m_2 g}}$

第7章

❶ 物体の質量を m [kg] として支点のまわりの力のモーメントのつり合いを考えると,
　　$196 \times 0.10 - (m \times 9.8) \times 0.20 = 0$
よって,
　　$19.6 - 1.96m = 0$
　　$m = \dfrac{19.6}{1.96} = 10$

[答] 10 kg

❷ 支点から重心までの距離を x [m] とし, 支点のまわりの力のモーメントのつり合いを考えると,
　　$Wx = FL$
よって,
　　$x = \dfrac{FL}{W} = \dfrac{25.0 \times 2.00}{50.0} = 1.00$ m
身長が 180 cm = 1.80 m なので, 重心の位置は,
　　$\dfrac{1.00}{1.80} \times 100 = 55.5 \cdots ≒ 55.6$

[答] 55.6％

❸ 上のブロックは，重心が下のブロックの端に位置するまで横に突き出せる．そして，2つのブロックを合わせた重心がテーブルの端から横に突き出るまで，ブロックを横に突き出せる．2つのブロックを合わせた重心は，上のブロックの重心と下のブロックの重心の中点になるので，10 cm＋5 cm＝15 cmまで横に突き出すことができる．

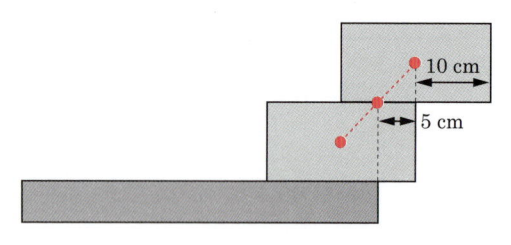

[答] 15 cm

❹ 股関節軸心（B）から下肢の合成重心（A）までの距離をx〔m〕とする．下肢の全重量に相当する力を合成重心で支えると下肢が回転しないで，右下肢挙上位を保持できる．よって，Bのまわりの力のモーメントのつり合いを考えると次の式が成り立つ．

$(7.0＋3.0＋1.0)×x$
　　$＝(7.0×0.2)＋(3.0×0.6)＋(1.0×0.9)$
$11.0x＝1.4＋1.8＋0.9＝4.1$

$x＝\dfrac{4.1}{11.0}＝0.372≒0.37$ m　　　　[答] ③

❺ 支点のまわりの力のモーメントのつり合いを考える．屈筋の力Fは前腕に対して30°傾いているので，回転する腕と垂直な方向の成分は$F\cos30°＝0.87F$になる．

$0.87F×0.03＝2×0.18$

$F＝\dfrac{2×0.18}{0.87×0.03}＝13.7\cdots$ kgw　　　[答] ③

❻ 前腕にはたらく関節反力をF〔N〕として，問題の図を肘関節屈筋の付着部に支点があるてこで表すと，図のようになる．

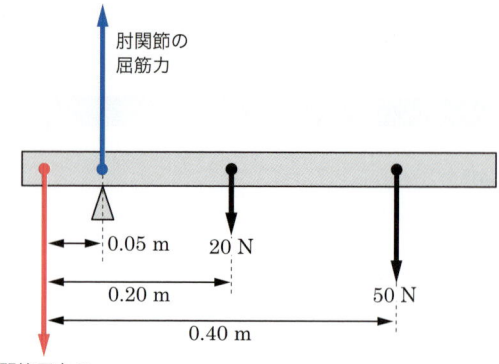

構えを保持しているので，支点を回転軸とする力のモーメントのつり合いを考えると，次のようになる．

$F×0.05＝20×(0.20－0.05)＋50×(0.40－0.05)$
$0.05F＝3.0＋17.5$
$F＝\dfrac{20.5}{0.05}＝410$ N　　　　　[答] ④

● 第8章 ●

❶ ①は，力は質量と加速度の積なので誤り．②は，力と時間の積は力積なので誤り．③は正しい．④は，ワットは仕事率の単位なので誤り．⑤は，ニュートンは力の単位なので誤り．

[答] ③

❷ 仕事は力と移動距離の積で定義されるが，静止しているためバーベルの移動がないので仕事は0 Jになる．

[答] 0 J

❸ 位置エネルギーは，$U＝mgh$より
　　$2.0×10×5.0＝1.0×10^2$ J

最終の速度をv〔m/s〕とすると，坂道の終わりは$h＝0$ mなので，力学的エネルギー保存の法則より$mgh＝\dfrac{1}{2}mv^2$となるので

　　$1.0×10^2＝\dfrac{1}{2}×2.0×v^2$

よって，
　　$v^2＝1.0×10^2$
　　$v＝10$　　　　　　　　　　　[答] 10 m/s

❹ サンディングボードの傾斜角度をθ，重りの質量をm，重力加速度をg，動摩擦係数をμとする．

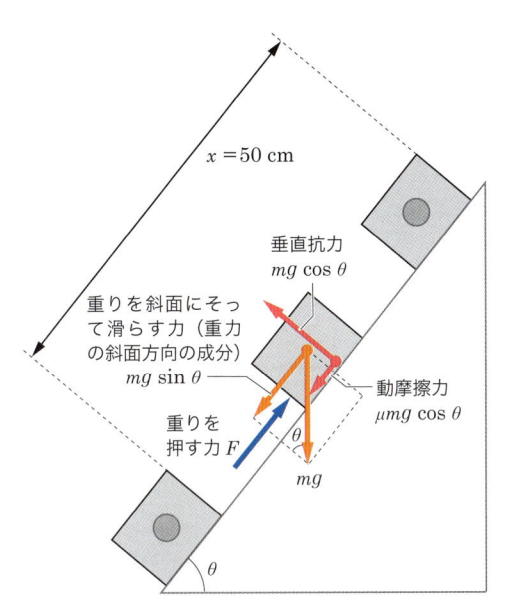

重りを上方に移動するために必要な力 F は，重りを滑らす力（重力の斜面方向の成分）$mg\sin\theta$ と，重りの移動する向きと逆向きにはたらく動摩擦力 $\mu mg\cos\theta$ に抗する必要があるので，

$$F = mg\sin\theta + \mu mg\cos\theta$$
$$= mg\ (\sin\theta + \mu\cos\theta)$$
$$= 10 \times 10 \times (0.87 + 0.40 \times 0.50)$$
$$= 1.07 \times 10^2\ \text{N}$$

サンディングボード上での重りの移動距離を x とすると，$x = 50\ \text{cm} = 0.50\ \text{m}$ なので仕事 W は次の式で計算できる．

$$W = Fx = 1.07 \times 10^2 \times 0.50 = 0.535 \times 10^2 \fallingdotseq 54$$

［答］54 J

❺ 体重 60 kg 重のヒトの重心が 5 cm = 0.05 m 上昇するときの位置エネルギーの増加は，

$$U = mgh = 60 \times 10 \times 0.05 = 30\ \text{J}$$

この仕事を，1 分間に 100 回のペースで 1 時間行うので，1 時間（60 分）歩くのに必要なエネルギーは，

$$30 \times 100 \times 60 = 1.8 \times 10^5$$

［答］1.8×10^5 J

● 第 9 章 ●

❶ 体膨張率を α〔/K〕，立方体の1辺のはじめの長さを L_0〔m〕とすると，物体の温度が Δt〔K〕上昇したときの1辺の長さ L〔m〕は次のようになる．

$$L = L_0(1 + \alpha\Delta t)$$

よって，物体の体積 V〔m³〕は，

$$V = L^3$$

$$= L_0{}^3\{(1 + \alpha\Delta t)\}^3$$
$$= L_0{}^3\{(1 + 3\alpha\Delta t + 3(\alpha\Delta t)^2 + (\alpha\Delta t)^3\}$$

$L_0{}^3$ は最初の体積 V_0 と等しく，線膨張率 α は小さいので $(\alpha\Delta t)^2$ や $(\alpha\Delta t)^3$ の項は非常に小さくなるため無視することができる．よって，

$$V = V_0(1 + 3\alpha\Delta t)$$

となるため，体膨張率 β は線膨張率 α のほぼ3倍になる．

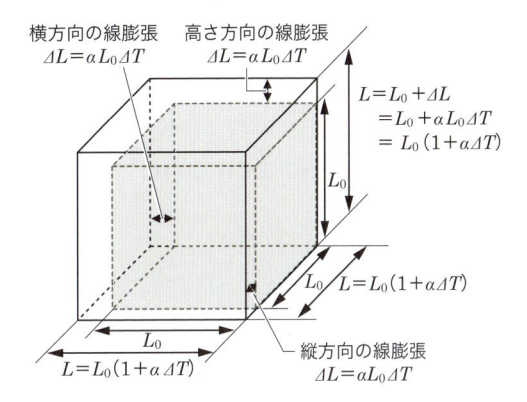

❷ 液体の水を気体の水に変化させるためには，蒸発熱が必要になる．100 ℃の水 1 g を水蒸気に変化させるために必要な熱量は 2.2×10^3 J なので，

$$1.0 \times 10^3 \times 2.2 \times 10^3 = 2.2 \times 10^6$$

［答］2.2×10^6 J

❸ 熱量保存の法則から，20 ℃の水 200 g が得た熱量と 50 ℃の水 100 g が失った熱量は等しくなる．混ぜた後の水の温度を t〔℃〕，水の比熱を c〔J/(g・K)〕とすると，$Q = mc\Delta T$ より

$$200 \times c \times (t - 20) = 100 \times c \times (50 - t)$$
$$200t - 4000 = 5000 - 100t$$
$$300t = 9000$$
$$t = 30$$

［答］30 ℃

注：ΔT の単位は本来は K だが簡単のため ℃ で計算している．

❹ 魔法瓶は，伝導による熱の移動を防ぐために，真空の層で液体が入る部分と魔法瓶の外側を隔てている．真空の状態では，熱を伝えるほとんど物質がないため，伝導や対流による熱の移動を防ぐことができる．

また，放射による熱の移動を防ぐために，光が反射しやすいように銀の壁面を設けている．内側の鏡が魔法瓶の中の液体から放射される光を反射することで，熱を外部に漏らさないようにしている．

❺①対流（渦流浴では水流により積極的に水の動きをつくり，それによって熱が運ばれている）
②伝導
③伝導
④放射

● 第 10 章 ●

❶①1秒間に20回振動するので，振動数は 20 Hz
周期は振動数の逆数になるので，$T = \dfrac{1}{20} = 0.050$ s
[答] 振動数：20 Hz，周期：0.050 s

②$v = f\lambda$ より
$$\lambda = \dfrac{v}{f} = \dfrac{4.0}{20} = 0.20$$
[答] 0.20 m

❷図より，振幅は 0.30 m，周期は 0.040 s
振動数は，$f = \dfrac{1}{T} = \dfrac{1}{0.040} = 25$ Hz
波長は，$v = f\lambda$ より $\lambda = \dfrac{v}{f} = \dfrac{100}{25} = 4.0$ m
[答] 振幅：0.30 m，周期：0.040 s，振動数：25 Hz，波長：4.0 m

❸図より，振幅は 0.20 m，波長は 0.20 m
速度は，0.10秒間に波が 0.05 m 進んでいるので，
$$v = \dfrac{0.05 \text{ [m]}}{0.10 \text{ [s]}} = 0.50 \text{ m/s}$$
振動数は，$v = f\lambda$ より $f = \dfrac{v}{\lambda} = \dfrac{0.50}{0.20} = 2.5$ Hz
周期は，fの逆数なので $T = \dfrac{1}{f} = \dfrac{1}{2.5} = 0.40$ s
[答] ①0.20 m，②0.20 m，③0.50 m/s，④2.5 Hz，⑤0.40 s

❹基準線に対して変位の向きが反対で波形が対称なので，波Aと波Bの和をとると互いに打ち消し合い変位が0となる．よって，基準線と一致する．

❺①回折
②反射
③干渉

● 第 11 章 ●

❶$v = f\lambda$ より，$\lambda = \dfrac{v}{f}$ となる．よって
3.0 MHz のときの波長は，$\dfrac{1.5 \times 10^3}{3.0 \times 10^6} = 5.0 \times 10^{-4}$ m
1.0 MHz のときの波長は，$\dfrac{1.5 \times 10^3}{1.0 \times 10^6} = 1.5 \times 10^{-3}$ m
[答] 3.0 MHz のとき：5.0×10^{-4} m または 0.50 mm，
1.0 MHz のとき：1.5×10^{-3} m または 1.5 mm

❷物体の速度を v [m/s] とすると次の式が成り立つ．
$$f = \dfrac{V}{V-v} f_0 = \dfrac{340}{340-v} \times 300 = 340$$
よって，
$$340 \times (340-v) = 340 \times 300$$
$$340 - v = 300$$
$$v = 40$$
[答] 40 m/s

❸逆2乗の法則より，電磁波の強度は距離の2乗に反比例する．図Bでは光源からの距離は図Aの2倍なので，図Bでの強度は図Aの $\dfrac{1}{2^2} = 0.25$ になる．また，ランバートの余弦法則より，表面に対する法線と電磁波の進む向きとの角度を θ とすると強度は $\cos\theta$ に比例する．図Bでは，$\theta = 60°$ なので $\cos\theta = 0.5$ となる．この2つの作用を受けるので，極超短波の強さは $0.25 \times 0.50 = 0.125$（12.5%）になる．
[答] ⑤

❹光が空気中から水中に入ると，水中の方が光の速度が遅いので光の屈折角は入射角より小さくなる．音は水中の方が速度ので入射角より屈折角が大きくなる．入射角が同じなので，音の屈折角が大きくなる．
[答] 音の屈折角

❺空気は波の減衰が大きく超音波が伝達しにくい．また，空気と生体のように密度の異なる媒質間では，超音波が反射されてエネルギーが減少する．そのため，皮膚とプローブの間に空気が入らないようにゲルを塗り，波の減衰を防ぎ，境界面での反射を少なくして，超音波の減衰を抑える．

● 第 12 章 ●

❶電荷は正と負なので，引力がはたらく．
力の大きさはクーロンの法則を用いて，

$$F = 9.0 \times 10^9 \times \frac{3.0 \times 10^{-6} \times (-6.0) \times 10^{-6}}{3.0^2}$$
$$= -1.8 \times 10^{-2} \text{ (マイナスは引力を表す)}$$
[答] はたらく力：引用，力の大きさ：-1.8×10^{-2} N

---

❷ ① $F = qE$ より，$5.0 \times 10.0 = 50$ N
② 加速度を a [m/s²] とすると，$ma = F = qE$ より
$$a = \frac{qE}{m} = \frac{5.0 \times 10.0}{10.0} = 5.0 \text{ m/s}^2$$
③ 2秒後の速度を v [m/s] とすると，
$$v = at = 5.0 \times 2.0 = 10 \text{ m/s}$$
2秒後の変位を x [m] とすると，
$$x = \frac{1}{2}at^2 = 0.5 \times 5.0 \times (2.0)^2 = 10 \text{ m}$$
[答] ①50 N，②5.0 m/s²，③速度：10 m/s，変位：10 m

---

❸ ① 物体Aが原点Oにつくる電位 V_A は，$V_A = k\dfrac{q}{d}$

物体Bが原点Oにつくる電位 V_B は，$V_B = -k\dfrac{q}{d}$

よって，原点Oにおける電位は，
$$V_A + V_B = k\frac{q}{d} + \left(-k\frac{q}{d}\right) = 0 \text{ V}$$

② x 軸の正の向きを電場の正の向きとする．

Aの電荷は正なので，原点Oに正電荷を置くと斥力がはたらき，x 軸の正の向きに力を受ける．電場の向きは正電荷にはたらく力の向きと同じなので，物体Aが原点Oにつくる電場 E_A は，
$$E_A = k\frac{q}{d^2}$$

Bの電荷は負なので，原点Oに正電荷を置くと引力がはたらき，x 軸の正の向きに力を受ける．電場の向きは正電荷にはたらく力の向きと同じなので，物体Bが原点Oにつくる電場 E_B は，
$$E_B = k\frac{Q}{d^2}$$

よって，電場の向きはどちらも x 軸の正の向き（AからBの向き）になるので，原点Oにおける電場は，
$$E_A + E_B = k\frac{q}{d^2} + k\frac{q}{d^2} = 2k\frac{q}{d^2}$$

[答] 電場の向き：AからBの向き，電場の強さ：$2k\dfrac{Q}{d^2}$ [V/m]

---

❹ 電気量は $Q = CV = 6.0 \times 10^{-6} \times 5.0 = 3.0 \times 10^{-5}$ C
静電エネルギーは，$U = \dfrac{1}{2}QV = 0.5 \times 3.0 \times 10^{-5} \times 5.0$
$= 7.5 \times 10^{-5}$ J

[答] 電気量：3.0×10^{-5} C または 30 μC，
静電エネルギー：7.5×10^{-5} J

● 第 13 章 ●

❶ 電流は1秒間に流れる電気量なので，
$$I = \frac{q}{t} = \frac{30}{10 \times 60} = 0.050 = 5.0 \times 10^{-2} \text{ A}$$
[答] 5.0×10^{-2} A

---

❷ ① 1秒間に1Cの電気量が流れるのが1Aなので，電気量は1.6 C
② 電子1個のもつ電気量が電気素量なので，電子数 n [個] は次のように計算できる．
$$n = \frac{1.6}{1.6 \times 10^{-19}} = 1.0 \times 10^{19} \text{ 個}$$
③ 導線の体積（断面積×電子の平均の速度）の中に 1.6×10^{19} 個の自由電子があると考えられるので，自由電子の密度は次のように計算できる．

自由電子の密度 = $\dfrac{\text{電子数〔個〕}}{\text{断面積〔m}^2\text{〕} \times \text{電子の平均の速度〔m/s〕}}$

$= \dfrac{1.0 \times 10^{19}}{1.0 \times 10^{-4} \times 0.10 \times 10^{-3}} = 1.0 \times 10^{27}$ 個/m³

[答] ①1.6 C，②$1.0 \times 10^{19}$ 個，③$1.0 \times 10^{27}$ 個/m³

---

❸ ① $I = \dfrac{V}{R} = \dfrac{1.5}{50} = 0.030 = 3.0 \times 10^{-2}$ A

② $R = \dfrac{V}{I} = \dfrac{3.0}{0.60} = 5.0$ Ω

③ $V = RI = 50 \times 2.0 = 100 = 1.0 \times 10^2$ V

[答] ①$3.0 \times 10^{-2}$ A，②5.0 Ω，③$1.0 \times 10^2$ V

---

❹ まず，R_2 と R_3 の合成抵抗を求める．R_2 と R_3 は並列接続なので合成抵抗を R_{23} とすると，$\dfrac{1}{R_{23}} = \dfrac{1}{R_2} + \dfrac{1}{R_3}$ となるので，
$$R_{23} = \frac{R_2 \times R_3}{R_2 + R_3} = \frac{2.0 \times 2.0}{2.0 + 2.0} = 1.0 \text{ Ω}$$
次に，R_1 と R_{23} は直列なので，合成抵抗を R_{123} とすると，
$$R_{123} = R_1 + R_{23} = 4.0 + 1.0 = 5.0 \text{ Ω}$$
[答] ①5.0 Ω

---

❺ 抵抗で発生するジュール熱 Q は，電流を I，電圧を V，時間を t とすると，$Q = IVt$ の関係がある．また，抵抗を R とすると，オームの法則より $V = RI$ の関係があるので，$Q = RI^2t$ となる．

抵抗 R_1 を流れる電流は，全体の合成抵抗が5.0 Ωなので，
$$I = \frac{V}{R} = \frac{10}{5.0} = 2.0 \text{ A となる．よって，}$$
$$Q = RI^2t = 4.0 \times (2.0)^2 \times 10 \times 60 = 9.6 \times 10^3 \text{ J}$$
抵抗 R_2 を流れる電流は，R_2 と R_3 の抵抗の大きさが等しく，R_1 を流れる電流の半分（1.0 A）となるので，

$$Q = 2.0 \times (1.0)^2 \times 10 \times 60 = 1.2 \times 10^3 \text{ J}$$

[答] $R_1 : 9.6 \times 10^3$ J, $R_2 : 1.2 \times 10^3$ J

● 第 14 章 ●

❶ ソレノイド内にできる磁場の強さは，ソレノイドの半径には影響されない．

$$H = nI = 100 \times 5.0 = 5.0 \times 10^2$$

[答] 5.0×10^2 A/m

❷ ローレンツ力は $f = qvB$ なので，荷電粒子の速度が 0 のとき，ローレンツ力ははたらかない．

❸ 荷電粒子は速度の向きと磁場の向きがつくる平面に垂直な向きに力を受ける．この速度の向きに垂直な力が向心力となり，等速円運動をする．

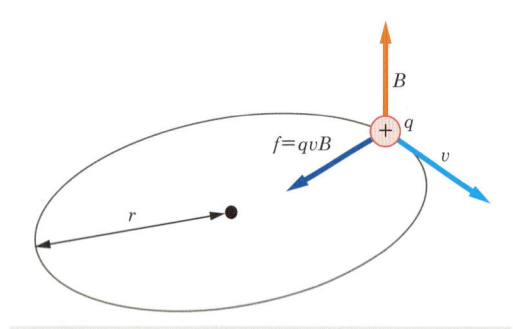

一様な磁場 B に対して垂直方向に速度 v で入ってきた電気量 q の荷電粒子は，磁場と速度の向きに垂直な力 $f = qvB$ を受ける．この力が向心力となり，荷電粒子は等速円運動をする．

[答] 等速円運動をする

❹ ②の超音波は音波の 1 つであり，電磁波ではない．

[答] ②

❺ ① EMC（electromagnetic compatibility）は電磁両立性（電気機器や電子機器などが備える電磁気的な不干渉性および耐性）のこと．EMC 規格の電気機器は，電子機器などから発せられる電磁気的影響を他の電子機器や人体に与えない（不干渉性）ように，また電子機器自体が電磁気の影響を受けにくい（耐性）ように製作されている．
②コードは長いほど電磁気の影響を受けやすい．
③水道の配管には塩化ビニルが使用されるので，アースとして機能しないことが多い．
④コードを重ねると，コード間で電磁気的な干渉が起こり，発熱しやすい．
⑤乾燥すると物体が帯電しやすくなる．

[答] ①

● 第 15 章 ●

❶ ①陽子数 1 個，中性数 0 個
②陽子数 1 個，中性子数 1 個
③陽子数 1 個，中性子数 2 個
④陽子数 16 個，中性子数 16 個

❷ ① γ 線
② α 線
③ β 線
④ γ 線
⑤ α 線
⑥ γ 線
⑦ α 線と β 線

❸ ①ストロンチウム 90 の方がラジウム 226 より半減期が短いので速く放射能が弱くなる．したがって，10 年後はラジウム 226 の放射能の強さがストロンチウム 90 より大きくなる．
②放射能の強さが現在の $\frac{1}{4}$ になるには，半減期の 2 倍の年数が必要になる．よって，$28 \times 2 = 56$ 年かかる．

[答] ①ラジウム 226，② 56 年

巻末表

物理学で用いられる，ギリシャ文字，単位，定数を，巻末表にまとめました．

表1 ギリシャ文字の表記と読み方

大文字	小文字	読み方	よく用いられる物理量や使われ方
A	α	アルファ	α 線
B	β	ベータ	β 線
Γ	γ	ガンマ	γ 線
Δ	δ	デルタ	変化量
E	ε	イプシロン	誘電率
Z	ζ	ツェータ	
H	η	イータ	粘性率
Θ	θ	シータ	角度の大きさ
I	ι	イオタ	
K	κ	カッパ	導電率，熱伝導率
Λ	λ	ラムダ	波長
M	μ	ミュー	摩擦係数，透磁率
N	ν	ニュー	周波数，振動数
Ξ	ξ	グザイ，クシー，クサイ	
O	o	オミクロン	
Π	π	パイ	円周率
P	ρ	ロー	密度
Σ	σ	シグマ	電荷密度
T	τ	タウ	時定数
Y	υ	ウプシロン	
Φ	φ	ファイ	電位
X	χ	カイ	磁化率
Ψ	ψ	プサイ，プシー	電束
Ω	ω	オメガ	角周波数，角振動数

巻末表

表2 国際単位系の基本単位

国際単位系の基本単位は，時間 (s), 長さ (m), 質量 (kg), 電流 (A), 熱力学温度 (K), 物質量 (mol), 光度 (cd) である．

量	基本単位 名称	基本単位 記号	定義および相当する量
時間	秒	s	セシウム133原子の基底状態の2つの超微細準位間の遷移に対応する放射の周期の9 192 631 770倍の継続時間．1日24時間の1時間の1/3600に相当する．
長さ	メートル	m	1秒の1/299 792 458の時間に光が真空中を進む距離．地球一周の4000万分の1の長さに相当する．
質量	キログラム	kg	国際キログラム原器（プラチナ90%，イリジウム10%からなる合金で，直径・高さともに39 mmの円柱）の質量．4℃の水1 Lの質量に相当する．
電流	アンペア	A	無限に長く，無限に小さい円形断面積をもつ2本の直線状導体を真空中に1 mの間隔で平行においたとき，導体の長さ1 mにつき2×10^{-7}ニュートン (N) の力を及ぼし合う導体のそれぞれに流れる電流の大きさ．
熱力学温度	ケルビン	K	古典力学においてすべての分子の運動が停止する絶対零度を0ケルビン (K) とし，水の三重点（固相，液相，気相が共存する状態）の熱力学温度の1/273.16に相当する．温度間隔も同じ単位．
物質量	モル	mol	0.012 kgの炭素12の中に存在する炭素原子と同数の原子が集まったときの質量．
光度	カンデラ	cd	周波数540×10^{12}ヘルツ (Hz) の単色放射を放出し，所定方向の放射強度が1/683ワット毎ステラジアン (W/Sr) である光源のその方向における光度．

2019年度に質量を中心に単位の定義が変更されているが，この表では自然現象と単位との対応を重視して説明している．

表3 物理定数表

	物理量	記号	値	備考
力学	標準重力加速度	g	9.80665 m/s²	緯度45°の海面上での自由落下に基づく値
	万有引力定数	G	6.67428×10^{-11} N・m²/kg²	
温度・熱	絶対零度		−273.15 ℃	
	気体定数	R	8.314472 J/(mol・K)	
	熱の仕事当量	J	4.18605 J/cal	
	アボガドロ数	N_A	$6.02214179 \times 10^{23}$ /mol	
	ボルツマン定数	k	$1.3806504 \times 10^{-23}$ J/K	
	理想気体の体積		2.2413996×10^{-2} m³/mol	
波	乾燥空気中の音の速度		331.45 m/s	0 ℃
	真空中の光の速度	c	2.99792458×10^{8} m/s	
電磁気	クーロンの法則の定数	k_0	8.9875518×10^{9} N・m²/C²	真空中
	電気素量	e	$1.602176487 \times 10^{-19}$ C	
	真空の誘電率	ε_0	$8.854187817 \times 10^{-12}$ F/m	
	真空の透磁率	μ_0	$1.2566370614 \times 10^{-6}$ N/A²	$1.2566370614 \times 10^{-6} = 4\pi \times 10^{-7}$
原子	電子の質量	m	$9.10938215 \times 10^{-31}$ kg	
	陽子の質量	p	$1.67262178 \times 10^{-27}$ kg	
	中性子の質量	n	$1.67492735 \times 10^{-27}$ kg	
	プランク定数	h	$6.62606896 \times 10^{-34}$ J・s	

索引

数字

10の累乗を示す記号 ………………… 20

欧文

α 線 …………………………… 225, 228
a-t グラフ ……………………………… 43
β 線 …………………………… 225, 228
Bq（ベクレル） ……………………… 231
C（クーロン） ……………………… 167
cos …………………………………… 30
EMC ………………………………… 244
F（ファラド） ……………………… 181
γ 線 ……………………… 222, 225, 228
Gy（グレイ） ……………………… 231
hPa（ヘクトパスカル） ……………… 60
Lambert（ランバート）の余弦の
　法則 …………………………… 144, 159
MKSA単位系 ………………………… 19
N（ニュートン） …………………… 52
Ω（オーム） ………………………… 190
Pa（パスカル） ……………………… 60
SI …………………………………… 19
sin …………………………………… 30
Sv（シーベルト） ………………… 232
T（テスラ） ………………………… 208
tan ………………………………… 30
v-t グラフ ……………………………… 42
Wb（ウェーバ） …………………… 206
X線 ………………………………… 222

x-t グラフ ……………………………… 40

和文

あ

アース ……………………………… 197
アインシュタイン …………………… 13
圧電現象（圧電効果） ……………… 184
アップクォーク …………………… 226
圧力 …………………………… 51, 60
イオン ……………………………… 166
位置 …………………………… 36, 37
位置エネルギー ………… 93, 101, 109
移流 ………………………………… 122
陰イオン …………………………… 167
引力 ………………………………… 168
ウェーバ〔Wb〕 …………………… 206
ウラン ……………………………… 233
運動 …………………………… 36, 37
運動エネルギー ………………… 93, 99
運動の3法則 ………………………… 68
運動方程式 ………………… 67, 72, 74
運動麻痺 …………………………… 71
運動量 ………………………… 92, 94
運動量保存の法則 …………………… 97
エネルギー ………………………… 99
エネルギー熱変換 ………………… 124
エネルギー保存の法則 …………… 105
遠隔作用 …………………………… 65
円形電流 …………………………… 211

炎症 ………………………………… 159
遠心力 ……………………………… 71
鉛直投げ上げ ……………………… 47
鉛直方向 …………………………… 46
オーム〔Ω〕 ……………………… 190
オームの法則 ………………… 186, 190
音 …………………………………… 144
音の大きさ ………………………… 147
音の三要素 ………………………… 144
音の高さ …………………………… 147
重さ ………………………………… 52
音圧レベル ………………………… 149
音響インピーダンス ……………… 151
音速 …………………………… 144, 145
温度 ………………………… 109, 111, 115
温熱作用 …………………………… 223
温熱療法 …………………………… 124
音波 …………………………… 144, 145

か

核分裂 …………………………… 225, 233
核力 ……………………………… 225, 226
重ね合わせの原理 ………… 126, 136
可視光線 …………………… 144, 152, 222
荷重点 ……………………………… 86
加速度 ………………………… 36, 40
加速度計 …………………………… 74
可聴音域 …………………………… 147
滑液 ………………………………… 58
渦流浴 ……………………………… 124

ガリレイ		13
カロリー		109, 116
慣性		69
慣性の法則		67, 70
慣性力		57, 70
関節		58
関節運動		81
関節トルク		78
関節モーメント		78
桿体細胞		154
気化		120
気化熱		121
気道内圧		63
基本単位		17, 19
逆2乗の法則		144, 159
吸収線量		225, 231
凝結		120
凝固		120
凝縮		120
極性分子		176, 223
極板		181
距離分解能		151
近接作用		65
筋張力		55, 57
クーロン〔C〕		167
クーロン定数		169
クーロンの法則		164, 169
クーロン力		164, 169
クォーク		225, 226
屈折角		138
屈折の法則		138
屈折波		138
組立単位		17, 19
グラフ		27

グレイ〔Gy〕		231
血圧		63
原子核		166
原子の構造		166
原子番号		227
原子力エネルギー		233
原子力発電		233
原子論		16
減衰		151
元素		227
コイル		211
合成抵抗		194
合成波		136
剛体		77, 78
剛体にはたらく力		85
合力		68
交流		187, 200
交流モーター		218
国際単位系		19
国際度量衡総会		18
極超短波		124
固形パラフィン		118
コサイン		30
弧度法		133
コンデンサー		165, 181

さ

最小可聴音		149
最大静止摩擦係数		57
最大静止摩擦力		58
サイン		30
作用線		52
作用線の定理		68
作用点		52, 86

作用反作用の法則		67, 74
三角関数		26, 30
三平方の定理		29
シーベルト〔Sv〕		232
紫外線		144, 152, 159, 222
磁気に関するクーロンの法則		206
磁極		204, 206
磁気量		204, 206
磁気力		204, 206
仕事		92, 95
仕事率		92, 98
仕事量		95
支持基底面		84
四肢麻痺		71
矢状面		38
指数		21
磁束密度		205, 208
実効値		201, 201
質量		52
質量数		225, 227
支点		86
磁場		204, 207
磁場の強さ		205
シャルルの法則		114
周期		126, 129
重心		77, 81
重心線		84
自由電子		118, 173
周波数		129
自由落下		46
重量		52
重力		51, 54, 57
重力場		65
ジュール熱		187, 199

瞬間の加速度	41
瞬間の速度	39
昇華	120
状態方程式	115
蒸発	120
蒸発熱	121
消費電力	198
磁力線	204, 208
身体運動	57
振動数	126, 129
振幅	126, 129
水圧	61
水銀柱ミリメートル	63
錐体細胞	154
水柱センチメートル	63
垂直抗力	51, 55, 57
水平投射	48
水平面	38
スカラー量	17, 19
正弦	30
正弦波	129, 133
正弦波の式	133
正孔	174
静止摩擦係数	56
静止摩擦力	56, 58
正接	30
静電エネルギー	183
静電気力	164, 166, 169, 169, 174, 175
静電誘導	165, 175
赤外線	124, 144, 152, 159, 222
積分	46
斥力	164, 167
セ氏温度	111
絶縁体	165, 173
絶対温度	109, 111
絶対零度	111
セルシウス温度	109, 111
前額面	38
潜熱	109, 121
全反射	144, 158
線膨張	112
線量当量	232
相対質量	228
速度	36, 39
疎密波	145
粗密波	135
ソレノイド	213

た

第1のてこ	77, 86
第2のてこ	77, 86
第3のてこ	77, 87
大気圧	61
対数	27
帯電	164, 167
帯電体	167
大統一理論	227
体膨張	114
対流	109, 122
ダウンクォーク	226
縦波	126, 134
谷	129
単位	18
タンジェント	30
単色光	153
単振動	133
弾性力	51, 58
弾性力による位置エネルギー	102

力	51, 52
力の3要素	52
力の大きさ	52
力の合成	67, 68
力の作用点	52
力のつり合い	67, 68
力の向き	52
力のモーメント	77, 78
蓄電器	181
地磁気	208
中性子	166
超音波	147
超音波診断装置	150
超音波治療器	148
超弦理論	227
張力	55
直進性	147
直線電流	209
直流	187
直流モーター	218
対麻痺	71
強い力	225, 226
抵抗	186, 190
抵抗率	191
てこ	86
テスラ〔T〕	208
電圧	165, 178, 189
電位	165
電位差	165, 178, 189
電荷	164, 166
電気回路	186, 192
電気機器	188
電気遮蔽	181
電気素量	164, 167

電気容量 ……………………… 165, 181	トランス ……………………… 220	熱容量 ………………………… 109, 119
電気力線 ……………………… 165, 171	トリチェリ …………………… 63	熱力学第一法則 ……………… 116
電気量保存の法則 …………… 164, 168	トルク ………………………… 78	熱力学第二法則 ……………… 117
電子 …………………………… 166		熱量 …………………………… 109, 115
電子回路 ……………………… 193		熱量保存の法則 ……………… 109, 117
電子機器 ……………………… 188	な	
電磁波 ………………………… 205, 221	内部エネルギー ……………… 109, 116	
電磁誘導 ……………………… 205, 218	波 ……………………………… 127	は
電磁両立性 …………………… 244	波のy-tグラフ ……………… 131	媒質 …………………………… 127
電池 …………………………… 189	波のy-xグラフ ……………… 131	白色光 ………………………… 153
点電荷 ………………………… 168	波のエネルギー ……………… 137	波形 …………………………… 129
伝導 …………………………… 109, 122	波の回折 ……………………… 126, 140	波源 …………………………… 127
電場 …………………………… 164, 171	波の干渉 ……………………… 126, 137	パスカル〔Pa〕 ……………… 60
電波 …………………………… 221	波の屈折 ……………………… 126, 138	波長 …………………………… 129
電離作用 ……………………… 229	波の速度 ……………………… 126, 130	発がん作用 …………………… 159
電流 …………………………… 186, 188	波の伝搬速度 ………………… 130	ばね定数 ……………………… 59
電力 …………………………… 186, 198	波の透過 ……………………… 138	波面 …………………………… 127
電力量 ………………………… 187, 198	波の独立性 …………………… 136	速さ …………………………… 36, 39
同位体 ………………………… 225, 227	波の速さ ……………………… 130	パラフィン …………………… 118
透過光 ………………………… 156	波の反射 ……………………… 126, 138	パラフィン浴 ………………… 124
等価線量 ……………………… 225, 232	軟骨 …………………………… 58	パルス波 ……………………… 128
等加速度直線運動 …………… 43	入射波 ………………………… 138	半減期 ………………………… 225, 230
透過波 ………………………… 138	ニュートン …………………… 13	反射光 ………………………… 156
透磁率 ………………………… 209	ニュートン〔N〕 ……………… 52	反射波 ………………………… 138
導線 …………………………… 193	ニュートンの第1法則 ……… 67, 70	半導体 ………………………… 173
等速円運動 …………………… 71	ニュートンの第2法則 ……… 67, 72	万有引力 ……………………… 54, 169, 174, 175
等速直線運動 ………………… 41	ニュートンの第3法則 ……… 67, 74	ピエゾ効果 …………………… 184
導体 …………………………… 165, 173	音色 …………………………… 147	光の三原色 …………………… 154
等電位線 ……………………… 179	寝返り動作 …………………… 71	光の散乱 ……………………… 158
等電位面 ……………………… 179	熱 ……………………………… 109, 115	光の速度 ……………………… 154
動摩擦係数 …………………… 57	熱運動 ………………………… 109, 110	ピタゴラスの定理 …………… 29
動摩擦力 ……………………… 57, 58	熱伝導 ………………………… 118, 122	比熱 …………………………… 109, 118
度数法 ………………………… 133	熱伝導率 ……………………… 118, 122	微分 …………………………… 46
ドップラー効果 ……………… 144, 148	熱平衡 ………………………… 117	比誘電率 ……………………… 182
	熱膨張 ………………………… 112	ファラデーの法則 …………… 219

ファラド〔F〕	181	
輻射	109, 123	
フックの法則	58	
物質の三態	120	
物理法則	13	
物理量	17, 18	
物理療法	124, 159	
不導体	165, 173	
ブラウン運動	110	
浮力	51, 62	
フレミングの左手の法則	215	
分解能	151	
分極	176	
平均の加速度	41	
平均の速度	39	
ヘクトパスカル〔hPa〕	60	
ベクトル	19	
ベクトルの合成	26, 31	
ベクトルの成分	32	
ベクトルの分解	26, 31	
ベクトル量	17, 19	
ベクレル〔Bq〕	231	
変圧器	220	
変位	36, 37, 129	
偏光	144, 155	
ホイヘンスの原理	141	
ボイルの法則	115	
放射	109, 123	
放射性同位元素	228	

放射性同位体	225, 228	
放射性崩壊	228	
放射線	225, 228	
放射線荷重係数	232	
放射線の影響	232	
放射能	225, 228	
放射能の強さ	225	
ホール	174	
歩行	57	
保存力	103	
ホットパック	124	

ま

マイクロ波	124, 159, 223	
マイクロ波治療器	222	
摩擦	167	
摩擦力	51, 56, 57, 103	
右ねじの法則	209	
密度	61	
向き	52	
無次元量（無次元数）	19, 56	
モーター	217	

や

山	129	
融解	120	
融解熱	121	
有効数字	22	
誘電体	165, 176	
誘電分極	165, 176	

誘電率	182	
誘導起電力	218	
誘導電流	218	
陽イオン	167	
陽子	166	
余弦	30	
横波	126, 134	
弱い力	227	

ら

ラジアン	133	
ラジオアイソトープ	228	
ランバートの余弦の法則	144, 159	
力学的エネルギー	93	
力学的エネルギー保存の法則	93, 103	
力積	92, 94	
力線	174	
力点	86	
理想気体	115	
理想気体の状態方程式	115	
流体	62	
流動パラフィン	118	
臨界量	233	
累乗	20	
連鎖反応	225, 233	
連続波	128	
レンツの法則	218	
ローレンツ力	205, 216	

プロフィール

[編著]

望月　久（もちづき　ひさし）　文京学院大学保健医療技術学部理学療法学科

1975年 日本大学文理学部応用物理学科卒業，1982年 東京都立府中リハビリテーション専門学校卒業，1992年 東京都立大学理学部生物学科卒業，2002年 日本大学大学院理工学研究科医療福祉工学専攻修士課程修了，2009年 首都大学東京人間健康科学研究科博士後期課程修了．1982～2007年 東京都立病院リハビリテーション科勤務，2007年より文京学院大学保健医療技術学部理学療法学科教授．

棚橋信雄（たなはし　のぶお）　文京学院大学女子高等学校

1978年 東京理科大学理工学部物理学科卒業，1982年より文京学院大学女子高等学校に着任，理科教諭として物理を担当．2012年よりSSH（スーパーサイエンスハイスクール）に文部科学省より採択され，科学教育カリキュラムやプログラムを開発，科学技術振興機構のデジタル教材作成やサイエンスニュース番組の監修などに携わる．2015年より文京学院大学特任准教授．

[編集協力]

谷　浩明（たに　ひろあき）　国際医療福祉大学保健医療学部理学療法学科

1982年 東京都立府中リハビリテーション専門学校卒業，1987年 東京理科大学工学部経営工学科卒業，1993年 日本大学大学院理工学研究科博士前期課程工学修士，2001年 昭和大学医学部医学博士を取得．1982年より東京都老人医療センターに理学療法士として勤務．その後，東京都立医療技術短期大学助手，千葉県医療技術大学校講師を経て，1996年より国際医療福祉大学に勤務，2001年に同助教授，2006年に同教授．

古田常人（ふるた　つねと）　文京学院大学保健医療技術学部作業療法学科

1991年 社会医学技術学院作業療法学科卒業．同年より社会福祉法人武蔵野療園病院作業療法士として勤務．1998年 東京医療福祉専門学校作業療法学科学科長代行．2000年 日本医科大学付属千葉北総病院非常勤勤務．2002年 昭和大学保健医療学部作業療法学科助手．2004年 目白大学大学院修士課程修了（心理学修士）．2007年 文京学院大学講師．2013年 文京学院大学准教授（物理学，運動学実習，作業療法治療学など担当，現在に至る）．2014年 東京医療学院大学非常勤講師（義肢学，装具学）．

【注意事項】本書の情報について

本書に記載されている内容は，発行時点における最新の情報に基づき，正確を期するよう，執筆者，監修・編者ならびに出版社はそれぞれ最善の努力を払っております．しかし科学・医学・医療の進歩により，定義や概念，技術の操作方法や診療の方針が変更となり，本書をご使用になる時点においては記載された内容が正確かつ完全ではなくなる場合がございます．また，本書に記載されている企業名や商品名，URL等の情報が予告なく変更される場合もございますのでご了承ください．

■正誤表・更新情報
https://www.yodosha.co.jp/textbook/book/4645/index.html

本書発行後に変更，更新，追加された情報や，訂正箇所のある場合は，上記のページ中ほどの「正誤表・更新情報」を随時更新しお知らせします．

■お問い合わせ
https://www.yodosha.co.jp/textbook/inquiry/other.html

本書に関するご意見・ご感想や，弊社の教科書に関するお問い合わせは上記のリンク先からお願いします．

PT・OTゼロからの物理学
ぴーてぃー・おーてぃー　ぶつりがく

2015年11月10日	第1版 第1刷発行	編著者	望月　久，棚橋信雄
2024年 2月15日	第1版 第7刷発行	編集協力	谷　浩明，古田常人
		発行人	一戸裕子
		発行所	株式会社 羊 土 社
			〒101-0052
			東京都千代田区神田小川町2-5-1
			TEL　03（5282）1211
			FAX　03（5282）1212
			E-mail　eigyo@yodosha.co.jp
			URL　www.yodosha.co.jp/
© YODOSHA CO., LTD. 2015		装幀	トサカデザイン（戸倉 巌，小酒保子）
Printed in Japan		印刷所	株式会社 平河工業社
ISBN978-4-7581-0798-3			

本書に掲載する著作物の複製権，上映権，譲渡権，公衆送信権（送信可能化権を含む）は（株）羊土社が保有します．
本書を無断で複製する行為（コピー，スキャン，デジタルデータ化など）は，著作権法上での限られた例外（「私的使用のための複製」など）を除き禁じられています．研究活動，診療を含み業務上使用する目的で上記の行為を行うことは大学，病院，企業などにおける内部的な利用であっても，私的使用には該当せず，違法です．また私的使用のためであっても，代行業者等の第三者に依頼して上記の行為を行うことは違法となります．

JCOPY ＜（社）出版者著作権管理機構 委託出版物＞
本書の無断複写は著作権法上での例外を除き禁じられています．複写される場合は，そのつど事前に，（社）出版者著作権管理機構（TEL 03-5244-5088, FAX 03-5244-5089, e-mail : info@jcopy.or.jp）の許諾を得てください．

乱丁，落丁，印刷の不具合はお取り替えいたします．小社までご連絡ください．

羊土社　発行書籍

PT・OT必修シリーズ
消っして忘れない　生理学要点整理ノート　改訂第2版

佐々木誠一／編
定価 4,180円（本体 3,800円＋税10％）　B5判　239頁　ISBN 978-4-7581-0789-1

理学療法士・作業療法士を目指すあなたに！書き込み式で書いて覚え，赤シートで赤字を消して繰り返し覚えられる強力テキストで，生理学の要点を効率よくマスター！国試対応演習問題付．

PT・OT必修シリーズ
消っして忘れない　解剖学要点整理ノート　改訂第2版

井上 馨，松村讓兒／編
定価 4,180円（本体 3,800円＋税10％）　B5判　247頁　ISBN 978-4-7581-0792-1

解剖学の必修ポイントがしっかり身につくサブテキスト．赤シートで基本知識を繰り返しチェック，最重要語は穴埋め式で覚える，国試対応の演習問題で確認，などステップを踏んで実力アップ！

PT・OT必修シリーズ
消っして忘れない　運動学要点整理ノート

福井 勉，山崎 敦／編
定価 3,960円（本体 3,600円＋税10％）　B5判　223頁　ISBN 978-4-7581-0783-9

イメージしにくい関節の動きなどを豊富な図でわかりやすく解説．重要語句を赤シートで消して繰り返し学習できる！便利な筋の起始・停止一覧表＆国試対応の別冊演習問題付き．

ビジュアル実践リハ　脳・神経系リハビリテーション　第2版
疾患ごとに最適なリハの手技と根拠がわかる

潮見泰藏／編
定価 6,600円（本体 6,000円＋税10％）　B5判　416頁　ISBN 978-4-7581-1001-3

脳・神経系疾患のリハをビジュアルに解説した定番書の第2版．疾患ごとに知識とリハプログラムの2部構成でわかりやすく解説．新たに「高次脳機能障害」の項目も加わり充実の内容に．現場ですぐに役立つ実践書！

ビジュアル実践リハ　呼吸・心臓リハビリテーション　第3版
疾患ごとに最適なリハの手技と根拠がわかる

居村茂幸／監　高橋哲也，間瀬教史／著
定価 5,500円（本体 5,000円＋税10％）　B5判　264頁　ISBN 978-4-7581-1002-0

呼吸・循環器疾患のリハが1冊にまとまった好評書の第3版！疾患ごとに知識と手技の2部構成で解説．ガイドラインに準じてアップデートし，さらに充実の内容となりました．現場で即戦力となる実践書です！

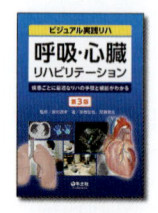

ビジュアル実践リハ　整形外科リハビリテーション
カラー写真でわかるリハの根拠と手技のコツ

神野哲也／監　相澤純也，中丸宏二／編
定価 7,150円（本体 6,500円＋税10％）　B5判　495頁　ISBN 978-4-7581-0787-7

効果的なリハのための根拠と工夫が満載！関節炎，骨折，スポーツ障害など現場で遭遇頻度の高い疾患を厳選．豊富なカラー写真とイラストで，病態や臨床経過に即したリハの流れ，手技のコツが目で見てマスターできる！

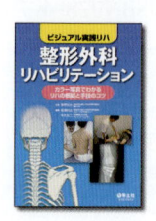

解剖生理や生化学をまなぶ前の
楽しくわかる生物・化学・物理

岡田隆夫／著，村山絵里子／イラスト
定価 2,860円（本体 2,600円＋税10％）　B5判　215頁　ISBN 978-4-7581-2073-9

理科が不得意な医療系学生のリメディアルに最適！必要な知識だけを厳選して解説．専門基礎でつまずかない実力が身につきます．頭にしみこむイラストとたとえ話で，最後まで興味をもって学べるテキストです．

生理学・生化学につながる
ていねいな化学

白戸亮吉，小川由香里，鈴木研太／著
定価 2,200円（本体 2,000円＋税10％）　B5判　192頁　ISBN 978-4-7581-2100-2

医療者を目指すうえで必要な知識を厳選！生理学・生化学・医療とのつながりがみえる解説で「なぜ化学が必要か」がわかります．化学が苦手でも親しみやすいキャラクターとていねいな解説で楽しく学べます！

生理学・生化学につながる
ていねいな生物学

白戸亮吉，小川由香里，鈴木研太／著
定価 2,420円（本体 2,200円＋税10％）　B5判　220頁　ISBN 978-4-7581-2110-1

医療者を目指すうえで必要な知識を厳選！生理学・生化学・医療に自然につながる解説で，1冊で生物学の基本から生理学・生化学への入門まで，親しみやすいキャラクターとていねいな解説で楽しく学べます．

OT症例レポート赤ペン添削　ビフォー＆アフター

岡田　岳，長谷川明洋，照井林陽／編
定価 3,960円（本体 3,600円＋税10％）　B5判　280頁　ISBN 978-4-7581-0232-2

作業療法士の臨床実習に必携！症例報告書で実習生が間違いやすい点を赤ペンで添削し，「なぜダメなのか」「どう書くべきなのか」を丁寧に解説．臨床で活きる知識もしっかり身につく．スーパーバイザーにもオススメ！

PT症例レポート赤ペン添削　ビフォー＆アフター

相澤純也，美崎定也，石黒幸治／編
定価 3,960円（本体 3,600円＋税10％）　B5判　284頁　ISBN978-4-7581-0214-8

理学療法士の臨床実習に必携！症例報告書で実習生が間違いやすい点を赤ペンで添削し，「なぜダメなのか」「どう書くべきなのか」を丁寧に解説．臨床で活きる知識もしっかり身につく．スーパーバイザーにもオススメ！

症例動画でわかる理学療法臨床推論　統合と解釈実践テキスト

豊田　輝／編
定価 5,940円（本体 5,400円＋税10％）　B5判　328頁　ISBN 978-4-7581-0255-1

臨床で出会いやすい代表的な15疾患の動画付．統合と解釈に必要な患者情報，臨床推論のヒントとなるチェック問題も掲載．講義でも自習でも，まるで臨床現場のような臨場感の中，実践的に臨床推論力を高められる．

PT・OT ビジュアルテキストシリーズ

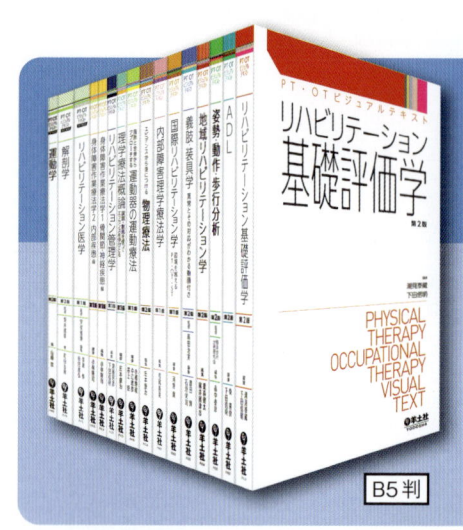

理学療法士・作業療法士をめざす学生のための新定番教科書

シリーズの特徴
- 臨床とのつながりを重視した解説で，座学～実習はもちろん現場に出てからも役立ちます
- イラスト・写真を多用した，目で見てわかるオールカラーの教科書です
- 国試の出題範囲を意識しつつ，PT・OTに必要な知識を厳選．基本から丁寧に解説しました

B5判

リハビリテーション基礎評価学　第2版
潮見泰藏，下田信明／編
定価 6,600円（本体 6,000円＋税10%）　488頁
ISBN 978-4-7581-0245-2

ADL　第2版
柴 喜崇，下田信明／編
定価 5,720円（本体 5,200円＋税10%）　341頁
ISBN 978-4-7581-0256-8

義肢・装具学　第2版
異常とその対応がわかる動画付き
高田治実／監，豊田 輝，石垣栄司／編
定価 7,700円（本体 7,000円＋税10%）　399頁
ISBN 978-4-7581-0263-6

地域リハビリテーション学　第2版
重森健太，横井賀津志／編
定価 4,950円（本体 4,500円＋税10%）　334頁
ISBN 978-4-7581-0238-4

国際リハビリテーション学
国境を越えるPT・OT・ST
河野 眞／編
定価 7,480円（本体 6,800円＋税10%）　357頁
ISBN 978-4-7581-0215-5

リハビリテーション管理学
齋藤昭彦，下田信明／編
定価 3,960円（本体 3,600円＋税10%）　239頁
ISBN 978-4-7581-0249-0

理学療法概論
課題・動画を使ってエッセンスを学びとる
庄本康治／編
定価 3,520円（本体 3,200円＋税10%）　222頁
ISBN 978-4-7581-0224-7

局所と全身からアプローチする運動器の運動療法
小柳磨毅，中江徳彦，井上 悟／編
定価 5,500円（本体 5,000円＋税10%）　342頁
ISBN 978-4-7581-0222-3

エビデンスから身につける物理療法　第2版
庄本康治／編
定価 6,050円（本体 5,500円＋税10%）　343頁
ISBN 978-4-7581-0262-9

内部障害理学療法学
松尾善美／編
定価 5,500円（本体 5,000円＋税10%）　335頁
ISBN 978-4-7581-0217-9

神経障害理学療法学　第2版
潮見泰藏／編
定価 6,380円（本体 5,800円＋税10%）　416頁
ISBN 978-4-7581-1437-0

小児理学療法学
平賀 篤，平賀ゆかり，畑中良太／編
定価 5,500円（本体 5,000円＋税10%）　359頁
ISBN 978-4-7581-0266-7

姿勢・動作・歩行分析　第2版
臨床歩行分析研究会／監，畠中泰彦／編
定価 5,940円（本体 5,400円＋税10%）　324頁
ISBN 978-4-7581-0264-3

スポーツ理学療法学
治療の流れと手技の基礎
赤坂清和／編
定価 5,940円（本体 5,400円＋税10%）　256頁
ISBN 978-4-7581-1435-6

身体障害作業療法学1 骨関節・神経疾患編
小林隆司／編
定価 3,520円（本体 3,200円＋税10%）　263頁
ISBN 978-4-7581-0235-3

身体障害作業療法学2 内部疾患編
小林隆司／編
定価 2,750円（本体 2,500円＋税10%）　220頁
ISBN 978-4-7581-0236-0

専門基礎
リハビリテーション医学
安保雅博／監，渡邉 修，松田雅弘／編
定価 6,050円（本体 5,500円＋税10%）　430頁
ISBN 978-4-7581-0231-5

専門基礎
解剖学　第2版
坂井建雄／監，町田志樹／著
定価 6,380円（本体 5,800円＋税10%）　431頁
ISBN 978-4-7581-1436-3

専門基礎
運動学　第2版
山﨑 敦／著
定価 4,400円（本体 4,000円＋税10%）　223頁
ISBN 978-4-7581-0258-2

専門基礎
精神医学
先崎 章／監，仙波浩幸，香山明美／編
定価 4,400円（本体 4,000円＋税10%）　248頁
ISBN 978-4-7581-0261-2